Jahrbuch der Wissenschaftlichen Gesellschaft für Flugtechnik

I. Band 1912/13

Springer-Verlag Berlin Heidelberg GmbH 1913

ISBN 978-3-662-00011-3   ISBN 978-3-662-00024-3 (eBook)
DOI 10.1007/978-3-662-00024-3
Softcover reprint of the hardcover 1st edition 1913

Inhaltsverzeichnis.

1. Lieferung.

Seite

Geschäftliches.
    Satzung 1
Mitgliederliste
    I. Gesamtvorstand 7
    II. Geschäftsführender Vorstand; Geschäftsstelle usw. 7
    III. Mitglieder 8
    IV. Wissenschaftlich-Technischer Ausschuß 15
    V. Unterausschüsse 16
Kurzer Versammlungsbericht. 18
    1. Zwischen Gründungs- und Hauptversammlung 18
    2. Verlauf der ordentlichen Mitgliederversammlung 21
Geschäftssitzung 27
Vorträge der Ordentlichen Mitgliederversammlung 39
    „Vorschläge zum Studium der atmosphärischen Vorgänge im Interesse der Flug-
        technik", Geheimrat Aßmann 39
    „Windbewegungen in der Nähe des Bodens, Böigkeit des Windes", Dr. F. Linke 45
    Ausführungen einzelner Flieger auf eine Umfrage der Gesellschaft 47
    Diskussion zu den Vorträgen Aßmann und Linke 59
    „Die Physiologie und Pathologie der Luftfahrt", Prof. Dr. Friedländer . . 70

2. Lieferung.

Vorträge der Ordentlichen Mitgliederversammlung 1913 85
    „Beanspruchung und Sicherheit von Flugzeugen", Professor Dr. Reißner . . 85
        Diskussion zum Vortrag von Professor Dr. Reißner 107
    „Versuche an Doppeldeckern zur Bestimmung ihrer Eigengeschwindigkeit und
        Flugwinkel", Autor-Referat Dr.-Ing. Hoff 123
    „Über einen neuen Kreiselkompaß", Dr. Bruger 125
    „Erfahrungen auf dem Flugplatz Johannisthal bei Berlin", Ing. Schnetzler . 130
    „Eine Ausstellung von Meßapparaten", Professor Dr. Wachsmuth 133

Satzung.

I. Name und Sitz der Gesellschaft.

§ 1.

Die am 3. April 1912 gegründete Gesellschaft führt den Namen „Wissenschaftliche Gesellschaft für Flugtechnik E.V." und hat ihren Sitz in Berlin. Sie ist in das Vereinsregister des Königlichen Amtsgerichts Berlin-Mitte eingetragen unter dem Namen:

„Wissenschaftliche Gesellschaft für Flugtechnik. Eingetragener Verein."

II. Zweck der Gesellschaft.

§ 2.

Zweck der Gesellschaft ist der Zusammenschluß von Fachleuten der Luftfahrtechnik, der Luftfahrwissenschaft und anderen mit der Luftfahrt in Beziehung stehenden Kreisen zur Erörterung und Behandlung theoretischer und praktischer Fragen des Luftfahrzeugbaues und -betriebes.

§ 3.

Mittel zur Erreichung dieses Zweckes sind:
1. Versammlungen, in denen Vorträge gehalten und Fachangelegenheiten besprochen werden,
2. Druck und Versendung der Vorträge und Besprechungen an die Mitglieder,
3. Beratung wichtiger Fragen in Sonderausschüssen,
4. Stellung von Aufgaben und Anregung von Versuchen zur Klärung wichtiger luftfahrtechnischer Fragen,
5. Herausgabe von Forschungsarbeiten auf dem Gebiet der Luftfahrtechnik und Wissenschaft.

III. Mitgliedschaft.

§ 4.

Die Gesellschaft besteht aus:
1. ordentlichen Mitgliedern,
2. außerordentlichen Mitgliedern,
3. Ehrenmitgliedern.

§ 5.

Ordentliche Mitglieder können nur Personen in selbständiger Stellung werden, die auf dem Gebiet der Luftfahrtechnik oder Luftfahrwissenschaft tätig sind, oder von denen sonst eine Förderung der Gesellschaftszwecke zu erwarten ist.

Das Gesuch um Aufnahme als ordentliches Mitglied ist an den Geschäftsführenden Vorstand (§ 18 Absatz 2) zu richten, der über die Aufnahme entscheidet. Das Gesuch hat den Nachweis zu enthalten, daß die Voraussetzungen in § 5 Abs. 1 erfüllt sind. Dieser Nachweis ist von zwei ordentlichen Mitgliedern durch Namensunterschrift zu bestätigen.

Lehnt der Geschäftsführende Vorstand aus irgendwelchen Gründen die Entscheidung über die Aufnahme ab, so entscheidet der Gesamtvorstand (§ 18 Abs. 1) über die Aufnahme.

Wird das Aufnahmegesuch vom Geschäftsführenden Vorstand abgelehnt, so ist Berufung an den Gesamtvorstand (§ 18 Abs. 1) gestattet, der endgültig entscheidet.

§ 6.

Außerordentliche Mitglieder können Personen oder Körperschaften werden, welche die Drucksachen der Gesellschaft zu beziehen wünschen. Bei nicht rechtsfähigen Gesellschaften erwirbt ihr satzungsmäßig oder besonders bestellter Vertreter die außerordentliche Mitgliedschaft.

Das Gesuch um Aufnahme als außerordentliches Mitglied ist an den Geschäftsführenden Vorstand zu richten, der über die Aufnahme entscheidet.

§ 7.

Zu Ehrenmitgliedern können vom Gesamtvorstande nur solche Personen erwählt werden welche sich um die Zwecke der Gesellschaft hervorragend verdient gemacht haben.

§ 8.

Jedes eintretende ordentliche Mitglied zahlt ein Eintrittsgeld von 20, — M.

§ 9.

Jedes ordentliche Mitglied zahlt für das vom 1. April bis 31. März laufende Geschäfts-ahr einen Beitrag von 25, — M., der jedesmal im April zu entrichten ist. Mitglieder, die im Laufe des Geschäftsjahres eintreten, zahlen den vollen Jahresbeitrag innerhalb eines Monats nach der Aufnahme. Beiträge, die in der vorgeschriebenen Zeit nicht eingegangen sind, werden durch Postauftrag oder durch Postnachnahme eingezogen.

§ 10.

Ordentliche Mitglieder und Körperschaften können durch einmalige Zahlung von 500, — M lebenslängliche Mitglieder werden und sind dann von der Zahlung der Jahresbeiträge befreit.

§ 11.

Jedes außerordentliche Mitglied zahlt für das Geschäftsjahr einen Beitrag von 25, — M.; ein Eintrittsgeld wird von außerordentlichen Mitgliedern nicht erhoben.

§ 12.

Ehrenmitglieder sind von der Zahlung der Jahresbeiträge befreit.

§ 13.

Die ordentlichen Mitglieder haben das Recht, an sämtlichen Versammlungen der Gesellschaft mit beschließender Stimme teilzunehmen, Anträge zu stellen sowie das Recht, zu wählen und gewählt zu werden; sie haben Anspruch auf Bezug der gedruckten Verhandlungsberichte.

§ 14.

Die außerordentlichen Mitglieder haben Anspruch auf Bezug der gedruckten Verhandlungsberichte; sie sind nicht stimmberechtigt, haben aber das Recht, den wissenschaftlichen und technischen Veranstaltungen der Gesellschaft beizuwohnen. Körperschaftliche Mitglieder dürfen nur einen Vertreter entsenden.

§ 15.

Ehrenmitglieder haben sämtliche Rechte der ordentlichen Mitglieder.

§ 16.

Mitglieder können jederzeit aus der Gesellschaft austreten. Der Austritt erfolgt durch schriftliche Anzeige an den Geschäftsführenden Vorstand und befreit nicht von der Entrichtung des laufenden Jahresbeitrages. Mit dem Austritt erlischt jeder Anspruch an das Vermögen der Gesellschaft.

§ 17.

Erforderlichenfalls können Mitglieder auf einstimmig gefaßten Beschluß des Gesamtvorstandes ausgeschlossen werden. Gegen einen derartigen Beschluß gibt es keine Berufung. Mit dem Ausschlusse erlischt jeder Anspruch an das Vermögen der Gesellschaft.

IV. Vorstand.

§ 18.

Der Gesamtvorstand der Gesellschaft setzt sich zusammen aus:
1. dem Ehrenvorsitzenden,
2. drei Vorsitzenden und
3. wenigstens sechs, höchstens dreißig Beisitzern.

Den Geschäftsführenden Vorstand im Sinne des § 26 des Bürgerlichen Gesetzbuches bilden die drei Vorsitzenden, die den Geschäftskreis (Vorsitzender, stellvertretender Vorsitzender und Schatzmeister) unter sich verteilen.

§ 19.

An der Spitze der Gesellschaft steht der Ehrenvorsitzende. Diesem wird das auf Lebenszeit zu führende Ehrenamt von den im § 18 Absatz 1 genannten übrigen Mitgliedern des Gesamtvorstandes angetragen. Er führt in den Versammlungen des Gesamtvorstandes und in der Mitgliederversammlung den Vorsitz, kann an allen Sitzungen teilnehmen und vertritt bei besonderen Anlässen die Gesellschaft. An der rechtlichen Vertretung der Gesellschaft wird hierdurch nichts geändert. Im Behinderungsfalle tritt an Stelle des Ehrenvorsitzenden einer der drei Vorsitzenden.

§ 20.

Die übrigen Mitglieder des Gesamtvorstandes werden von den stimmberechtigten Mitgliedern der Gesellschaft auf die Dauer von drei Jahren gewählt. Nach Ablauf eines jeden Geschäftsjahres scheidet der jeweilig dienstälteste Vorsitzende und das jeweilig dienstälteste Drittel der Beisitzer aus, bei gleichem Dienstalter entscheidet das Los. Eine Wiederwahl ist zulässig.

Scheidet ein Vorsitzender während seiner Amtsdauer aus sonstigen Gründen aus, so muß der Gesamtvorstand aus der Reihe der Beisitzer einen Ersatzmann wählen, der sich verpflichtet, das Amt anzunehmen und bis zur nächsten ordentlichen Mitgliederversammlung zu führen. Für den Rest der Amtsdauer des ausgeschiedenen Vorsitzenden wählt die ordentliche Mitgliederversammlung einen neuen Vorsitzenden.

Scheidet ein Beisitzer während seiner Amtsdauer aus einem anderen als dem in Absatz 1 bezeichneten Grunde aus, so kann der Gesamtvorstand aus den stimmberechtigten Mitgliedern einen Ersatzmann wählen, der sich verpflichtet, das Amt anzunehmen und bis zur nächsten ordentlichen Mitgliederversammlung zu führen.

§ 21.

Der Vorsitzende des Geschäftsführenden Vorstandes (§ 18 Absatz 2) leitet dessen Verhandlungen. Er beruft den Gesamtvorstand und den Geschäftsführenden Vorstand, so oft es die Lage der Geschäfte erfordert, insbesondere wenn 2 Mitglieder des Gesamtvorstandes oder des Geschäftsführenden Vorstandes es beantragen. Die Einladungen erfolgen schriftlich; einer Mitteilung der Tagesordnung bedarf es nicht.

§ 22.

Der Geschäftsführende Vorstand besorgt alle Angelegenheiten der Gesellschaft, insoweit sie nicht dem Gesamtvorstande oder der Mitgliederversammlung vorbehalten sind.

Urkunden, welche die Gesellschaft verpflichten sollen, sowie Vollmachten sind — vorbehaltlich des § 26 und § 27 h bis k — unter dem Namen der Gesellschaft von 2 Vorsitzenden zu unterzeichnen. Durch Urkunden solcher Art wird die Gesellschaft auch dann verpflichtet, wenn sie ohne einen Beschluß des Geschäftsführenden Vorstandes oder des Gesamtvorstandes ausgestellt sein sollten.

§ 23.

Der Geschäftsführende Vorstand muß in jedem Jahre eine Sitzung abhalten, in der unter Beobachtung der Vorschrift des § 34 Satz 1 die Tagesordnung für die ordentliche Mitgliederversammlung festgesetzt wird. Die Sitzung muß so rechtzeitig abgehalten werden, daß die ordnungsmäßige Einberufung der ordentlichen Mitgliederversammlung nach § 36 noch möglich ist.

§ 24.

Die Beschlüsse des Geschäftsführenden Vorstandes werden mit Stimmenmehrheit gefaßt.

§ 25.

Ist ein Mitglied des Geschäftsführenden Vorstandes behindert, an dessen Geschäften teilzunehmen, so hat der Gesamtvorstand aus der Reihe der Beisitzer einen Stellvertreter zu wählen.

§ 26.

Der Schatzmeister führt und verwahrt die Gesellschaftskasse und nimmt alle Zahlungen für die Gesellschaft gegen seine alleinige Quittung in Empfang.

§ 27.

Zum Geschäftskreis des § 18 Abs. 1 bezeichneten Gesamtvorstandes gehören folgende Angelegenheiten:

a) Wahl der Ehrenmitglieder (§ 7),
b) Entscheidung über ein Gesuch um Aufnahme als ordentliches Mitglied, wenn der Geschäftsführende Vorstand die Entscheidung abgelehnt hat (§ 5 Abs. 3),
c) Entscheidung über die Berufung gegen einen Beschluß des Geschäftsführenden Vorstandes, durch den ein Gesuch um Aufnahme als ordentliches Mitglied abgelehnt ist (§ 5 Absatz 4),
d) Ausschluß von Mitgliedern (§ 17),
e) Zusammensetzung von Ausschüssen, insbesondere eines Wissenschaftl.-Technischen Ausschusses (§ 3 Nr. 3),
f) Wahl von Ersatzmännern und Stellvertretern für Mitglieder des Gesamtvorstandes in den Fällen des § 20 Abs. 2 und 3 und des § 25,
g) Einberufung der ordentlichen und außerordentlichen Mitgliederversammlungen,
h) Eingehen von Verpflichtungen der Gesellschaft, die im Einzelfalle den Betrag von 2000 M. überschreiten,
i) Anstellung eines besoldeten Geschäftsführers,
k) Anstellung von Personal, dessen Einzelgehalt mehr als 1500 M. jährlich beträgt.

§ 28.

Der Gesamtvorstand muß in jedem Jahr eine Sitzung abhalten; er ist beschlußfähig, wenn mindestens 4 seiner Mitglieder zugegen sind.

Die Beschlüsse werden mit einfacher Stimmenmehrheit gefaßt. Bei Stimmengleichheit entscheidet die Stimme des Ehrenvorsitzenden, im Behinderungsfalle die seines Stellvertreters (§ 19 Satz 4), bei Wahlen das Los.

§ 29.

Der Wissenschaftlich-Technische Ausschuß (§ 27 e) ist die Mittelstelle für alle sachlichen Fragen. Er bildet aus seinen Mitgliedern Unterausschüsse für die Bearbeitung von Einzelfragen und bereitet das wissenschaftlich-technische Programm für die Mitgliederversammlungen vor.

Die Unterausschüsse haben das Recht, sich aus der Reihe der ordentlichen Mitglieder zu ergänzen.

Den Vorsitz des Wissenschaftlich-Technischen Ausschusses führt ein Mitglied des Geschäftsführenden Vorstandes, den Vorsitz der Unterausschüsse je ein vom Wissenschaftlich-Technischen Ausschuß hierzu beauftragtes Ausschußmitglied.

§ 30.

Der Geschäftsführer der Gesellschaft hat die ihm übertragenen Geschäfte nach den Anweisungen des Gesamtvorstandes und des Geschäftsführenden Vorstandes zu erledigen.

Der Geschäftsführer muß zu allen Sitzungen des Gesamtvorstandes und des Geschäftsführenden Vorstandes zugezogen werden, in denen er beratende Stimme hat.

V. Mitgliederversammlungen.

§ 31.

Zum Geschäftskreis der Mitgliederversammlungen gehören folgende Angelegenheiten:
1. Entgegennahme des vom Gesamtvorstande zu erstattenden Jahresberichts,
2. Entgegennahme des vom Wissenschaftlich-Technischen Ausschuß zu erstattenden Jahresberichts,
3. Entgegennahme des Berichts der Rechnungsprüfer und Entlastung des Gesamtvorstandes von der Geschäftsführung des vergangenen Jahres,
4. Wahl des Vorstandes (mit Ausnahme des Ehrenvorsitzenden [§ 19]),
5. Wahl von 2 Rechnungsprüfern für das nächste Jahr,
6. Beschlußfassung über den Ort der nächsten ordentlichen Mitgliederversammlung,
7. Beschlußfassung über vorgeschlagene Satzungsänderungen,
8. Beschlußfassung über Auflösung der Gesellschaft.

§ 32.

Die Mitgliederversammlung ist das oberste Organ der Gesellschaft. Sie ist befugt, in allen Angelegenheiten Beschlüsse zu fassen, die für den Geschäftsführenden Vorstand und den Gesamtvorstand bindend sind. Die Vertretungsbefugnis des Geschäftsführenden Vorstandes und des Gesamt-Vorstandes nach außen wird durch diese Beschlüsse nicht eingeschränkt.

§ 33.

Die Mitgliederversammlungen der Gesellschaft zerfallen in:
1. die ordentliche Mitgliederversammlung,
2. außerordentliche Mitgliederversammlungen.

§ 34.

Die ordentliche Mitgliederversammlung soll jährlich möglichst im Mai abgehalten werden. In dieser sind die in § 31 unter 1 bis 6 aufgeführten geschäftlichen Angelegenheiten zu erledigen und die Namen der neuen Gesellschaftsmitglieder bekannt zu geben. Ferner haben wissenschaftliche Vorträge und Besprechungen stattzufinden.

§ 35.

Zu den Mitgliederversammlungen erläßt der Geschäftsführende Vorstand die Einladungen unter Mitteilung der Tagesordnung.

Außerordentliche Mitgliederversammlungen können vom Gesamtvorstande unter Bestimmung des Ortes anberaumt werden, wenn es die Lage der Geschäfte erfordert.

Eine solche außerordentliche Mitgliederversammlung muß innerhalb 4 Wochen stattfinden, wenn ein dahingehender von mindestens 30 stimmberechtigten Mitgliedern unterschriebener Antrag mit Angabe des Beratungsgegenstandes eingereicht wird.

§ 36.

Alle Einladungen zu Mitgliederversammlungen müssen mindestens 3 Wochen vorher schriftlich an die Gesellschaftsmitglieder ergehen.

§ 37.

Die Anträge von Mitgliedern müssen dem Geschäftsführer 14 Tage und, soweit sie eine Satzungsänderung oder die Auflösung der Gesellschaft betreffen, 4 Wochen vor der Versammlung mit Begründung schriftlich durch eingeschriebenen Brief eingereicht werden.

§ 38.

In den Mitgliederversammlungen werden die Beschlüsse, soweit sie nicht Änderungen der Satzung oder des Zweckes oder die Auflösung der Gesellschaft betreffen, mit einfacher Stimmenmehrheit der anwesenden stimmberechtigten Mitglieder gefaßt. Bei Stimmengleichheit entscheidet die Stimme des Vorsitzenden, bei Wahlen das Los.

§ 39.

Eine Abänderung der Satzung oder des Zweckes der Gesellschaft kann nur durch einen Mehrheitsbeschluß von drei Vierteln der in einer Mitgliederversammlung erschienenen stimmberechtigten Mitglieder erfolgen.

§ 40.

Wenn nicht mindestens 20 anwesende stimmberechtigte Mitglieder namentliche Abstimmung verlangen, wird in allen Versammlungen durch Erheben der Hand abgestimmt. Wahlen erfolgen durch Stimmzettel oder durch Zuruf. Sie müssen durch Stimmzettel erfolgen, sobald der Wahl durch Zuruf auch nur von einer Seite widersprochen wird.

Ergibt sich bei einer Wahl nicht sofort die Mehrheit, so sind bei einem zweiten Wahlgange diejenigen beiden Kandidaten zur engeren Wahl zu bringen, für die vorher die meisten Stimmen abgegeben waren. Bei Stimmengleichheit kommen alle, welche die gleiche Stimmenzahl erhalten haben, in die engere Wahl. Wenn auch der zweite Wahlgang Stimmengleichheit ergibt, entscheidet das Los darüber, wer in die engere Wahl zu kommen hat. (Siehe § 28 Abs. 2.)

§ 41.

In allen Versammlungen führt der Geschäftsführer eine Niederschrift, die von dem jeweiligen Vorsitzenden der Versammlung unterzeichnet wird.

§ 42.

Die Geschäftsordnung für die Versammlungen wird vom Gesamtvorstande festgestellt und kann auch von diesem durch einfache Beschlußfassung geändert werden.

VI. Auflösung der Gesellschaft.

§ 43.

Die Auflösung der Gesellschaft darf nur dann zur Beratung gestellt werden, wenn sie von sämtlichen Mitgliedern des Gesamtvorstandes oder von 50 stimmberechtigten Mitgliedern beantragt wird.

Die Auflösung der Gesellschaft kann nur durch $^3/_4$-Mehrheit der stimmberechtigten Mitglieder beschlossen werden. Ist die Versammlung jedoch nicht beschlußfähig, so kann eine zweite zu gleichem Zwecke einberufen werden, bei der eine Mehrheit von $^3/_4$ der anwesenden stimmberechtigten Mitglieder über die Auflösung entscheidet.

§ 44.

Bei Auflösung der Gesellschaft ist auch über die Verwendung des Gesellschaftsvermögens Beschluß zu fassen, doch darf es nur zur Förderung der Luftfahrt verwendet werden.

Mitgliederliste.

I. Gesamtvorstand:

Ehrenvorsitzender:

SEINE KÖNIGLICHE HOHEIT
PRINZ HEINRICH VON PREUSSEN,
Dr.-Ing.

3 Vorsitzende:

Geheimer Regierungsrat Dr. von Böttinger, Mitglied des Herrenhauses, Elberfeld,
Professor Dr. von Parseval, Major z. D., Berlin,
Professor Dr. Prandtl - Göttingen.

Beisitzer:

Geheimer Oberregierungsrat Albert-Berlin, Geheimer Regierungsrat Professor Dr. Aßmann-Lindenberg, Professor Dr.-Ing. Bendemann - Königswusterhausen, August Euler - Frankfurt a. M., Professor Dr. Finsterwalder - München, Exzellenz von der Goltz, Generalleutnant z. D., Berlin, Bankier Hagen - Potsdam, Professor Dr. Hartmann - Frankfurt a. M., Geheimer Regierungsrat Professor Dr. Hergesell - Straßburg, Geheimer Regierungsrat Professor Dr. C von Linde - München, Kapitän z. S. Lübbert - Berlin, Exzellenz Freiherr von Lyncker, General d. Inf., Berlin, Exzellenz Merten - Berlin, Ministerialdirektor Naumann - Berlin, Exzellenz von Nieber, Generalleutnant z. D., Berlin, Max Oertz - Hamburg, Professor Dr.-Ing. Reißner - Aachen, Geheimrat Scheit-Dresden, Generalmajor Schmiedecke - Berlin, Professor Schütte - Danzig, Graf Sierstorpff - Berlin, Geheimer Oberregierungsrat Dr. Tull - Berlin, Professor Dr. Wachsmuth - Frankfurt a. M., Professor Wagener - Danzig, Wirklicher Geheimer Oberregierungsrat Dr. Zimmermann - Berlin.

II. Geschäftsführender Vorstand.

Geheimer Regierungsrat Dr. v. Böttinger - Elberfeld, Prof. Dr. von Parseval - Berlin,
Professor Dr. Prandtl - Göttingen.

Geschäftsführer:

Paul Béjeuhr.

Geschäftsstelle: Berlin W 30, Nollendorfplatz 3.

Telegrammadresse: Flugwissen; Telephon: Amt Nollendorf Nr. 945.

III. Mitglieder[1]).

a) Lebenslängliche Mitglieder:

Biermann, Leopold, Bremen, Blumenthal-
str. 15.

Hagen, Karl, Bankier, Berlin W 35, Derff-
lingerstr. 12.

Deutsche Versuchsanstalt für Luftfahrt,
Adlershof b. Berlin, Adlergestell 28.

Königl. Sächs. Automobil-Klub, Dresden-A.,
Viktoriastr. 28.

b) Ordentliche Mitglieder:

Ackermann - Teubner, Alfred, Hofrat,
Dr.-Ing. h. c., Leipzig, Poststr. 3.

Ahlborn, Friedrich, Prof. Dr., Hamburg 22,
Uferstr. 23, ptr.

Albert, Geh. Oberregierungsrat, Berlin W 8,
Wilhelmstr. 74.

Andreae, Jean, Geh. Kommerzienrat, Frankfurt a. M., Neue Mainzer Str. 59.

Apfel, Hermann, Kaufmann, Leipzig, Brühl
62.

Aßmann, R., Geh. Reg.-Rat Prof. Dr.,
Lindenberg, Kreis Beeskow.

Bader, Hans, Georg, Dipl.-Ing., Dresden,
Winkelmannstr. 41.

Banki, Donat, Prof., Budapest, Kgl. ung.
Josephs-Polytechnikum.

Barkhausen, Geheimrat Prof. Dr., Hannover, Öltzenstr. 26.

Basenach, N., Oberingenieur, Berlin-Rei-
nickendorf-West.

v. Bassus, Konrad, Freiherr, München NO 2,
Steinsdorfstr. 14.

Bauersfeld, W., Dr.-Ing., Jena, Moltke-
str. 5.

Baumann, A., Prof., Stuttgart-Uhlbach,
Bachstr.

Baumgärtel, Karl, Zeulenroda, R. ä. L.

Bayer, Friedrich, Geh. Kommerzienrat,
Elberfeld.

Behrens, Dr., Assistent, Göttingen.

Béjeuhr, P., Geschäftsführer d. W. G. F.,
Berlin W 30, Nollendorfplatz 3.

Bendemann, Prof., Dr.-Ing., Königswusterhausen, Kr. Teltow.

Berndt, Prof., Geh. Baurat, Darmstadt,
Martinstr. 50.

Bernhard, Richard, Fabrikbesitzer, Dresden,
Jägerstr. 3.

Berson, A., Prof., Gr. Lichterfelde-West,
Fontanestr. 2 b.

Berwald, F. K., Dr., Stockholm, Tegners-
gatan 16.

Bestelmeyer, A., Dr., Privatdozent, Göttingen.

Betz, Albert, Dipl.-Ing., Göttingen, Bergstr. 9.

Beyer, Hermann, Dresden-A., Hettnerstr. 8.

v. Bieler, Referendar, Dr., Frankfurt a. M.,
Unterlinden 86.

Bier, Oberleutnant a. D., Lindenthal b.
Leipzig.

Birk, O., Dr., Potsdam, Astrophysikal.
Observatorium.

Blasius, H., Privatdozent Dr., Hamburg 22,
Richardstr. 50 a, I.

Blumenthal, Prof. Dr., Aachen, Rütscher-
str. 48.

v. d. Borne, Prof. Dr., Krietern, Kr. Breslau,
Erdbebenwarte.

v. Borsig, Conrad, Geh. Kommerzienrat,
Berlin N 4, Chausseestr. 13.

v. Borsig, Ernst, Geh. Kommerzienrat,
Tegel b. Berlin, Reiherwerder.

v. Böttinger, Henry T., Geh. Reg.-Rat
Dr., M. d. H., Elberfeld.

Boykow, H. K. u. K. Fregattenleutnant
a. D., Kiel, Esmarchstr. 51.

Brauer, E., Geheimrat Prof. Dr., Karlsruhe
i. B., Techn. Hochschule.

Brill, A., Dr., Frankfurt a. M., Kettenhofweg 136.

v. Brüning, G., Generaldirektor, Dr., Frankfurt a. M., Mainzer Landstr. 60.

Budde, Prof. Dr., Berlin SW 11, Askanischer
Platz 1—4.

Camozzi, Otto, Direktor, Niederlößnitz b.
Dresden.

Claassen, Otto, Direktor, Marine-Ing. a. D.,
Kiel, Düsternbrooker Weg 38.

Coulmann, W., Kaiserl. Marine-Schiffsbau-
meister, Kiel, Feldstr. 30.

---

[1]) Liste abgeschlossen am 27. 1. 13.

Coym, Arthur, Dr., Lindenberg, Kr. Beeskow, Kgl. Aeron. Observatorium.

Degn, P. F., Zivil-Ing., Bremen, Richters-
weg 25.
Deimler, Wilhelm, Dr., München, Gabels-
bergerstr. 30, II.
Dieckmann, Max, Priv.-Doz. Dr., München,
Techn. Hochschule.
Dietzius, Alex, Dipl.-Ing., Charlottenburg,
Horstweg 3.
Dietzius, Hans, Privatdozent, Dipl.-Ing.,
Westend-Charlottenburg, Königin-Elisa-
beth-Str. 53.
Dorn, Geheimrat Prof. Dr., Halle a. S.,
Paradeplatz 7.
Dorner, H., Dipl.-Ing., Berlin SO 26, Elsen-
str. 107.
Dornier, C., Dipl.-Ing., Friedrichshafen a. B.,
Olgastr. 2.
Duisberg, Karl, Geh. Reg.-Rat Prof. Dr.,
Leverkusen b. Mülheim a. Rh.
Dürr, Oberingenieur, Friedrichshafen a. B.

Eberhardt, C., Dipl.-Ing., Berlin-Reinicken-
dorf-West, Scharnweberstr. 116.
Ehrensberger, Dr., in Fa. Krupp, Essen-
Ruhr.
Ehrlich, Exzellenz, Wirkl. Geh. Rat Prof.
Dr., Frankfurt a. M., Westendstr. 62.
v. Einsiedel, Hugo, Dr. med., Dresden,
Reichenbachstr. 1.
Elster, Wirkl. Geh. Ober-Reg.-Rat, Dr.,
Berlin W 8, Unter den Linden 4.
Elster, Johannes, Adorf i. Vogtland.
Emden, Prof. Dr., München, Habsburger
Str. 4.
Ernst, Hauptmann, Straßburg i. Els.,
Taulerstr. 9.
Euler, August, Fabrikbesitzer, Frankfurt
a. M.-Niederrad.

Fehlert, Dipl.-Ing., Patentanwalt, Berlin
SW, Belle-Alliance-Platz 17.
Fiedler, Wilhelm, Kaufmann, Dresden,
Portikusstr. 8.
Finsterwalder, Geheimrat, Prof. Dr.,
München-Neuwittelsbach, Flügenstr. 4.
Fischer, Emil, Exzellenz, Wirkl. Geh. Rat
Prof. Dr., Berlin N 4, Hessische Str. 1.
Fischer, P. B., Oberlehrer, Gr. Lichterfelde-
West, Kommandantenstr. 85, II.
Flemming, Stabsarzt Dr., Schöneberg,
Martin-Luther-Str. 59.

Föttinger, Prof. Dr.-Ing., Zoppot-Danzig,
Baedeckerweg 13.
Frank, Fritz, Chemiker, Dr., Berlin W 35,
Lützowstr. 96.
v. Frankenberg, Kurt, Rittmeister a. D.,
Berlin W 30, Nollendorfplatz 3.
Friedländer, Korvettenkapitän a. D., Kiel,
Holtenauer Str. 62.
Friedländer, Hofrat Prof. Dr., Hohe Mark
i. Taunus.
Friese, Robert M., Prof., Charlottenburg,
Schillerstr. 12.
Fritsch, Amtsgerichtsrat Dr., Frankfurt a.M.
Myliusstr. 39.
Fritsch, Bernhard, Dipl.-Ing., Schneverl-
dingen, Provinz Hannover, Hotel Witte.
Fritz, Geh. Oberbaurat, Berlin W 30, Hohen-
staufenstr. 67.
Fröbus, Walter, Prokurist, Berlin W 62,
Kleiststr. 8.
Fuhrmann, Dipl.-Ing. Dr., Adlershof b.
Berlin, Adlergestell 28.
v. Funcke, Hauptmann, Dresden, Arndtstr. 9.

Gabriel, Michael, Oberingenieur, Johannis-
thal b. Berlin, Kaiser-Wilhelm-Str. 48.
Gans, Leo, Geh. Kommerzienrat, Dr., Frank-
furt a. M., Barkhausstr. 14.
Gans, Paul F., Dr., Herrenhaus Schmölz b.
Garmisch i. Bayern.
Gebers, Fr., Ing. Dr., Wien IX, Michel-
beuerngasse 6.
Geerdtz, Franz, Hauptmann, Charlotten-
burg, Witzlebenstr. 31.
Gehlen, Dipl.-Ing., Aachen, Techn. Hoch-
schule.
George, Hauptmann, Charlottenburg, Min-
dener Str. 24.
Giesecke, Ernst, Ökonomierat, Klein-Wanz-
leben, Bez. Magdeburg.
Gießen, Torpedo-Stabsingenieur, Fried-
richsort.
Gimbel, Otto, Dr.-Ing., Volksdorf b. Ham-
burg, Hüßberg 14.
Goldschmidt, Hans, Dr., Essen-Ruhr.
Goldschmidt, Karl, Kommerzienrat Dr.,
Essen-Ruhr.
v. d. Goltz, Exzellenz, Freiherr, General-
leutnant z. D., Berlin W 30, Nollendorf-
platz 3.
Grade, Hans, Ing., Bork, Post Brück i. d.
Mark.
Gradenwitz, Richard, Fabrikbesitzer, Ing.,
Berlin W 15, Kurfürstendamm 181.

v. Gröning, Geh. Reg.-Rat Dr., Berlin W 15,
   Kurfürstendamm 50.
Groß, Oberstleutnant, Charlottenburg,
   Kaiserdamm 113.
Grosse, Prof. Dr., Bremen, Freihafen 1.
Grübler, M., Geheimrat, Prof. Dr., Dresden-
   A., Bernhardstr. 98.
Gruhl, Kurt, Dresden, Tiergartenstr. 12.
Gruhlich, E., Dr. med., Darmstadt, Stein-
   str. 21.
Gruhlich, Karl, Dipl.-Ing., Johannisthal b.
   Berlin, Trützschlerstr. 2.
v. Guilleaume, Max, Geh. Kommerzienrat,
   Köln a. Rh., Apostelnkloster 15.
Gutzmer, Prof.Dr.,Halle a.S.,Wettinerstr.17.
Gygas, Hans, Korvettenkapitän, Danzig,
   Werftgasse 1 a.

Haas, Rudolf, Dipl.-Ing., Wilmersdorf-Berlin,
   Sächsische Str. 68.
Harpner, Robert, Ing., Berlin W 30, Gossow-
   str. 5.
Harres, Franz, Dr., Schlebusch b. Köln,
   Sprengstoff A.-G. Carbonit.
Hartmann, Eugen, Prof. Dr., Frankfurt
   a. M., Königstr. 97.
Haß, H., Prof., Hamburg, Isestr. 29.
Heimann, Knappschaftsdir. Dr., Bochum,
   Gabelsbergerstr. 19.
Heinkel, Ernst, Ing., Johannisthal b. Berlin,
   Wernerstr. 22.
Heinrich, Prinz v. Preußen, Kgl. Hoheit,
   Kiel, Schloß.
Hergesell, Geh. Reg.-Rat Prof. Dr., Straß-
   burg i. Els., Silbermannstr. 4.
Herzig, Wilhelm, Kaufmann, Dresden, Nürn-
   berger Str. 30.
Hetzer, Gustav, Major z. D., Loschwitz b.
   Dresden, Landhaus Hohenlinden.
v. Hevesy, W., Dipl.-Ing., Paris, Rue de
   l'Unversité 169.
v. Hiddessen, Leutnant, Döberitz, Post
   Dallgow, Militär-Fliegerstation.
Hiele, K., Ing., Nürnberg, Haslerstr. 3.
Hildebrandt, Hauptmann a. D., Dr. phil.,
   Berlin W 30, Martin-Luther-Str. 10.
Hirsch, Paul, cand. math., Göttingen,
   Weender Chaussee 88.
Hirth, Helmuth, Techn. Direktor, Ober-
   ingenieur, Johannisthal b. Berlin, Moltke-
   str. 7.
Hoff, Wilhelm, C. Th., Dipl.-Ing. Dr., Adlers-
   hof b. Berlin, Adlergestell 28. Deutsche
   Versuchsanstalt.

Hopf, L., Dr. Assistent, Aachen, Techn.
   Hochschule.
Höpfner, Wirkl. Geh. Ob.-Reg.-Rat Dr.,
   Göttingen.
Hormel, Walter, Kapitänleutnant a. D.,
   Berlin W 62, Kleiststr. 41.
Hoßfeld, Wirkl. Geh. Oberbaurat, Berlin
   W 15, Pariser Str. 38.
Huberty, August, Dresden-A., Prager Str. 2.
Huppert, Prof., Frankenhausen a. Kyff-
   häuser.

Imle, Emil, Dipl.-Ing., Fabrikbesitzer,
   Dresden, Weißer Hirsch.
v. Isenburg-Birstein, Franz Joseph, Fürst,
   Birstein, Reg.-Bez. Kassel.

Jaeger, Dr., Koblenz, Trierer Str. 115.
Jahnke, Hans, Kaufmann, Dresden,
   Christianstr. 8.
Joachimczyk, Alfred, Dipl.-Ing., Berlin W,
   Kurfürstenstr. 46.
Jonas, Otto, Bankier, Hamburg, Neuer
   Wall 26—28.
Joseph, Ludwig, Rechtsanwalt Dr., Frank-
   furt a. M., Taunusstr. 1.
Joukowsky, N., Prof. Dr., Moskau, Uni-
   versität.
Junkers, Prof., Aachen, Frankenburg.

v. Kàrmàn, Privatdozent Dr., Göttingen,
   Walkenmühlenweg 4.
v. Kehler, Richard, Hauptmann d. Res.,
   Charlottenburg, Dernburgstr. 49.
Kempf, Günther, Dr.-Ing., Hamburg-Berge-
   dorf, Ernst-Mantius Str. 22.
Kiefer, Theodor, Oberingenieur, Bitterfeld,
   Kaiserstr. 40.
Kikut, Edmund, Ingenieur, Berlin NW 23,
   Klopstockstr. 54.
Klein, J., Geheimrat Prof. Dr., M. d. H.,
   Göttingen.
Kleinschmidt, E., Dr., Friedrichshafen a.B.
Kleyer, H., Kommerzienrat, Dr.-Ing., Frank-
   furt a. M., Wiesenhüttenplatz 33.
Klingenberg, H., Prof. Dr., Charlottenburg,
   Neue Kantstr. 21.
Knoller, R., Prof., Wien I, Riemengasse 8.
Kober, Theodor, Dipl.-Ing., Friedrichshafen
   a. B., Flugzeugbau Friedrichshafen.
Kölzer, Joseph, Dr., Meteorologe, Cöln-
   Bocklemünd, Schaffrathsgasse 26.
König, Walter, Prof., Dr., Gießen, Ludwig-
   str. 76.

Köppen, Geh. Admiralitätsrat Prof. Dr., Hamburg, Seewarte.

Koschel, Stabsarzt Dr., Berlin W 57, Mansteinstr. 5.

Krause, Max, Fabrikbesitzer, Steglitz-Berlin, Grunewaldstr. 44.

Krell, O., Direktor, Berlin W 15, Kurfürstendamm 22.

Krey, H., Reg.- u. Baurat, Berlin NW 23, Schleuseninsel im Tiergarten.

v. Krogh, C., Hauptmann a. D., Berlin-Friedenau, Stubenrauchstr. 17.

Krüß, Prof. Dr., Berlin W 8, Unter den Linden 4.

Küchenmeister, Georg, Fabrikant, Dresden, Arnstädter Str. 15.

Kümmel, Prof. Dr., Rostock, Universität.

Kutta, Wilhelm, Prof. Dr., Stuttgart, Römerstr. 138, I.

Lanz, Karl, Dr., Mannheim, Hildastr. 7.

Laudahn, Wilhelm, Marinebaumeister, Grunewald b. Berlin, Gillstr. 2 a.

Lehmann, Major, Berlin-Halensee, Kurfürstendamm 109.

Leick, Arnold, Dr., Berlin W 30, Barbarossastr. 61.

Leick, Walter, Oberlehrer, Prof. Dr., Berlin-Lichterfelde-West, Kommandantenstr. 85.

Lepsius, B., Prof. Dr., Berlin-Dahlem, Podbielski-Allee 45.

Lewald, Th., Geh. Ob.-Reg.-Rat Dr., Berlin W 35, Schöneberger Ufer 44.

v. Lichtenfels, Heinrich S., Leutnant, Darmstadt, Leibgarde-Inf.-Reg. 115.

v. Linde, C., Geheimrat Prof. Dr., München 44, Prinz-Ludwig-Höhe.

Linde, C., Direktor, Reg.-Baumeister, Berlin NW 7, Charlottenstr. 43.

Lingner, K. A., Exzellenz, Wirkl. Geh. Rat Dr., Dresden, Großenhainer Str. 7.

Linke, Fr., Dr., Dozent, Frankfurt a. M., Kettenhofweg 105.

Lissauer, Walter, Dr., Charlottenburg, Dernburgstr. 26.

Lorenzen, D., Ingenieur, Neukölln b. Berlin, Münchener Str. 46.

Lübbert, Kapitän z. S., Berlin W 15, Hohenzollerndamm 4.

Lutz, R., Prof. Dr.-Ing., Trondhjem, Techn. Hochschule.

v. Lyncker, Freiherr, Exzellenz, General d. Inf. z. D., Berlin NW 40, Alsenstr. 1.

Madelung, E., Dr., Privatdozent, Göttingen, Bergstr. 15.

Madelung, Georg, cand. ing., Charlottenburg 5, Lindenallee 25, IV.

Mangelsdorff, Oberingenieur, Kiel, Feldstr. 152.

Marcuse, Adolf, Prof. Dr., Charlottenburg 4, Dahlmannstr. 5.

v. Martius, D. A., Dr., Berlin W 9, Voßstr. 12.

Masse, Alfred, Hamburg, Graskeller 6.

v. Maydell, Woldemar, Freiherr, Hamburg, Rotebaum-Chaussee 51.

Meckel, Paul, Bankier, Charlottenburg, Witzlebenstr. 31.

Meißner, Alexander, Dr.-Ing., Berlin SW, Tempelhofer Ufer 25.

Merten, Exzellenz, Vizeadmiral z. D., Wilmersdorf, Güntzelstr. 2.

Messing, Generalmajor, Berlin-Lichterfelde, Paulinenstr. 29.

Meycke, Torpedo-Oberingenieur, Kiel, Wrangelstr. 30, III.

Meyer, Alex, Assessor Dr., Frankfurt a. M., Beethovenstr. 23.

Meyer, Bernhard, Kommerzienrat, Leipzig, Königstr. 5—7.

Meyer, Eugen, Prof. Dr., Charlottenburg, Neue Kantstr. 15.

Meyer, Paul, Ob.-Reg.-Rat Dr., Frankfurt a. M., Beethovenstr. 23.

Miethe, Geh. Reg.-Rat Prof. Dr., Halensee b. Berlin, Halberstädter Str. 7.

v. Miller, Oskar, Reichsrat Dr., München, Ferdinand-Miller-Platz 3.

Mitscherling, Paul, Fabrikbesitzer, Radeburg b. Dresden, Bahnhofstr. 199.

Muench, F., Assistent, Post Königstein i. Taunus, Feldberg-Observatorium.

Morell, Wilhelm, Fabrikbesitzer, Leipzig, Apelstr. 4.

Mügge, O., Prof. Dr., Göttingen, Hoher Weg 25.

Müller, Richard, Marine-Baurat, Friedenau b. Berlin, Wagnerplatz 7.

Nachtweh, A., Prof. Dr.-Ing., Hannover, Techn. Hochschule.

Nadai, A., Dr.-Ing., Charlottenburg 5, Hebbelstr. 7.

Naß, G., Prof. Dr., Charlottenburg 4, Mommsenstr. 63.

Naumann, Ministerialdir. Dr., Berlin W 62, Burggrafenstr. 4.

Nernst, W., Geheimrat Prof. Dr., Berlin
  W 35, Am Karlsbad 26 a.
Neumann, Major, Berlin - Reinickendorf-
  West, Spandauer Weg.
Neumann, Otto, Marinebaumeister, Berlin-
  Friedenau, Kaiser-Allee 138.
v. Nieber, Stephan, Exzellenz, General-
  leutnant z. D., Berlin W 15, Fasanenstr. 43.
Nusselt, W., Privatdozent, Dr.-Ing., Dres-
  den, Nürnberger Str. 23.

v. Oechelhaeuser, W., Generaldir. Dr.-Ing.,
  Dessau.
Oertz, Max, Werftbesitzer, Hamburg, Holz-
  damm 40.
v. Oldershausen, Freiherr, Oberstleutnant,
  Straßburg i. Els., Nikolausring 1.
Oppenheimer, M. J., Fabrikbesitzer, Frank-
  furt a. M., Rheinstr. 29.

v. Parseval, A., Major z. D., Prof. Dr.-Ing.
  h. c., Charlottenburg, Niebuhrstr. 6.
Peppler, Albert, Privatdozent Dr., Gießen,
  Schiffenberger Weg 43.
Peters, F., Vizekonsul, Dresden, Neumarkt 8.
Peters, Marine-Baumeister, Friedenau b.
  Berlin, Wilhelmshöher Str. 25.
v. Petri, O., Geh. Kommerzienrat Dr., Nürn-
  berg.
Pfund, Max, Prokurist, Dresden, Bautzener
  Str. 63.
Pietzker, Privatdozent, Marine-Baumeister,
  Südende b. Berlin, Seestr. 9.
Poeschel, F. J., Rektor, Prof. Dr., Meißen,
  St. Afra.
Polis, Prof. Dr., Aachen, Monheims-Allee 62.
Poppe, L., Kaufmann, Bergwerksdirektor,
  Dresden-Strehlen, Mozartstr. 5.
Prandtl, L., Prof. Dr., Göttingen, Prinz-
  Albrecht-Str. 20.
Precht, J., Prof. Dr., Hannover, Jägerstr. 9.
Pree, Joseph, Fabrikbesitzer, Dresden, Glacis-
  str. 1.
Preßler, Kurt, Plauen i. Vogtld., Hofwiesen-
  str. 8.
Pringsheim, Ernst, Universitätsprof.,
  Breslau.
Pröll, Arthur, Privatdozent Dr.-Ing., Danzig,
  Techn. Hochschule.
v. Pustan, Eduard, Kapitän z. S. a. D.,
  Wilmersdorf, Prager Str. 13.

Quelle, Fr., Bremen, Am Wall 161.
Quittner, Viktor, Dipl.-Ing., Dr., Berlin
  W 30, Rosenheimer Str. 27

Raabe, M., Leutnant a. D., Cronberg i. T.,
  Hartmuthstr. 3.
Rasch, Ferdinand, Generalsekretär des D. L. V.,
  Berlin W 30, Nollendorfplatz 3.
Rau, Friedrich, Zivil.-Ing., Berlin N 4, Kessel-
  str. 16.
Ravoth, Alfred, Ingenieur, Hannover, Niko-
  laistr. 44 B, II.
Reißner, H., Prof. Dr.-Ing., Charlotten-
  burg, Windscheidstr. 39.
Reitz, Marine-Oberbaurat, Berlin-Halensee,
  Joachim-Friedrich-Str. 16.
Reuter, Otto, Dipl.-Ing., Aachen, Schiller-
  str. 69.
Richarz, F., Prof. Dr., Marburg i. Hessen.
Riecke, E., Geheimrat Prof. Dr., Göttingen,
  Bühlstr. 22.
Riedinger, August, Kommerzienrat, Augs-
  burg, Prinzregentenstr. 2.
Romberg, Hauptmann, Osnabrück, Goethe-
  str. 35.
Romberg, Friedrich, Prof., Nikolassee b.
  Berlin, Teutonenstr. 20.
v. Rottenburg, Referendar, Frankfurt a. M.,
  Schwindstr. 20.
Rotzoll, H., Dr., Bitterfeld, Luftfahrzeug-
  bau-Gesellschaft.
Rumpler, E., Direktor, Ing., Lichtenberg
  b. Berlin, Siegfriedstr. 202.
Runge, C., Geheimrat Prof. Dr., Göttingen.
Runge, Richard, Hamburg, Gröninger Str. 14.

Sack, Paul, Kommerzienrat, Plagwitz b.
  Leipzig, Karl-Hein-Str. 101.
v. Sanden, Privatdozent Dr., Göttingen,
  Düsterer Eichenweg 20.
Schatzmann, Marine-Baumeister, Berlin
  W 50, Fürther Str. 12.
Scheit, H., Geheimrat Prof., Dresden 20,
  Königsteinstr. 1.
Schilling, Prof. Dr., Bremen, Seefahrt-
  schule.
Schlink, Prof. Dr.-Ing., Braunschweig,
  Berner Str. 8.
Schmal, O., Direktor, Quaßnitz b. Leipzig.
Schmid, K., Dipl.-Ing., Beeskow i. d. Mark.
v. Schmidt, Aug., Geh. Hofrat Dr., Stuttgart,
  Hegelstr. 32.
Schmidt, C., Dr. med., Dresden-Strehlen,
  Josephstr. 12.
Schmidt, F., Ministerialdir. Dr., Steglitz,
  Schillerstr. 7.
Schmidt, K., Prof. Dr., Halle a. S., Kron-
  prinzenstr. 11.

Schmiedecke, Generalmajor, Friedenau b. Berlin, Sponholzstr. 51—52.

Schnetzler, Eberhard, Ing., Frankfurt a. M.-Süd, Schwanthalerstr. 12.

Schreber, Prof. Dr., Aachen, Techn. Hochschule.

Schreiber, Ob.-Reg.-Rat Prof. Dr., Dresden, Gr. Meißener Str. 15.

Schuch, Friedrich, Kaufmann, Hamburg, Pulverteich 12.

Schüle, W., Dipl.-Ing. Prof., Breslau 9, Hedwigstr. 32.

Schütte, Prof., Danzig, Gr. Allee 31.

Schwarzschild, R., Prof., Potsdam, Telegraphenberg.

v. Selasinsky, Eberhard, Hauptmann, Paderborn, Inf.-Regt. 158.

Seppeler, E., Dipl.-Ing., Adlershof b. Berlin, Deutsche Versuchsanstalt.

Sieg, Georg, Marine-Baumeister, Friedenau b. Berlin, Schwalbacher Str. 7.

v. Sierstorpff, Adalbert, Graf, Berlin W 10, Kaiserin-Augusta-Str. 75—76.

Simon, August Th., Lederfabrikant, Kirn a. d. Nahe.

Simon, Th., Kommerzienrat, Kirn a. d. Nahe.

Simon, Fritz Th., Konsul, Bremen, Parkallee 71.

Simon, Herm. Th., Prof. Dr., Göttingen, Nikolausberger Weg 20.

Simon, Robert Th., Kirn a. d. Nahe.

v. Soden-Frauenhofen, Freiherr, Dipl.-Ing., Friedrichshafen a. B., Zeppelinstr. 6.

Spieß, Gustav, Prof., Frankfurt a. M., Schaumainkai 26.

Stade, H., Observator Prof. Dr., Schöneberg b. Berlin, Wartburgstr. 16.

Stein, Direktor, Charlottenburg, Kaiserdamm 8.

Sticker, Joseph, Assessor, Berlin W 30, Aschaffenburger Str. 8.

Straubel, Prof. Dr., Jena, Zeißwerke.

Strauß, Heinrich, Zahnarzt, Berlin W 35, Lützowstr. 15.

Stroschein, Edwin, Dr., Dresden-A., Prager Str. 14.

Süring, Prof. Dr., Potsdam, Telegraphenberg.

Sutter, Hermann, Dresden, Christianstr. 35.

Szamatolski, Hofrat Dr., Frankfurt a. M., Westendstr. 85.

Taaks, O., Baurat, Hannover, Marienplatz,

Tammann, Geheimrat Prof. Dr., Göttingen Bürgerstr. 50.

Tauber, Hauptmann, Fischamend b. Wien.

Tepelmann, Hauptmann a. D., Dr.-Ing., Braunschweig.

Tetens, Observator, Prof. Dr., Lindenberg, Kr. Beeskow.

Thoma, Dr.-Ing., Gotha, Schöne Allee 6.

Tischbein, Willy, Direktor, Hannover, Vahrenwalder Str. 100.

Treitschke, Friedrich, Fabrikbesitzer, Kiel, Niemannsweg 81 b.

Trommsdorf, Oberlehrer Dr., Göttingen.

v. Tschudi, Major a. D., Berlin W 30, Berchtesgadener Str. 7.

Tull, Geh. Ob.-Reg.-Rat Dr., Berlin-Lichterfelde, Marienplatz 7.

Ursenius, Oskar, Zivil-Ing., Frankfurt a. M., Bahnhofsplatz 8.

Urtel, Rudolf, Oberingenieur, Karlshorst b. Berlin, Kaiser-Wilhelm-Str. 22.

Veith, Wirkl. Geh. Ober-Baurat, Dr.-Ing., Berlin W 50, Spichern Str. 23.

Visnya, Aladar, Prof. Dr., Budapest II, Fénygasse 2 d.

Voigt, Geheimrat Prof. Dr., Göttingen, Grüner Weg.

Vollbrandt, Adolf, Kaufmann, Hamburg 13, Rotenbaum-Chaussee 105.

Vollmann, Richard, Lebnitz i. Sa., Hertigswalder Str. 1.

Vorreiter, Ansbert, Zivil-Ing., Berlin W 57, Bülowstr. 73.

Voß, Privatdozent Dr., Göttingen, Friedländerweg 29.

Wachsmuth, R., Prof. Dr., Frankfurt a. M., Kettenhofweg 136.

Wacker, Alexander, Geh. Kommerzienrat, Schachen b. Lindau i. Bayern.

Wagener, A., Prof., Danzig, Techn. Hochschule.

Wagner, H., Geheimrat Prof. Dr., Göttingen, Grüner Weg.

Wahl, Marine-Baurat, Danzig, Kaiserliche Werft.

Wallach, Geheimrat Prof. Dr., Göttingen Hospitalstr. 10.

Walter, M., Direktor, Bremen, Schönhausenstraße.

Wassermann, B., Patentanwalt, Dipl.-Ing., Berlin SW, Alexandrinenstr. 1 b.

Weber, M., Prof., Hannover, Baumstr. 19.

de Weerth, Fritz, Dr., Berlin W 30, Rosenheimer Str. 24.

Wegener, Dr., Göttingen, zurzeit im Ausland.

Weidenhagen, R., Vorsteher der Wetterwarte, Magdeburg, Bahnhofstr. 17.

Weißmann, Robert, Dr., Berlin-Grunewald, Niersteiner Str. 3.

Wenger, R., Dr., Leipzig, Nürnberger Str. 57.

Wiechert, E., Geheimrat Prof. Dr., Göttingen.

Wiener, Otto, Dir., Johannisthal b. Berlin, Flugplatz, Albatroswerke.

Wieselsberger, C., Dipl.-Ing., Göttingen, Nikolausberger Weg 37.

Woermann, Eduard, Kaufmann, Hamburg, Reichenstr., Afrikahaus.

Wolff, Ernst, Direktor, Oberschöneweide b. Berlin, Ostendstr. 16.

Wurmbach, Julius, Fabrikant, Charlottenburg, Kurfürstendamm 195.

Zanders, Hans, Kommerzienrat, Bergisch-Gladbach.

v. Zeppelin, Ferdinand, Graf, Exzellenz, General d. Kavallerie z. D., Friedrichshafen a. B.

v. Zeppelin, jr., Ferdinand, Graf, Dipl.-Ing., Friedrichshafen a. B., Friedrichstr. 35.

Zimmermann, H., Wirkl. Geh. Ob.-Baurat Dr., Berlin NW 52, Calvinstr. 4.

Zinke, Conrad, Meißen a. E.

Zopke, Regierungsbaumeister a. D., Prof., Hamburg, Andreasstr. 17.

Zselyi, Aladar, Dipl.-Ing., Budapest, Fehevari ut 58.

c) Außerordentliche Mitglieder:

Berliner Flugsport Verein E. V., Berlin W 8, Jägerstr. 18.

Chemische Fabrik Griesheim-Elektron, Frankfurt a. M.

Flensburger Stadtgemeinde, Flensburg.

Frankfurter Verein f. Luftschiffahrt E. V., Frankfurt a. M., Kettenhofweg 136.

Kurhessischer Verein f. Luftfahrt, Sektion Marburg, Marburg a. d. L., Physikal. Institut.

Verein Deutscher Ingenieure, Berlin NW 7. Charlottenstr. 43.

Verein f. Flugwesen in Mainz, E. V., Mainz, Gr. Bleiche 48.

Die Gesellschaft betrauert den Tod zweier ordentlicher Mitglieder:

v. Hollmann, Friedrich, Staatssekretär des Reichsmarineamts a. D., Admiral à la suite des Seeoffizierkorps.

v. Schwartz, Gewerberat. Dr.

Die Gesellschaftsmitglieder werden im eigenen Interesse gebeten, jede Adressenänderung sofort auf besonderer Karte der Geschäftsstelle anzuzeigen.

IV. Wissenschaftlich-Technischer Ausschuß:

Professor Dr. F. Ahlborn - Hamburg.
Geheimrat Professor Dr. R. Aßmann - Lindenberg, Kreis Beeskow.
Professor A. Baumann - Stuttgart-Uhlbach.
Professor Dr.-Ing. F. Bendemann - Adlershof.
Geheimrat Professor Berndt - Darmstadt.
Professor Dr. von dem Borne - Krietern.
Geheimrat Dr. von Böttinger, Mitglied des Herrenhauses, Elberfeld.
Geheimrat Professor E. Brauer - Karlsruhe.
Marinebaumeister Coulmann - Kiel.
Oberingenieur Dürr - Friedrichshafen a. B.
Professor Dr. Emden - München.
Fabrikbesitzer August Euler - Frankfurt a. M.
Geheimrat Professor Dr. Finsterwalder - München-Neuwittelsbach.
Professor Dr.-Ing. Föttinger - Danzig-Zoppot.
Hofrat Professor Dr. Friedländer - Hohe Mark im Taunus.
Hauptmann Geerdtz - Charlottenburg.
Ingenieur Hans Grade - Bork.
Oberstleutnant Groß - Charlottenburg.
Geheimrat Professor Dr. Grübler - Dresden-A.
Diplom-Ingenieur Karl Grulich - Johannisthal b. Berlin.
Professor Eugen Hartmann - Frankfurt a. M.
Geheimrat Professor Dr. Hergesell - Straßburg i. E.
Technischer Direktor Helmuth Hirth - Johannisthal b. Berlin.
Professor Junkers - Aachen.
Diplom-Ingenieur Kober - Friedrichshafen a. B.
Geheimrat Professor Dr. Köppen - Hamburg.
Direktor O. Krell - Berlin.
Regierungs- und Baurat Krey - Berlin.
Dr. Franz Linke - Frankfurt a. M.
Professor Eugen Meyer - Charlottenburg.
Geheimrat Professor Dr. Nernst - Berlin.
Werftbesitzer Max Oertz - Hamburg.
Major a. D. Professor Dr. von Parseval - Berlin.
Marinebaumeister Pietzker - Berlin-Südende.
Professor Dr. L. Prandtl - Göttingen.
Professor Dr.-Ing. H. Reißner - Aachen.
Professor F. Romberg - Charlottenburg.
Direktor E. Rumpler - Berlin-Lichtenberg.
Geheimrat Professor H. Scheit - Dresden 20.
Diplom-Ingenieur Professor Schütte - Danzig.
Professor Dr.-Ing. Schlink - Braunschweig.
Diplom-Ingenieur Freiherr von Soden - Frauenhofen.
Professor Dr. Süring - Potsdam.
Direktor Willy Tischbein - Hannover.
Professor Dr. R. Wachsmuth - Frankfurt a. M.

Professor A. Wagener - Danzig.
Professor M. Weber - Hannover.
Direktor Otto Wiener (Albatroswerke), Johannisthal b. Berlin.
Direktor Ernst Wolff (N. A.-G.), Oberschöneweide b. Berlin.
Geheimrat Dr.-Ing. H. Zimmermann - Berlin.

V. Unterausschüsse.

ǀAusschuß a zur Beurteilung von Erfindungen.

Obmänner: Professor Dr. von Parseval - Berlin, Professor Romberg - Charlottenburg.

Professor Dr. Ahlborn - Hamburg, Prof. Dr.-Ing. Bendemann - Adlershof, Geheimrat Professor Berndt - Darmstadt, Geheimrat Professor Grübler - Dresden, Dipl.-Ing. Grulich - Johannisthal, Professor Eugen Meyer - Charlottenburg, Professor Dr. Prandtl - Göttingen, Professor Dr. Schlink - Braunschweig, Professor Dr. Wagener - Danzig, Professor M. Weber - Hannover.

Ausschuß b für literarische Auskünfte und Literaturzusammenstellung.

Obmann: Marinebaumeister Pietzer - Berlin.

Professor Dr. Ing. Bendemann - Adlershof, Hauptmann a. D. Dr. Hildebrandt - Berlin, Dr. F. Linke - Frankfurt a. M., Professor Dr.-Ing. Reißner - Aachen, Professor Romberg - Charlottenburg, Professor Dr. Wachsmuth, Frankfurt a. M.

Ausschuß c für Aerodynamik.

Obmann: Professor Dr. Prandtl - Göttingen.

Professor Ahlborn - Hamburg, Professor Dr.-Ing. Bendemann - Adlershof, Professor Dr. Emden-München, Geheimrat Professor Dr. Finsterwalder-München, Professor Dr.-Ing. Föttinger-Danzig, Oberstleutnant Groß - Berlin, Geheimrat Grübler - Dresden, Dipl.-Ing. Grulich - Johannisthal, Geheimrat Professor Dr. Hergesell - Straßburg, Dipl.-Ing. Kober - Friedrichshafen a. B., Regierungsrat Krey - Berlin, Professor von Parseval - Berlin, Prof. Reißner - Aachen, Professor Dr. Ing. Schlink - Braunschweig, Professor Wachsmuth - Frankfurt a. M., Direktor Wiener - Johannisthal.

Ausschuß d für Motoren.

Obmann: Professor A. Wagener - Danzig.

Professor A. Baumann - Stuttgart, Professor Dr.-Ing. Bendemann - Adlershof, Geheimrat Berndt - Darmstadt, Professor Junkers - Aachen, Professor E. Meyer - Charlottenburg, Professor Romberg - Charlottenburg, Direktor Rumpler - Lichtenberg, Direktor Geheimrat Scheit - Dresden, Direktor Wolff - Ober-Schöneweide, Geheimrat Dr. Zimmermann - Berlin.

Ausschuß e für konstruktive Fragen ǀder Luftfahrzeuge mit besonderer Berücksichtigung der Sicherheitsvorschriften.

Obmann: Professor Dr. Reißner - Aachen.

Professor Baumann-Hannover, Hauptmann Geerdtz-Berlin, Oberstleutnant Groß-Berlin. Dipl.-Ing. Grulich-Johannisthal, Geheimrat Prof. Dr. Hergesell-Straßburg i. E., Techn. Direktor Hirth-Johannisthal, Dipl.-Ing. Kober-Friedrichshafen a. B., Prof. E. Meyer-

Charlottenburg, Werftbesitzer Max Oertz - Hamburg, Professor von Parseval - Berlin, Professor Romberg - Charlottenburg, Professor Schlink - Braunschweig, Direktor Tischbein - Hannover, Professor Weber - Hannover, Direktor Wiener - Johannisthal, Direktor Wolff - Ober-Schöneweide.

Ausschuß f für medizinische und psychologische Fragen.

Obmann: Professor Dr. Friedländer, Hohe Mark i. T.

Professor Ahlborn - Hamburg, Geheimrat Professor Dr. Aßmann - Lindenberg, Geheimrat Dr. von Böttinger - Elberfeld, Fabrikbesitzer August Euler - Frankfurt a. M., Stabsarzt Dr. Flemming - Schöneberg, Dr. Emil Grulich - Darmstadt, Dipl.-Ing. Grulich - Johannisthal, Geheimrat Prof. Dr. Hergesell - Straßburg i. E., Technischer Direktor Hirth - Johannisthal, Stabsarzt Dr. Koschel - Berlin. Kooptiert von der Vereinigung zur wissenschaftlichen Erforschung des Sportes und der Leibesübungen: Prof. Nicolai - Berlin, Geheimrat Professor Zuntz - Berlin.

Ausschuß g für Vereinheitlichung der Fachsprache.

Obmann: Prof. E. Meyer - Charlottenburg.

Professor Dr.-Ing. Bendemann - Adlershof, Fabrikbesitzer Euler - Frankfurt a. M., Geheimrat Prof. Dr. Finsterwalder - München, Ingenieur Hans Grade - Bork, Dipl.-Ing. Grulich - Johannisthal, Technischer Direktor Hirth - Johannisthal, Dipl.-Ing. Kober - Friedrichshafen a. B., Direktor Krell - Berlin, Werftbesitzer Max Oertz - Hamburg, Professor von Parseval - Berlin, Professor Dr. Poeschel - Meißen, Professor Reißner - Aachen, Direktor Rumpler - Lichtenberg, Dipl.-Ing. Freiherr von Soden - Friedrichshafen a. B., Direktor Tischbein - Hannover, Direktor Wiener - Johannisthal, Direktor Woff - Ober-Schöneweide, Geheimrat Zimmermann - Berlin.

Ausschuß h für Meßwesen.

Obmann: Professor Dr. Wachsmuth - Frankfurt a. M.

Professor Dr. Bendemann - Adlershof, Professor Dr. v. d. Borne - Krietern, Professor Hartmann - Frankfurt a. M., Professor Junkers - Aachen, Dipl.-Ing. Kober - Friedrichshafen a. B., Direktor Krell - Berlin, Professor Dr. Prandtl - Göttingen, Dipl.-Ing. Freiherr von Soden - Friedrichshafen a. B., Professor Dr. Süring - Potsdam, Direktor Wiener - Johannisthal.

Ausschuß i für Aerologie.

Obmann: Geheimrat Professor Dr. Aßmann - Lindenberg.

Professor von dem Borne - Krietern-Breslau, Professor Emden - München, Geheimrat Hergesell - Straßburg i. Els., Geheimrat Dr. Köppen - Hamburg, Professor Dr. Süring - Potsdam.

Ausschuß k für luftelektrische Fragen.

Obmann: Dr. Linke - Frankfurt a. M.

Dr. Dieckmann - München, Dr. Meißner - Berlin.

Kurzer Versammlungsbericht.

1. Zwischen Gründungs- und Hauptversammlung.

Die Gründungsversammlung (im Herrenhause am 3. April 1912), unter dem Vorsitz S. K. H. des Prinzen Heinrich von Preußen hatte einen provisorischen Arbeitsausschuß eingesetzt, den sie mit der Ausarbeitung der Satzung und der Vornahme der ersten wichtigsten Arbeiten betraute. Dieser Arbeitsausschuß trat am 4. Mai unter dem Vorsitz des Prinzen Heinrich in den Räumen des Kaiserlichen Aero-Klubs zu einer Sitzung zusammen, in welcher die Grundzüge der Satzung, die in Anlehnung an die der Schiffbautechnischen Gesellschaft aufgebaut werden sollte, festgelegt wurden.

Der Arbeitsausschuß sprach sich dann grundsätzlich für die Schaffung eines Wissenschaftlich - Technischen Ausschusses aus, dessen Aufgaben und Zusammenstellung er kurz skizzierte, wobei gleichzeitig weitgehendster Ausbau und geeignete Kooptierung von Fachleuten empfohlen wurde; die Konstituierung dieses Ausschusses erfolgte dann auch, wie weiter unten berichtet, am 14. Juni 1912.

Der Arbeitsausschuß wählte dann aus seiner Mitte die Mitglieder des Gesamtvorstandes und bestimmte zum Geschäftsführenden Vorstand die drei Herren: Geheimen Regierungsrat Dr. von Böttinger, Mitglied des Herrenhauses, Elberfeld, Professor Dr. von Parseval - Berlin und Professor Dr. Prandtl - Göttingen, welche die Befugnisse und Ämter unter sich verteilen sollten. Er genehmigte dann den von Herrn Geheimrat von Böttinger aufgestellten Etat für das laufende Geschäftsjähr 1912/13 und erklärte sich mit der Einforderung der Mitgliedsbeiträge einverstanden. Die Geschäftsführung wurde Herrn Béjeuhr vom Deutschen Luftfahrer-Verband übertragen. Zur Geschäftsstelle wurden die Räume des Kaiserlichen Aero - Clubs, Berlin W. 30, Nollendorfplatz 30, bestimmt.

Betreffs der den Ordentlichen Mitgliederversammlungen anzuschließenden Fachsitzungen wurde bestimmt, daß das Programm derselben vom Wissenschaftlich-Technischen Ausschuß vorbereitet und vom Vorstand festgelegt wird. Es sollen nach Möglichkeit die auf den Fachsitzungen zu haltenden Vorträge vorher im Druck den einzelnen Mitgliedern zugesandt werden, damit diese sich auf die Diskussion vorbereiten können, weil besonders diese Diskussion ein vielseitiges Erfahrungsmaterial ergeben wird. Für das Gründungsjahr übernahm der Arbeitsausschuß zum Teil die Arbeit des Wissenschaftlich-Technischen Ausschusses und stellte vorläufig nach Umfrage in der Versammlung folgende 5 Themata für die nächste Ordentliche Mitgliederversammlung fest:

1. Luftschraubenuntersuchungen.
2. Die Luftbewegung in der Erdnähe mit Berücksichtigung der Erfahrungen der Luftfahrer.

3. Sicherheitskoeffizienten beim Luftfahrzeugbau.
4. Die Festigkeit bei Luftschiffen.
5. Der Einfluß der Seiten- auf die Höhensteuerung bei Luftschiffen.

Es sprach sich dann dahin aus und schloß sich hierin den Wünschen der Gründungsversammlung an, daß eine Ordentliche Mitgliederversammlung noch im Gründungsjahre stattfinden müsse, um die Festlegung der Satzung und die Eintragung der Gesellschaft ins Vereinsregister zu erledigen. Als Termin wurde Oktober und November in Aussicht genommen, nachdem S. K. H. Prinz Heinrich erklärte, daß er jetzt noch keinen bestimmten Termin angeben könne, wann ihm eine Leitung dieser Versammlung, auf die natürlich von seiten des Arbeitsausschusses der größte Wert gelegt wurde, möglich sei. Auf Einladung der Herren August Euler und Professor Hartmann - Frankfurt a. M. wurde beschlossen, die Versammlung in Frankfurt a. M. stattfinden zu lassen, besonders im Hinblick auf die wissenschaftlichen Anstalten und die die Luftschiffahrt interessierenden industriellen Unternehmungen dieser Stadt. Endlich wurde noch Professor Dr. Prandtl mit der Einberufung des Wissenschaftlich-Technischen Ausschusses beauftragt, dessen baldiger Zusammentritt als wünschenswert bezeichnet wurde.

Nachdem die Vorarbeiten so weit erledigt waren, trat der Wissenschaftlich-Technische Ausschuß am 14. Juli zu seiner Konstituierung in den Räumen des Kaiserlichen Aero-Klubs zusammen, über welche Sitzung Herr Professor von Parseval im folgenden Teil des Versammlungsberichtes (S. 33) ausführliche Angaben macht. Auf dieser Sitzung wurden folgende Unterausschüsse festgesetzt, die unter einem Obmann selbständig arbeiten sollten:

a) Ausschuß zur Beurteilung von Erfindungen.
b) Ausschuß für literarische Auskünfte und Literaturzusammenstellung.
c) Ausschuß für Aerodynamik.
d) Ausschuß für Motoren.
e) Ausschuß für konstruktive Fragen der Luftfahrzeuge mit besonderer Berücksichtigung der Sicherheitsvorschriften.
f) Ausschuß für medizinische und psychologische Fragen.
g) Ausschuß für Vereinheitlichung der Fachsprache.
h) Ausschuß für Meßwesen.
i) Ausschuß für Aerologie.
k) Ausschuß für luftelektrische Fragen.

Die Unterausschüsse sollen ihre Korrespondenz selbständig oder unter Zuhilfenahme der Geschäftsstelle erledigen. In jedem Fall erhält jedoch die Geschäftsstelle zu ihren Akten Kenntnis der geführten Korrespondenz, so daß durch die Geschäftsstelle über alle von der W. G. F. und ihren Unterausschüssen geführten Angelegenheiten Auskunft zu erhalten ist. Inzwischen hat dann noch die Ordentliche Mitgliederversammlung beschlossen, auf Vorschlag des Vorstandes den Obmännern der Unterausschüsse das Recht zu gewähren, den Sitzungen des Gesamtvorstandes beizuwohnen, um so die Wünsche der betreffenden Kommission vortragen und begründen zu können.

Der Wissenschaftlich-Technische Ausschuß besprach dann noch die vom Arbeitsausschuß vorgeschlagenen 5 Hauptthemata für die Frankfurter Tagung und befaßte sich grundsätzlich mit dem für diese Mitgliederversammlung vorzunehmenden Programm.

———

Dann wurde durch Vermittlung von Herrn Geheimrat Tull aus dem Ministerium der Öffentlichen Arbeiten der vom Arbeitsausschuß grundsätzlich festgelegte Satzungsentwurf von Herrn Regierungsrat Dr. von Hülsen aus dem Kultusministerium den Anforderungen des Vereinsgesetzes angepaßt und hierauf dem Geschäftsführendem Vorstand erneut vorgelegt. Er wurde dann unter gütiger Mitwirkung von Herrn Professor Dr. Poeschel - Meißen noch redaktionell umgearbeitet und konnte hierauf den Mitgliedern noch vor der Frankfurter Tagung zur Kenntnisnahme und Kritik zugesandt werden.

Inzwischen hatte sich in Frankfurt unter regster Beteiligung der interessierten Kreise ein Lokalkomitee gebildet, das ein Programm für den äußeren Verlauf der Tagung aufstellte und sich in dankenswertester Weise bereit erklärte, die örtliche Organisation zu übernehmen. Es darf vielleicht gleich hier festgestellt werden, daß vornehmlich dieser ausgezeichneten Organisation der glänzende Verlauf der Frankfurter Tagung zu danken ist, so daß dem Lokalkomitee, dem Physikalischen Verein, dem Frankfurter Verein für Luftschiffahrt, den Euler-Flugzeugwerken, den Adler-Fahrradwerken und der Propellerfabrik Chauviere, insbesondere aber den Herren Geheimrat Dr. Gans, Professor Dr. Wachsmuth, Geheimrat Andreae, Fabrikbesitzer August Euler, Kommerzienrat Dr. Kleyer und Direktor Billmann der Dank der Wissenschaftlichen Gesellschaft für Flugtechnik gebührt.

Ferner hatte Herr Professor Prandtl die Besprechung und die Korrespondenz für die auf der Tagung zu haltenden Vorträge so weit geführt, daß nach Rücksprache mit dem Ehrenvorsitzenden, S. K. H. Prinz Heinrich der Vorstand zur Frankfurter Tagung die Einladungen zum 25. und 26. November 1912 mit gleichzeitiger Bekanntgabe der Tagesordnung ergehen lassen konnte.

Diese Einladungen sind außer den Mitgliedern der Gesellschaft den maßgebenden Behörden und Verbänden zugeschickt, sowie den noch nicht der Gesellschaft angehörenden Fachleuten und Interessenten. Wie uns aus persönlichen Bemerkungen und Zuschriften ersichtlich geworden ist, sind jedoch noch eine Reihe namhafter Fachleute sowie Korporationen unberücksichtigt geblieben.

Wir möchten daher an dieser Stelle die ganz besondere Bitte an die verehrlichen Mitglieder richten, uns vor der nächsten Versammlung die Adresse aller in Frage kommenden ihnen bekannten Stellen gütigst mitteilen zu wollen, damit die Einladungen möglichst vollständig ergehen. Diese Adressenangabe ist uns auch deshalb von großem Wert, weil wir hierdurch die rege Werbetätigkeit der Mitglieder, die unbedingt nötig ist, am besten unterstützen können.

2. Verlauf der ordentlichen Mitgliederversammlung.

Am Sonntag, dem 24. November, am Vortage der Versammlung, fanden bereits eine Reihe Sitzungen der Unterausschüsse (z. B. des Ausschusses für medizinische und psychologische Fragen, des Ausschusses für Meßwesen, des Ausschusses für literarische Auskünfte und Literaturzusammenstellung) statt, während nachmittags der Gesamtvorstand zu einer Vorbesprechung der ordentlichen Tagung zusammentrat. In dieser Vorbesprechung wurden hauptsächlich einige Vorstandsbeschlüsse für die morgige Versammlung formuliert und eine Reihe geschäftlicher Angelegenheiten erledigt.

Hierauf vereinigte eine Einladung des Frankfurter Vereins für Luftschiffahrt die bereits anwesenden Teilnehmer an der Versammlung zu einem zwanglosen Begrüßungsabend im Carltonhotel, der in angeregtester Weise verlief. Auf einige herzliche Begrüßungsworte des 1. Vorsitzenden des Frankfurter V. f. L., Herrn Geheimrat Andreae, die den Gästen gewidmet waren, dankte Herr Geheimrat Dr. v. Böttinger als Vorsitzender der W. G. F., indem er auf die vielfachen Beziehungen der Stadt Frankfurt und des Frankfurter V. f. L. zur Luftschiffahrt zu sprechen kam. Hierfür stattete Herr Stadtrat Lewin im Namen der Stadt Frankfurt a. M. den Dank ab und wünschte der morgen beginnenden Versammlung besten Erfolg.

Am Montag, vormittags 9 Uhr, begann im großen Hörsaal des Physikalischen Vereins die erste Fachsitzung; sie wurde durch einige Begrüßungsansprachen eingeleitet, worauf die Erledigung des geschäftlichen Teils folgte. Es wurde vor allen Dingen die Satzung der Gesellschaft endgültig angenommen, der Gesamt- und der Geschäftsführende Vorstand gewählt bzw. ergänzt, die Rechnungsprüfer gewählt, der vom Vorstand aufgestellte Etat für das laufende Geschäftsjahr bestätigt, die Zeitschrift für Flugtechnik und Motorluftfahrt zum offiziellen Organ der Gesellschaft bestimmt, der Eintritt in die Reihe der wissenschaftlichen Vereine des Deutschen Luftfahrer-Verbandes beschlossen und als nächster Tagungsort für die Ordentliche Mitgliederversammlung 1913 Berlin festgesetzt.

Nach einem kleinen Frühstück, das der Vorsitzende des Physikalischen Vereins Herr Geheimrat Dr. L. Gans, den Teilnehmern der Gesellschaft in den Räumen des Physikalischen Vereins gab, eröffnete die Reihe der wissenschaftlichen Vorträge Herr Professor Dr.-Ing. Hans Reißner - Aachen mit einem Referat über „Beanspruchung und Sicherheit von Flugzeugen“. Es war vorauszusehen, daß diesem wichtigen Thema eine umfangreiche Diskussion folgen würde. Sie war derart angeregt, daß sie bis in den Nachmittag hinein unter regster Beteiligung der Herren Barkhausen, Baumann, Bendemann, Euler, Förster, Friedlaender, Groß, Grulich, Hirth, Kober, v. Parseval, Romberg, Scheit, Schütte, Weber und dem Vortragenden vor sich ging.

Hierauf folgte der Vortrag von Ingenieur Schnetzler: „Erfahrungen auf dem Flugplatz“. Es mußte bei diesem Vortrag von einer Diskussion abgesehen werden, weil die Besichtigung der Motorenabteilung der Adler-Fahrradwerke, vormals Heinrich Kleyer, in Aussicht genommen war, und die von der Firma in liebenswürdiger Weise zur Verfügung gestellten Automobile bereits eine Zeitlang warteten.

Der Besichtigung ging in einem festlich geschmückten Teil des Neubaues dieser Firma eine kurze Kaffeetafel voraus, die nach der langen Diskussion besonders angenehm von den Teilnehmern empfunden wurde. Die Besichtigung erstreckte sich wegen der Größe des Unternehmens in der Hauptsache auf die Motorenabteilung, und die Teilnehmer hatten Gelegenheit, nicht nur die Entstehung und Herstellung der Motoren und Automobile von Grund auf bis ins kleinste kennen zu lernen, sondern ihnen konnte auch die Inbetriebnahme eines großen, ganz neuen Flügels der Fabrik vorgeführt werden. Dieser Neubau gewinnt besondere Wichtigkeit dadurch, weil er für die Motorenfabrikation für Luftfahrtzwecke bestimmt ist. Nach der äußerst interessanten Besichtigung vereinigte ein kleiner Imbiß im gleichen Raum die Teilnehmer nochmals, und hier nahm der Vorsitzende der W. G. F., Herr Geheimrat v. Böttinger, Gelegenheit, Herrn Kommerzienrat Dr. Kleyer, der mit einem Stabe von Direktoren in liebenswürdigster Weise selbst die Führung durch das Unternehmen übernommen hatte, den aufrichtigsten Dank der Gesellschaft zum Ausdruck zu bringen. Ein kleiner Teil von Interessenten nahm hierauf noch eine Besichtigung der Deutschen Chauvière-Propellerwerke unter Führung des Herrn Direktor Billmann vor, worauf sich die Teilnehmer abends zu einem zwanglosen Abendessen im Hotel Imperial zusammenfanden.

Am nächsten Tage führte zur Begrüßung der Wissenschaftlichen Gesellschaft für Flugtechnik der Eulerflieger Leutnant v. Hiddessen einen größeren Flug aus. Schon in aller Frühe erschien er mit Leutnant Koch als Begleiter in seinem Zweidecker über Frankfurt und kreuzte längere Zeit über der Viktoria-Allee, wo das Versammlungslokal lag. Nach einer Landung in Niederrad stieg er zum zweiten Male zu einem Flug nach Darmstadt auf und umkreiste längere Zeit das Schloß, in dem Prinz Heinrich Wohnung genommen hatte.

Vormittags 9 Uhr wurde die Fachsitzung durch S. K. H. Prinz Heinrich von Preußen eröffnet, der um 9 Uhr in Begleitung des Prinzen Friedrich Karl von Hessen vor dem Physikalischen Verein eingetroffen war. Zur Begrüßung hatten sich außer dem Vorstand eingefunden der Kommandierende General des 18. Armeekorps Freiherr von Schenck, Oberbürgermeister Voigt, Polizeipräsident Rieß von Scheurnschloß. Im großen Hörsaal übernahm Prinz Heinrich von Preußen den Vorsitz. Er sprach seine Freude darüber aus, daß er der Versammlung beiwohnen könne und hoffte, weil sich in allen Kreisen der Bevölkerung ein großes Interesse für die Flugtechnik gezeigt habe, daß die Versammlung gute Resultate zeitigen möge. Dann erhielt Oberbürgermeister Voigt das Wort, der im Namen der Stadt den Dank dafür zum Ausdruck brachte, daß die Wissenschaftliche Gesellschaft für Flugtechnik ihre erste Tagung in Frankfurt a. M. abhalte, und daß ihr Ehrenvorsitzender, Prinz Heinrich von Preußen das Präsidium führe. Sie sehe darin eine Anerkennung für die wissenschaftlichen

Bestrebungen, die in Frankfurt schon seit langem heimisch geworden seien. Ferner danke er den Herren der Gesellschaft dafür, daß sie bestrebt seien, die Arbeiten der Flugtechnik wissenschaftlich zu durchdringen und festzuhalten. Dieser deutschen Art wäre es zu danken, wenn in nicht allzu ferner Zeit das deutsche Flugwesen das Ausland hoffentlich überflügelt haben werde. Dieses Haus werde als ein Teil der zukünftigen Universität vielleicht dazu ausersehen sein, einen Lehrstuhl für Flugwesen in sich aufzunehmen. Mit einer Einladung für Dienstag abend in den „Römer" und mit dem Wunsche, daß die Flugwissenschaft zum Segen des Vaterlandes dienen möge, schlossen die interessanten Ausführungen. Nach einigen Dankesworten von Geheimrat Dr. von Böttinger begann Herr Dr. Linke - Frankfurt a. M. an Stelle des plötzlich erkrankten Herrn Geheimrat Dr. Hergesell - Straßburg i. Els. mit einem Referat über die „Windbewegungen in der Nähe des Bodens". Ihm schloß sich Geheimrat Dr. Aßmann - Lindenberg mit einem Vortrag über „Vorschläge zum Studium der atmosphärischen Vorgänge im Interesse der Flugtechnik" an, über welche beiden Vorträge eine gemeinsame, sehr angeregte und ergebnisreiche Diskussion eröffnet wurde, trotzdem der Vorsitzende die Redezeit der zur Diskussion sprechenden Herren auf 5 Minuten beschränken mußte. An der Diskussion beteiligten sich außer den Vortragenden die Herren Barkhausen, Baumann, v. d. Borne, Euler, Hirth, Hoff, Grosse, Kölzer, Prandtl, Schnetzler, Süring, Wachsmuth.

Hierauf folgte der Vortrag von Dipl.-Ing. Hoff über „Versuche an Doppeldeckern zur Bestimmung ihrer Eigengeschwindigkeit und ihres Flugwinkels". Mit Rücksicht auf die vorgeschrittene Zeit mußte von einer Diskussion abgesehen werden, so daß sofort der nächste Vortrag durch Herrn Hofrat Professor Dr. Friedlaender - Hohe Mark über die „Physiologie und Pathologie der Luftfahrt" folgen konnte. Weil auch hier mit Rücksicht auf die vorgeschrittene Zeit von einer Diskussion abgesehen werden mußte, so schloß sich der Schlußvortrag des Herrn Dr. Bruger als Referent über einen neuen Kreiselkompaß unmittelbar an.

Unter großem Beifall wurde dann das Absenden eines Huldigungstelegramms folgenden Wortlautes beschlossen:

„Seiner Majestät dem Kaiser, Donaueschingen.

Seiner Majestät versichert die unter meinem Vorsitz tagende Wissenschaftliche Gesellschaft für Flugtechnik ihren tiefempfundenen Dank für die durch Euer Majestät der gesamten Luftfahrt zuteil werdende tatkräftige Fürsorge und erbittet Euer Majestät weitere allerhöchste Förderung.

Heinrich, Prinz von Preußen",

auf das am gleichen Tage folgende Antwort einlief, die das außerordentliche Interesse erkennen läßt, das unser Kaiser den Bestrebungen der Wissenschaftlichen Gesellschaft entgegenbringt.

„Prinz Heinrich von Preußen, Frankfurt a. M.

Ich danke Dir für die mir namens der Wissenschaftlichen Gesellschaft für Flugtechnik ausgesprochene Anerkennung und ersuche Dich, den Mitgliedern der Gesellschaft mitzuteilen, daß ich nach wie vor ihren Bestrebungen im Interesse der Landesverteidigung und der Industrie mein wärmstes Interesse betätigen werde.

Donaueschingen, 26. 11. 12.   Wilhelm I. R.‟

Hierauf folgte eine Besichtigung der Ausstellung für Meßwesen, die der Obmann des Unterausschusses, Herr Professor Dr. Wachsmuth, in den nebenliegenden Räumen des Physikalischen Instituts veranlaßt hatte. Da eine Reihe der Teilnehmer an der Versammlung gleichzeitig Aussteller von Instrumenten war, so gestaltete sich die Demonstration zu einer sehr instruktiven, und die Abfahrt nach den Euler-Flugzeugwerken verzögerte sich recht erheblich.

Auch heute hatten die Adlerwerke sich in gütiger Weise bereit erklärt, die zur Hinausbeförderung der Teilnehmer notwendigen Automobile gratis zu stellen, so daß in verhältnismäßig kurzer Zeit sich die Herren in den behaglich eingerichteten Räumen des schmucken Wohnhauses auf dem Euler-Flugplatz zusammenfanden, wo sie von dem Gastgeber und seiner liebenswürdigen Gattin in zuvorkommendster Weise empfangen wurden. Nach dem Frühstück, das unserm Ehrenvorsitzenden Gelegenheit gab, dem Gastgeber als seinem früheren Fluglehrer den besonderen Dank der Gesellschaft für die freundliche Aufnahme und das bereitwillige Entgegenkommen zum Ausdruck zu bringen, wurde zur Besichtigung der Euler-Flugzeugwerke geschritten.

Zunächst erfolgten durch einige der anwesenden Offiziere besonders instruktive Flüge (bei einem Fluge von Leutnant von Hiddessen, der unter recht schwierigen Verhältnissen stattfand, wurde das von Herrn Geheimrat Aßmann zur Verfügung gestellte, in seinem Vortrag erwähnte Registrierinstrument mitgeführt, das interessante Aufzeichnungen zurückbrachte). Dann wurde unter Führung des Herrn Euler das umfangreiche Werk besichtigt, wobei Herr Euler es sich besonders angelegen sein ließ, die verschiedenen Gesichtspunkte, die für ihn bei der Flugzeugherstellung maßgebend waren, am einzelnen Objekt zu erklären, so daß wohl gerade diese Besichtigung zu den genußreichsten für die Teilnehmer zu zählen ist.

Satzungsgemäß sollte sich die Versammlung nur auf zwei Tage erstrecken, so daß am gleichen Abend das Schlußessen stattfand, das die Stadt Frankfurt a. M. in den historischen Räumen des „Römer‟ der Gesellschaft in besonders festlicher Weise zu einer bleibenden Erinnerung für die Teilnehmer gestaltete.

An der Hauptversammlung am 25. und 26. November 1912 nahmen laut der herumgereichten Präsenzliste u. A. teil:

Seine Königl. Hoheit Prinz Heinrich von Preußen . . . . Kiel
Seine Hoheit Prinz Friedrich Karl von Hessen. . . . . Darmstadt
von Böttinger, Geh. Regierungsrat Dr., Mitglied des Herren-
     hauses . . . . Elberfeld
von Parseval, A., Professor Dr. . . . . Charlottenburg
Prandtl, Professor Dr. . . . . Göttingen
Andreae, Geh. Kommerzienrat . . . . Frankfurt a. M.
Aßmann, Geheimer Regierungsrat . . . . Lindenberg
Barckhausen, Geh. Regierungsrat Prof. Dr. . . . . Hannover

Baumann, Professor . . . .   Stuttgart
Becker, E.   . . . .   Steglitz
Bendemann, Dr.-Ing.   . . . .   Königswusterhausen
van Beers . . . .   Darmstadt
Berndt, Geh. Baurat Professor . . . .   Darmstadt
Betz, Dipl.-Ing. . . . .   Göttingen
Billmann, Direktor . . . .   Frankfurt a. M.
Brauer, E., Geheimer Regierungsrat Professor Dr.   . . . . . .   Karlsruhe
Braun, Leutnant . . . .   Metz
Brecht, A.   . . . .   Frankfurt a. M.
Bruger, Dr.   . . . .   Frankfurt a. M.
von dem Borne, Professor Dr. . . . .   Krietern
von Dewall, Hauptmann . . . .   Darmstadt
Dransfeld . . . .   Frankfurt a. M.
Ernst, Hauptmann . . . .   Straßburg i. E.
Euler, August, Fabrikbesitzer . . . .   Frankfurt a. M.
Fleischer, Redakteur . . . .   Frankfurt a. M.
von Flotow, ...
Friedländer, Hofrat Prof. Dr. . . . .   Hohe Mark i. T.
Förster, Leutnant   . . . .   Berlin
von Funcke, Hauptmann . . . .   Dresden.
Gans, Geh. Kommerzienrat Dr.   . . . .   Frankfurt a. M.
Geerdtz, Hauptmann . . . .   Berlin
Gehlen, Dipl.-Ing. . . . .   Aachen
George, Hauptmann . . . .   Berlin
Groß, Major. . . . .   Berlin
Grosse, Professor Dr. . . . .   Bremen
Grulich, E., Dr.. . . . .   Darmstadt
Grulich, Karl, Dipl.-Ing. . . . .   Johannisthal
Grübler, Geheimrat Prof. Dr. . . . .   Dresden
Grützner, Hauptmann . . . .   Berlin
Hartmann, Professor Dr. . . . .   Frankfurt a. M.
Hentzel   . . . .   Frankfurt a. M.
von Hiddessen, Leutnant . . . .   Döberitz
Hirth, Helmuth, Oberingenieur . . . .   Johannisthal
Hirsch, Paul, cand math. . . . .   Göttingen
Hoff, Dipl.-Ing. . . . .   Straßburg
von Hofacker, Oberst   . . . .   Frankfurt a. M.
Hormel, Kapitänleutnant a. D.   . . . .   Berlin
von Hugo, Kapitänleutnant, pers. Adjutant S. Königl. Hoheit
    des Prinzen Heinrich . . . .   Kiel
Huppert, Professor . . . .   Frankenhausen a. Kyffh.
von Jagnitz . . . .   Frankfurt a. M.
Jaeger, Dr.. . . . .   Bremen
Joseph, Dr.   . . . .   Frankfurt a. M.
Kaemmerer, W., Vertreter d. Ver. deutsch. Ing.   . . . . . .   Berlin
von Kármàn, Dr., Privatdozent . . . .   Göttingen
Kleyer, Heinrich, Dr., Kommerzienrat . . . .   Frankfurt a. M.
Kleyer, Wilhelm, Dr. . . . .   Frankfurt a. M.
Kleyer, E. . . . .   Frankfurt a. M.
Krause, Max, Fabrikbesitzer . . . .   Berlin
Krey, Regierungs- und Baurat . . . .   Berlin
Kober, Dipl.-Ing. . . . .   Friedrichshafen a. B.
Koch, Direktor . . . .   Frankfurt a. M.

Kölzer, Dr. . . . . Cöln
König, Dr. Professor . . . . Gießen
Lehmann, Major . . . . Berlin
Linke, Dr. . . . . Frankfurt a. M.
Liebmann, Dr. Frankfurt a. M.
Lueger . . . . Frankfurt a. M.
von Lyncker, Freiherr, Exzellenz, General d. Inf. . . . . Berlin
Margella, Jakob, Redakteur . . . . Leipzig
Messing, Generalmajor . . . . Berlin
Muench, F., Assistent des . . . . Feldberg-Observatoriums
Nusselt, Dr.-Ing. . . . . Dresden
von Oldershausen, Freiherr, Oberstleutnant . . . . Straßburg i. E.
Oppenheimer, M. J., Fabrikbesitzer . . . . Frankfurt a. M.
von Passavant, R. . . . . Frankfurt a. M.
Paul, Techn. Direktor . . . . Frankfurt a. M.
Peppler, A., Dr. . . . . Gießen.
Pietzker, Marine-Baumeister . . . . Berlin
Polis, Professor Dr. . . . . Aachen
Pröll, Dr.-Ing. . . . . Danzig-Langfuhr
Raabe, Leutnant a. D. . . . . Cronberg i. T.
Rasch, Generalsekretär des D. L. V. . . . . Berlin
Reinhardt, Leutnant . . . . Darmstadt
Riess von Schleuernschloss . . . . Frankfurt a. M.
Reissner, Professor Dr.-Ing. . . . . Aachen
Romberg, Professor . . . . Charlottenburg
von Soden, Freiherr, Dipl.-Ing. . . . . Friedrichshafen a. B.
Solmitz, Oberleutnant . . . . Döberitz
Süring, Professor Dr. . . . . Potsdam
Szamatolski, Hofrat, Dr. . . . . Frankfurt a. M.
Sticker, Gerichtsassessor . . . . Berlin
Stuchtey, Dr. Marburg
Scheit, Geheimer Hofrat Professor . . . . Dresden
Schnetzler, Ingenieur . . . . Frankfurt a. M.
Schneider . . . . Frankfurt a. M.
Schlink, Professor Dr.-Ing. . . . . Braunschweig
Schmiedecke, Generalmajor . . . . Berlin
Schramm, Leutnant . . . . Berlin
Schoof . . . . Berlin
Schuch, Kaufmann . . . . Hamburg
Schütte, Professor . . . . Danzig
Ursinus, Zivilingenieur . . . . Frankfurt a. M.
Vorreiter, Zivilingenieur . . . . Berlin
Wachsmuth, Professor Dr. . . . . Frankfurt a. M.
Weber, M., Professor . . . . Hannover
Wieselsberger, C., Dipl.-Ing. . . . . Göttingen

Geschäftssitzung

am Montag, 25. November, im großen Hörsaal des Physikalischen Vereins.

Die Versammlung wird um 9 Uhr durch den Vorsitzenden, Herrn Geheimen Regierungsrat Dr. von Böttinger eröffnet. Er teilt nach einigen herzlichen Begrüßungsworten mit, daß der Ehrenvorsitzende, Seine Königliche Hoheit Prinz Heinrich von Preußen infolge einer Verhinderung den heutigen Beratungen nicht beiwohnen könne, dafür aber die bestimmte Zusage gemacht habe, in der morgigen Tagung den Vorsitz zu führen.

Hierauf wird Herrn Geheimrat Dr. Gans, dem Vorsitzenden des Physikalischen Vereins, zu folgender Eröffnungsrede das Wort erteilt:

„Sehr verehrter Herr Präsident! Meine sehr geehrten Herren! Mit Stolz und Freude hat es uns erfüllt, daß Sie Frankfurt zu der Stätte gewählt haben, in der Sie Ihre erste Tagung abhalten, und mit besonderer Freude hat es den Physikalischen Verein, in dessen Namen ich hier zu sprechen die Ehre habe, erfüllt, daß Sie seine Einladung angenommen haben und in seinen Räumen Ihre erste Sitzung abhalten. Der Physikalische Verein empfindet darüber umsomehr Genugtuung, weil er darin eine Anerkennung der Bestrebungen sieht, die er von langen Jahren her pflegt, und die ihn auch aufs engste mit den Bestrebungen verbinden, welche Sie auf Ihre Fahne geschrieben haben.

Wir waren schon lange der Ansicht, daß nicht durch halsbrecherische Übungen und mehr oder minder gewagte Konkurrenzen der eigentliche Fortschritt auf dem Gebiete, welches Sie hier zusammenführt, bedingt wird, sondern durch wissenschaftliche Vertiefung, wissenschaftliche Erkenntnis, die wohl allein für uns passend ist, unserer nationalen Eigentümlichkeit am nächsten liegt und wohl am meisten und besten geeignet ist, Deutschland in erster Linie in die Front, oder sollen wir hier sagen, in die Höhe zu bringen, in die Höhe, in der wir es zu sehen wünschen.

Der Physikalische Verein hat schon seit seinem Bestehen, seit Anfang des vorigen Jahrhunderts, sich mit den Fragen beschäftigt, die, wenn auch entfernter, das Gebiet, welches Sie beschäftigt, streifen, durch meteorologische Beobachtungen, die wir seit 30 Jahren veröffentlicht haben, und die ein wertvolles Material für die Kenntnis unserer Wetter- und Windverhältnisse bilden. Seit dem Jahre 1906 haben wir einen Dozenten für Meteorologie bestellt, in der Person des Herrn Dr. Wegener, der Ihnen allen ja als kühner und erfolgreicher Luftschiffer bekannt ist; und unter seinem Nachfolger Herrn Dr. Linke ist die Aerologie mit in den Kreis derjenigen Wissenschaften gezogen worden, welche unser Verein pflegt. Als letzte Frucht dieser Tätigkeit ist die Gründung eines aerologischen Observatoriums auf dem Feldberg, der höchsten Spitze des Taunus, zu bezeichnen, dessen Aufgabe es sein wird, in der gleichen Linie tätig zu sein; und einige Punkte der diesmaligen Tagesordnung, die Vorträge von Herrn Geheimrat Hergesell und von Herrn Professor Aßmann, betreffen Gebiete, auf denen das aerologische Observatorium auf dem Feldberg auch tätig zu sein beabsichtigt. Auch die Erforschung der elektrischen Erscheinungen in höheren Atmosphären wird zu seinen Aufgaben gehören, und wir hoffen, durch diese Forschungen der Motorluftschiffahrt Dienste leisten zu können. Es wäre uns außerordentlich lieb gewesen, wenn wir es hätten ermöglichen können, Ihnen den Besuch des Feldberg-Observatoriums bei dieser Gelegenheit darbieten zu können; aber die Witterungsverhältnisse haben es unzweckmäßig erscheinen lassen, das in unser Programm aufzunehmen. Ich möchte aber die Herren bitten, bei einem gelegentlichen Besuch doch auch dieses landschaftlich wunderhübsch gelegene Institut zu besichtigen; es ist sehr empfehlenswert.

Die Bestrebungen oder die Arbeiten des Physikalischen Vereins führten auch dazu, daß er im Jahre 1909 im Frankfurter Verein für Luftschiffahrt, der ebenfalls aus dem Physikalischen Verein hervorgegangen ist, das Unternehmen förderte und in die Wege leitete, welches mein verehrter Freund Andreae gestern schon erwähnt hat, die Erste Internationale Luft schiffahrts - Ausstellung. Sie ist ja im Anfang mit sehr großem Mißtrauen begrüßt worden, und man hat vielfach die Ansicht gehegt, daß es zu früh sei, einen generellen Überblick über dieses Gebiet in Form einer Ausstellung zu veranstalten. Aber die Zeit hat gelehrt, daß wir mit unserem Optimismus doch recht gehabt haben, und daß es richtig war, gerade einen Moment zu wählen, in dem dieses Gebiet in so schwungvoller und lebhafter Entwicklung gewesen ist, daß gerade dieser Moment auch geeignet war, das Interesse für die Fragen, die hier in Betracht kommen, in weiteste Kreise zu tragen und damit nützlich zu wirken. Es konnte dies nur dadurch möglich sein, daß die Ila sich auf wissenschaftlichen Boden gestellt hat, und dieser Boden war ihr nur möglich durch die Mitwirkung des Physikalischen Vereins und namentlich der an ihm tätigen Dozenten. Ergebnisse der Ausstellung liegen vor in der Sammlung der von Herrn Professor Wachsmuth herausgegebenen Vorträge, die innerhalb des Ila-Sommers meistens in diesen Räumen gehalten worden sind, von ersten Autoritäten auf verschiedenen Gebieten, und zwar von einer Anzahl von Herren, die ich auch hier vor mir sehe. Der Band gibt ein sprechendes und interessantes Bild über unsere derzeitigen Kenntnisse. Ebenso sind die Ergebnisse der Ausstellung, welche ebenfalls in einem von der Ila herausgegebenen und seitens der Herren Lepsius und Wachsmuth verarbeiteten Bericht erschienen sind, eine höchst wertvolle Festhaltung der derzeitigen Kenntnisse, über die die Literatur wohl nicht hinwegsehen kann. Ein dritter Band, der infolge besonderer Verzögerung soeben erst die Presse verläßt, hat sich auch die Aufgabe gestellt, in einer historischen Abteilung alle diejenigen bildlichen und literarischen Veröffentlichungen zu vereinigen, welche für die Geschichte der Luftschiffahrt von Interesse sind. Und diesen amüsanten und durch viele Bilder verschönten Band lege ich hier zu Ihrer Einsicht auf. Er hat eben die Presse verlassen. Ich beabsichtige, morgen unserem verehrten Herrn Ehrenpräsidenten, Seiner Königlichen Hoheit Prinz Heinrich von Preußen, ein Exemplar des Buches zu überreichen.

In den Ilatagen hat auch die Gründung der ersten deutschen Luftschifffahrtsgesellschaft stattgefunden, der Delag, und es hat auch dort gewissermaßen, wenn auch den Ereignissen vorauseilend, die erste Tagung Ihrer Gesellschaft stattgefunden. Denn die Göttinger Vereinigung, die ihre Jahresversammlung in den Ilaräumen hier in Frankfurt gehalten hat, hat zum ersten Male dort Gelegenheit genommen, auch mit der Praxis in Berührung zu treten, und zwei Mitarbeiter der Ila, Herr Euler und Herr Oberst Ilse, haben Vorträge gehalten, die zu größeren Diskussionen und zu großem Interesse Anlaß gegeben haben. Es war wohl eine Folge dieser ersten Besprechung der Luftschiffahrt innerhalb der Göttinger Vereinigung, daß bei der folgenden Jahresversammlung der genannten Gesellschaft, im Jahre 1911, ebenfalls die Fragen, die die Luftschiffahrt betreffen, im Mittelpunkt der höchst interessanten Verhandlungen gestanden haben.

Das führt weiter zur Ala, die eine Nachfolgerin der Ila gewesen ist, und so schließt sich der Kreis, welcher die innigen Beziehungen des Physikalischen Vereins zu der Wissenschaftlichen Gesellschaft für Flugtechnik darstellt. Durch diesen Kreis, durch die innige Verbindung wird es klar, weshalb wir mit Befriedigung und Genugtuung darauf sehen, daß Sie hier in Frankfurt Ihre Sitzung abhalten. Um so größer ist unsere Freude, und um so größer ist die Herzlichkeit unseres Wunsches, daß Ihre Tagung den vollsten und schönsten Erfolg haben werde, und daß Sie, meine sehr verehrten Herren, gerne und freudig an Ihren Aufenthalt zurückdenken werden. (Lebhafter Beifall.)

Hierauf ergreift der Vorsitzende, Herr Geheimrat von Böttinger, das Wort zu folgender Eröffnungsrede, wobei er zugleich zu Punkt a) der Tagesordnung: Bericht des Vorstandes übergeht:

„Hochverehrtester Herr Geheimrat! Wir haben Ihnen heute einen doppelten Dank auszusprechen: einmal in Ihrer Eigenschaft als Vorsitzender des Physikalischen Vereins für die interessanten Ausführungen, die Sie uns soeben gemacht haben, und sodann Ihnen persönlich, daß Sie die Güte hatten, uns als Ihre Gäste beim Frühstück einzuladen. Dem Physikalischen Verein bitten wir Sie aber, den Dank, den wir ihm schulden, warm und herzlich unserseits zum Ausdruck zu bringen. Wir betrachten es sicherlich als ein gutes Omen, daß wir gerade hier in diesen herrlichen Räumen unsere erste offizielle Tagung nach unserer Konstituierung halten dürfen, an dieser Stätte, die geschaffen und ein Beispiel ist edlen deutschen Bürgersinns. eine Stätte, die von Frankfurtern errichtet zur Förderung der Wissenschaften. Es ist dadurch wieder der Beweis erbracht, wie die alten Traditionen des guten Frankfurter Bürgersinnes auch unter den neuen Verhältnissen immer aufrecht erhalten sind, und Frankfurt das ist, was es immer war: eine Zierde unter unseren deutschen Großstädten! — Wir hoffen auch zuversichtlich, daß das Vertrauen, das uns entgegengebracht worden ist, daß die Wärme, die uns die Frankfurter wieder erwiesen haben, uns helfen wird, wie ich gestern schon bemerkte, unsere Aufgabe in dem Sinne fortzusetzen, wie Sie alle es von uns erwarten, wie das ganze Vaterland, möchte ich sagen, es von uns erwartet. Denn ist auch unser Verein noch jung, ist auch die ganze Wissenschaft, mit der wir uns zu beschäftigen haben, vielleicht noch jung und ein Kind des jüngsten Jahrzehnts, so sind die Aufgaben um so größer, um so schöner und um so interessanter. Sie haben, verehrter Herr Geheimrat, in Ihren Ausführungen bereits darauf hingewiesen, wie in früheren Jahren die Ila vorgegangen ist, wie Frankfurt in dieser Beziehung bahnbrechend, vielleicht nach damaligen Anschauungen etwas zu optimistisch war, aber wie gerade dieser gesunde Optimismus sich auch hier wieder bewährt und den Grundstein gelegt hat für die weitere Entwicklung. Ich möchte aber noch auf eins hinweisen, was auch Frankfurt zu verdanken ist: das ist die Schöpfung der Delag, der Deutschen Luftschiffahrt-Aktiengesellschaft, welche von Frankfurt, von Ihrem hochverehrten Herrn früheren Oberbürgermeister Adickes ins Leben gerufen worden ist, unter der Mitwirkung einer Anzahl von Herren aus der Bürgerschaft, auch unseres verehrten Herrn Andreae, der ihr eine außerordentliche Tatkraft widmet und mit jugendlicher Frische im vergangenen Jahre noch in einem Z-Schiff über den Bodensse gefahren ist. Für diese Gesellschaft, die freilich leider manche Unglücksfälle hat überstehen müssen durch Verlust von Schiffen, die aber doch immer weiterarbeitet auf dem Gebiete der Luftschiffahrt und die Luftschiffahrt fördert, haben wir eigentlich auch in erster Linie den Frankfurter Herren zu danken.

Sie haben dann auch hingewiesen auf die Göttinger Vereinigung. Als Vorsitzender der Göttinger Vereinigung darf ich Ihnen hier auch verbindlichsten Dank aussprechen für das liebenswürdige Gedenken ihrer Arbeit. Meine Herren! Es wird Sie vielleicht interessieren zu hören, daß die Göttinger Vereinigung in Gemeinschaft mit der preußischen Unterrichtsverwaltung den ersten Lehrstuhl für Luftschiffahrt durch meinen verehrten Nachbar zur Linken, Herrn Professor Prandtl, in der ganzen Welt ins Leben gerufen hat. Dieser Frage war man noch an keiner Hochschule diesseits und jenseits des Meeres nähergetreten; die Göttinger Vereinigung hat es unter ihren vielen Aufgaben als eine der vornehmsten betrachtet, diese Frage zur Durchführung zu bringen, und ich glaube, ich darf sagen, wir haben auch diese Anregung wieder den Frankfurtern zu verdanken.

Die Tagung der Göttinger Vereinigung im vergangenen Jahre war es dann, auf welcher Herr Euler uns mit seinen Vorführungen erfreute. Das war erst die Veranlassung zur Gründung oder Errichtung der Wissenschaftlichen Gesellschaft für Flugtechnik. Die ersten Ideen wurden damals in Göttingen im vergangenen Jahre gefaßt, und wir sehen heute wieder, in welch fruchtbringender Weise dieselben erfolgt sind. Ich darf deshalb Ihnen, hochverehrter Herr Geheimrat, nochmals unseren doppelten Dank aussprechen und Sie bitten, diesen den sämtlichen verehrten Vereinen übermitteln zu wollen.

Ich habe dann ferner bekannt zu geben, daß uns eine Reihe Briefe und Depeschen zugegangen sind von Vertretern der Regierung und Behörden, größeren Korporationen, sowie von unseren eigenen Mittgliedern, die durch irgendwelche Gründe verhindert wurden, an der Tagung teilzunehmen. So liegen mir hier Depeschen vor vom Geh. Oberregierungsrat Dr. Lewald im Auftrage des Staatssekretärs des Innern, ferner vom Geheimen Oberregierungsrat Albert, von Herrn Dr. Karl Lanz, Exzellenz Rieß von Scheurnschloß, Präsident der Deutschen Versuchsanstalt für Luftfahrt, von Herrn Werftbesitzer Max Oertz, Professor Dr. Lepsius, Professor Dr. Richarz, Reichsrat Dr. v. Miller, Professor Dr. Tetens, Exzellenz Merten, Exzellenz v. Nieber, Kapitän Lübbert vom Reichsmarineamt, Ministerialdirektor Dammann, Geheimrat Dr. Tull vom Ministerium der Öffentlichen Arbeiten, Geheimrat Zimmermann, Graf v. Sierstorpff und endlich ein Schreiben vom Professor Dr. Ahlborn, der leider kurz nach seiner Ankunft hier in Frankfurt an einem schweren Influenzaanfall erkrankt ist und infolgedessen vor der Sitzung wieder abreisen mußte. In allen Zuschriften wird der Tagung und den Bestrebungen der Gesellschaft mit warmen Worten Erfolg gewünscht, und ich glaube in Ihrer aller Namen zu sprechen, wenn ich den verehrten Einsendern den verbindlichsten Dank der Gesellschaft zum Ausdruck bringe.

Meine Herren! Leider habe ich Ihnen aber, ehe wir in unserer Tagesordnung weiterschreiten, die bedauerliche Mitteilung zu machen, daß Herr Geheimrat Hergesell, wie er gestern telegraphiert hat, wegen einer Operation heute nicht kommen kann. Ich möchte Sie bitten, uns zu gestatten, in Ihrem Namen Herrn Professor Hergesell telegraphisch unsere besten Wünsche zu übermitteln.

Die diesjährige Tagung ist leider später erfolgt, als zunächst in Aussicht genommen war. Wie Sie sich erinnern, hatten wir im Mai beschlossen, im Oktober zusammenzukommen. Dadurch aber, daß unser Ehrenvorsitzender, Seine Königliche Hoheit Prinz Heinrich von Preußen genötigt war, nach Japan zu reisen, um als Vertreter Seiner Majestät des Kaisers bei der Beerdigung des Kaisers von Japan anwesend zu sein, mußte eine Vertagung stattfinden. Seine Königliche Hoheit hatten mich gebeten, davon Abstand zu nehmen. Aber da ich persönlich weiß, welch lebhaftes Interesse er an unserer Arbeit nimmt, und wie gern er in unserer Mitte sein wird, hielt der Vorstand es doch für richtiger, die paar Wochen später zusammenzukommen.

Meine Herren! Ich glaube, ich kann hier davon absehen, Ihnen Ausführungen zu machen über die Bedeutung der Luftschiffahrt im ganzen, über die Bedeutung der Aufgaben, die wir uns gestellt haben. Ich will nur das eine betonen, wie in allen Kreisen des ganzen Landes, in allen Teilen der Bevölkerung, in Deutschland und anderen Staaten die Luftschiffahrt heute die Losung ist, wie alles bestrebt ist, dieses neue Verkehrsmittel zu fördern, auszubauen und zu verbessern. Wir sehen das am besten an der hochherzigen

Stiftung S. M. des Kaisers, indem er aus seiner Privatschatulle den Betrag von 50 000 Mark zur Verfügung gestellt hat für den besten deutschen Flugmotor. Die Prüfung hat bereits in der vergangenen Woche begonnen und wird jetzt durchgeführt. Ein noch schlagenderer Beweis für die Bedeutung der Luftschiffahrt für unser Volks- und nationales Wesen ist die Nationalflugspende. Die Franzosen haben damit angefangen, sie haben mit großer Mühe die Nationalflugspende auf den Betrag von zwischen 2 und 3 Millionen Franken gebracht; unsere deutsche Nationalflugspende dagegen hat den Betrag von 6½ Millionen Mark erreicht. Also ungefähr das Zweieinhalbfache des französischen Betrages! Die Aufgaben, die die Nationalflugspende sich selbst gestellt hat, sind sehr weittragende und weitgehende, und wir wollen hoffen, daß sie auch zum Segen der Gesamtheit sein werden.

Meine Herren! Über die Tätigkeit Ihres Vorstandes habe ich Ihnen nicht sehr viel zu berichten. Es ist ja naturgemäß, daß, nachdem wir erst seit Anfang Mai mit den gesamten Vorarbeiten begonnen haben, die erste Zeit ausgefüllt war mit der Ausarbeitung der generellen Arbeiten, besonders der Statuten. Besonders stark war die Korrespondenz, die uns erwachsen ist durch die Gesuche um Unterstützung zum Ausbau von Maschinen, Ausbau neuer Flugzeuge usw., eine Aufgabe, die uns aber nicht zusteht, wobei wir uns aber doch durch wissenschaftlichen Aufschluß bemüht haben, die Eingaben der betreffenden Erfinder zu prüfen und ihnen unser Gutachten usw. darüber abzugeben.

Bezüglich der Zusammensetzung der Gesellschaft kann ich Ihnen mitteilen, daß wir zur Zeit 4 lebenslängliche Mitglieder haben, 310 ordentliche und 5 außerordentliche Mitglieder, ein für die Kürze des Bestehens wirklich außerordentlich erfreuliches Ergebnis.

Ich möchte nicht unterlassen, bei dieser Gelegenheit den Dank des Vorstandes dem Königl. Sächsischen Automobilklub und in erster Linie seinem Vorsitzenden, dem verehrten Herrn Geheimrat Scheit, auszusprechen für die tatkräftige Mitwirkung, die er uns hat zuteil werden lassen. Der Königl. Sächs. Automobilklub hat schon seit mehreren Monaten seine Mitglieder aufmerksam gemacht auf die Bedeutung und Notwendigkeit unserer Gesellschaft, und wir zählen jetzt bereits eine stattliche Anzahl von Herren zu ordentlichen Mitgliedern. Ich darf Ihnen, hochverehrter Herr Geheimrat Scheit, nochmals unseren besonderen Dank aussprechen und der Hoffnung Ausdruck geben, daß der Königl. Sächs. Automobilklub in dieser Beziehung nicht allein bleibt, sondern als ein gutes Vorbild wirken möge bei anderen ähnlichen, Automobil- oder sonstigen Gesellschaften! Denn, meine Herren, wir dienen nicht Partikular-Interessen, wir dienen der Allgemeinheit und fördern dadurch auch die Interessen dieser Vereine. Ich möchte deshalb auch an die einzelnen verehrlichen Mitglieder noch die besondere Bitte des Gesamtvorstandes richten, daß sie auch in ihren Kreisen wirken, um neue Mitglieder für unsere Gesellschaft zu gewinnen. Wir brauchen neue Mitglieder nicht nur des Beitrags wegen, sondern wir legen Wert auf die Mitwirkung einer großen Anzahl deutscher Männer, um die Aufgaben zu fördern, die wir uns gestellt haben!

Eine Anregung von Professor Romberg - Charlottenburg, das Eintrittsgeld (20 M.) auf längere Zeit noch nicht zu erheben, findet den Beifall der Versammlung, und zwar wird beschlossen, ein Eintrittsgeld erst vom Schluß der nächsten Ordentlichen Mitgliederversammlung an zu erheben. Dagegen findet der Antrag von Professor Prandtl - Göttingen, das Eintrittsgeld auf 10 Mark zu ermäßigen, wenig Anklang und wird deshalb zurückgezogen.

Hierauf erstattet Professor Dr. von Parseval den Bericht des Wissenschaftlich-Technischen Ausschusses. Der Bericht erstreckt sich zunächst auf eine namentliche Aufzählung der in der Sitzung vom 15. Juli errichteten Unterausschüsse mit ihren Mitgliedern und wendet sich dann den Unterausschüssen eingehender zu, die schon ihre Tätigkeit aufgenommen haben. Erhebliche Schwierigkeiten haben sich der Gründung des „Unterausschusses zur Beurteilung von Erfindungen" entgegengestellt. Seine Errichtung ist jedoch schließlich aus Zweckmäßigkeitsgründen beschlossen worden, und die rege Tätigkeit, die er bzw. der von ihm gebildete Arbeitsausschuß bisher entfaltet hat, spricht am besten für seine Notwendigkeit. Der Vorschlag, eine Gebühr für die Begutachtung zu erheben, ist nicht angenommen, vielmehr war es bestimmend für die Ansicht des Ausschusses, unbemittelten Erfindern die Möglichkeit zu einer Beurteilung zu erleichtern. Leider ist unter den vielen Erfindungen, die bisher in einer Reihe von Sitzungen begutachtet worden sind, nicht eine gewesen, deren Wert der Kommission eine Förderung derselben nahegelegt hätte.

Der „Unterausschuß für literarische Auskünfte und Literaturzusammenstellungen" wird zu einem weiteren Punkt der Tagesordnung durch seinen Obmann selbst Bericht erstatten. Der Ausschuß für konstruktive Fragen wird dadurch besondere Wichtigkeit erlangen, daß er die Sicherheitsvorschriften zu behandeln hat. Jedenfalls wird es von großer Bedeutung für das Ansehen der W. G. F. sein, daß dieser Ausschuß seine Vorschläge bei der gesetzgeberischen Behandlung der Luftfahrt zur Geltung bringen will. Ebenfalls von großer Wichtigkeit wird der Unterausschuß für medizinische und psychologische Fragen, weil ihm die Beratung der Sicherheitsmaßnahmen zufällt, soweit die Person des Luftfahrzeugführers selbst in Frage kommt. Die weiter bestehenden Ausschüsse für Vereinheitlichung der Fachsprache, für Meßwesen, für Aerologie und für luftelektrische Fragen haben ihre Tätigkeit noch nicht oder doch nur im beschränkten Maße aufgenommen, so daß über sie erst bei der nächsten Versammlung berichtet werden kann. Besonders aber vom letztgenannten Unterausschuß ist eine rege Tätigkeit möglichst schon in der nächsten Zeit zu erhoffen, um die Ursache vieler nicht aufgeklärter Brände bei Ballonen und Luftschiffen festzustellen.

Der Vorsitzende dankt Professor von Parseval für den mit Beifall aufgenommenen Bericht und teilt mit, daß der Ausschuß für medizinische und psychologische Fragen in einer gestern stattgehabten Sitzung 2 Resolutionen zur Beschlußfassung vorbereitet hat, die von dem Obmann Herrn Professor Dr. Friedländer später (Seite 38) zur Kenntnis gebracht werden. Er gibt ferner den Antrag des Vorstandes bekannt, die Vorsitzenden der Unterausschüsse mit beratender Stimme zu den Sitzungen des Gesamtvorstandes hinzuzuziehen, um ihnen so Gelegenheit zu geben, die Wünsche ihrer Kommission im Vorstand zur Beratung zu stellen. Der Antrag wird einstimmig angenommen.

Hierauf führt der Vorsitzende zu Punkt c) der Tagesordnung: Antrag des Herrn Professor Dr. Poeschel - Meißen, den Namen der Gesellschaft abzuändern in: „Wissenschaftliche Gesellschaft für Luftfahrt" aus, daß eine Diskussion hierüber nicht nötig werden wird, da Herr Professor Dr. Poeschel seinen Antrag zurückgezogen habe. Der Vorsitzende spricht namens des Vorstandes Herrn Professor Dr. Poeschel den besonderen Dank aus für das große Interesse und die Unterstützung bei der redaktionellen Fassung der Satzung. Der eingehenden Revision und den Anregungen bezüglich der stilistischen Wortstellung, Wortfassung und auch der Satzung selbst konnte in den meisten Fällen gerne Folge geleistet werden.

Beim nächsten Punkt d) der Tagesordnung stellt es sich als wünschenswert heraus, zunächst über Punkt h) betreffs der Einführung einer eigenen Zeitschrift zu sprechen, da ein hierauf bezüglicher Beschluß in die Satzungen aufgenommen werden muß. Professor Prandtl erstattet einen kurzen Bericht über die mit der Firma Oldenbourg gepflogenen Verhandlungen, die „Zeitschrift für Flugtechnik und Motorluftschiffahrt" zum offiziellen Organ der Gesellschaft zu machen. Hiernach erbietet sich der Verlag, diese Zeitschrift, deren wissenschaftliche Schriftleitung Herrn Professor Prandtl untersteht, bei obligatorischem Bezug für jedes Mitglied für 5 M. für den Jahrgang zu liefern, bei fakultativem Bezug für 9 M. gegen 12 M. im Abonnement, welcher Preis demnächst auf 16 M. erhöht werden wird. Da im einzelnen noch über den abzuschließenden Vertrag gesprochen werden soll, so sind einige kleinere Vergünstigungen für den Bezug noch zu erwarten. Es wird besonders darauf hingewiesen, daß ein einheitliches, in bestimmten Zeiträumen erscheinendes Organ sehr zur Festigung der Gesellschaft beitragen wird, zumal die Bekanntmachungen nicht mehr ausschließlich durch Rundschreiben, sondern an einem bestimmten Platz der Zeitschrift erfolgen können.

Eine Bemerkung, daß viele Mitglieder der Gesellschaft die Zeitschrift bereits durch einen anderen Verein erhalten, wird von Herrn Professor von Parseval dahin erwidert, daß der Reichsflugverein, der einzige Verein, der seinen Mitgliedern die Zeitschrift bisher obligatorisch zustellt, sie vom 1. Januar 1913 nicht mehr bezieht. Eine weitere Frage, ob die Gesellschaft bei dem in Aussicht genommenen Eintritt in den Deutschen Luftfahrer Verband nicht zum Bezug des Amtsblattes, der Deutschen Luftfahrer - Zeitschrift, gezwungen sei, wird vom Geschäftsführer dahin erledigt, daß diese Verpflichtung für die Reihe Vereine nicht bestehe, in welche die Gesellschaft aufgenommen zu werden wünscht. Es wird weiter angefragt, in welchem Maße die Gesellschaft an der Redaktion der Zeitschrift beteiligt sei, und festgestellt, daß die geschäftlichen Mitteilungen unter Verantwortung des Geschäftsführenden Vorstandes durch den Geschäftsführer veröffentlicht werden, und daß für den wissenschaftlichen Teil die Schriftleitung in Händen des Vorstandsmitgliedes Herrn Professor Dr. Prandtl liegt. Hierauf wird die Annahme der „Zeitschrift für Flugtechnik und Motorluftschiffahrt" als offizielles Organ der Gesellschaft mit großer Mehrheit beschlossen.

Zum gleichen Punkt der Tagesordnung berichtet sodann der Obmann des Ausschusses für Literaturzusammenstellung Herr Marinebaumeister Pietzker über die gestrige Sitzung des Ausschusses und seine Beschlüsse. Der Ausschuß sieht es als eine der wichtigsten Aufgaben der Gesellschaft an, einen Überblick über die Literatur des Gebietes „Luftfahrt" zu geben, und hat hierfür drei sich ergänzende Mittel in Aussicht genommen. Erstens soll eine monatliche Übersicht über die Literatur des In- und Auslandes gegeben werden mit kurzen Inhaltsangaben der Bücher und selbständigen Aufsätze. Zweitens sollen die wichtigsten Bücher und Aufsätze von geeigneten Fachleuten kritisch besprochen werden und drittens soll in einer Jahresübersicht der jeweilige Stand der Literatur in großzügiger Weise nach einheitlichen Gesichtspunkten besprochen werden. Es sind schon von seiten der Geschäftsstelle informierende Vorverhandlungen mit den in Frage kommenden Stellen gepflogen, die jedoch besonders nach der pekuniären Seite hin noch zu keinem Abschluß gelangt sind. Es scheint jedoch festzustehen, daß ein Teil der vorgeschlagenen Wünsche innerhalb des Etats der Gesellschaft verwirklicht werden können.

Geheimrat A ß m a n n tritt ebenfalls für die Herausgabe der Literaturzusammenstellung ein und betont, daß er gerade hierin ein hauptsächliches Agitationsmittel für die Gesellschaft erblickt, auf das sie keineswegs verzichten darf. Betreffs der kritischen Besprechungen weist er auf die Referate in den Fortschritten der Physik (Deutsche Physikalische Gesellschaft) hin, die seit 20 Jahren seiner Redaktion unterstehen. In diesen Referaten ist in neuerer Zeit auch das Gebiet Luftfahrt (Referent Herr B é j e u h r) aufgenommen worden, und Geheimrat A ß m a n n hält es nun für zweckmäßig, eine Vereinigung auf diesem Gebiet zwischen den Arbeiten der W. G. F. und der Physikalischen Gesellschaft herbeizuführen.

Der Vorsitzende dankt dem Ausschuß für die umfangreiche Arbeit und bittet, die Regelung der Angelegenheit dem Vorstande zu übertragen, was den Beifall der Versammlung findet.

Nunmehr wird auf Punkt d) endgültige Beschlußfassung und Genehmigung der Satzungen, zurückgegangen und auf Vorschlag von Geheimrat von B ö t t i n g e r dem Geschäftsführenden Vorstand die Ermächtigung erteilt, an der Satzung redaktionelle Änderungen sowie auch solche vorzunehmen, welche der Registerrichter für nötig erachten sollte. Dann teilt der Vorsitzende den Antrag des Gesamtvorstandes mit, den M i t g l i e d s b e i t r a g von 20 M. auf 25 M. zu erhöhen wegen der obligatorischen Lieferung der Zeitschrift an sämtliche Mitglieder. Es wird aber zunächst über einen Antrag von Professor R o m b e r g diskutiert, nach welchem der Bezug der Zeitschrift obligatorisch sein soll und der Mitgliedsbeitrag auf 20 M. bestehen bleibt zusätzlich eines besonderen Beitrages für die Zeitschrift. Der Antrag wird später von Professor R o m b e r g zurückgezogen und lediglich der Wunsch geäußert, den Beitrag, sowie es einigermaßen mit dem Budget vereinbar ist, wieder zu ermäßigen, wobei der Redner auf ein ähnliches Vorgehen der Schiffbautechnischen Gesellschaft hinweist, die gerade durch die später erfolgte Ermäßigung des Beitrags außerordentlich viele Mitglieder geworben hat. Auch der Vorschlag von Geheimrat S c h e i t, zunächst zu versuchen, mit dem Beitrag von 20 M. auszukommen, wird nicht angenommen, vielmehr ist die Versammlung der Ansicht, daß eine für später in Aussicht gestellte Erhöhung des Beitrages noch viel ungünstiger auf die Mitgliederwerbung wirken würde.

So wird denn, nachdem besonders von seiten des Vorstandes betont ist, daß durch die Gratislieferung der Zeitschrift auch eine Mehrleistung an die Mitglieder erfolgt, die in diesem Umfange bei der vorläufigen Etatsaufstellung gelegentlich der Gründung der Gesellschaft nicht vorgesehen war, der Antrag des Vorstandes, den Mitgliedsbeitrag auf 25 M. und sinngemäß für lebenslängliche Mitglieder auf 500 M. zu erhöhen mit großer Mehrheit angenommen.

Hierauf wird nach kurzer Debatte als Zeitpunkt für die Beitragserhöhung das nächste Geschäftsjahr, d. h. der 1. April 1913 festgesetzt.

§ 10 und 11 wird sinngemäß den obigen Beschlüssen geändert. Ebenfalls wird der Vorschlag des Vorstandes, neben den 3 Vorsitzenden statt höchstens zwanzig Beisitzern dreißig zuzulassen, angenommen. Auf Vorschlag von Geheimrat Barkhausen werden in § 30 in der letzten Zeile die Worte „aber nur" gestrichen und in § 40 betreffs der Wahlen der Zusatz angenommen „Siehe § 28, Satz 2". Hierauf wird die Satzung einstimmig von der Versammlung angenommen, worauf Geheimrat Barkhausen noch den Wunsch äußert, nach der Eintragung, spätestens aber bei der nächsten Hauptversammlung die endgültige Satzung den Mitgliedern zuzusenden.

Auf Wunsch macht dann Geheimrat von Böttinger zu Punkt g) „Festsetzung des Etats für das laufende Geschäftsjahr" einige kurze Angaben, wobei er besonders darauf hinweist, daß der Etat schon durch den hierzu bevollmächtigten Arbeitsausschuß am 4. Mai grundsätzlich genehmigt sei. Es stellen sich den Einnahmen von ca. 7950 M. folgende Ausgaben gegenüber:

Bureaumiete	750,— M.
Hausmeister	120,— ,,
Honorar für Geschäftsführer	1200,— ,,
Bureauhilfe	800,— ,,
Telephonmitbenutzung	80,— ,,
Porto, Bestellgelder, Telegramme	500,— ,,
Vergütung für den Gehilfen des Schatzmeisters	200,— ,,
Drucksachen ungefähr	1000,— ,,
Inventar	300,— ,,
Für den Bericht über die Gründungsversammlung bereits verausgabt	330,— ,,
Diverses	1000,— ,,
	6280,— M.

In den verbleibenden 1670 M. sind noch die Beiträge der vier lebenslänglichen Mitglieder mit 1600 M. enthalten, und der Vorstand ist der Ansicht, daß es nicht richtig ist, diese Beiträge in der betreffenden Jahresrechnung zu verbuchen, sondern daß vielmehr Beiträge lebenslänglicher Mitglieder zu einem Fonds angesammelt werden müssen, von dem lediglich die Zinsen für besondere Zwecke verwendbar sein sollen. Das findet auch durchaus den Beifall der Versammlung.

Hierauf wird zu Punkt e) „Wahl des Gesamtvorstandes und des Geschäftsführenden Vorstandes" übergegangen, und zwar empfiehlt der Vorsitzende auf Vorschlag des Vorstandes die Wiederwahl der derzeitigen Vorstandsmitglieder, ergänzt und erweitert durch Hinzuwahl der Herren Geheimrat Finsterwalder - München, Exzellenz Freiherr von der Goltz - Berlin, Präsident des Deutschen Luftfahrer-Verbandes, Bankier Hagen - Potsdam, Professor Dr. Hartmann - Frankfurt a. M., Exzellenz Freiherr von Lyncker, Generalinspekteur der Verkehrstruppen, Berlin, Geheimrat Scheit - Dresden, Professor Schütte - Danzig, Professor Dr. Wachsmuth - Frankfurt a. M., Professor Wagener - Danzig. Auch diese Vorschläge werden einstimmig angenommen, nachdem auch die anwesenden Herren Vorstandsmitglieder die Wiederwahl bzw. Neuwahl angenommen haben.

Zu Punkt f) der Tagesordnung „Wahl zweier Rechnungsprüfer" erklärt sich die Versammlung ebenfalls mit dem Vorschlag des Vorstandes einverstanden, die Herren Bankier Meckel - Berlin und Assessor Sticker als Rechnungsprüfer zu wählen, worauf zu i) „Beschlußfassung über den Eintritt in den Deutschen Luftfahrer-Verband" übergegangen wird, zu welchem Punkt Professor von Parseval ein kurzes Referat gibt. Er teilt mit, daß er von dem Ordentlichen Luftfahrertag in Stuttgart den Eindruck mitgenommen habe, daß im Deutschen Luftfahrerverband der Wunsch gehegt wird, die W. G. F. zu den Mitgliedern des Verbandes zu zählen, zumal zwei im Grundgesetz des Verbandes aufgeführte Punkte, die event. Schwierigkeiten für die Gesellschaft nach sich ziehen würden, nämlich „den Verkehr der Verbandsvereine mit den Behörden und die Organisation mit außerhalb des Verbandes stehenden Vereinen betreffend", für die Gesellschaft deshalb nicht in Frage kommen, weil sich der erste Punkt lediglich auf Verbandsangelegenheiten bezieht, der letzte Punkt aber für die Reihe der Verbandsvereine, in welche die Gesellschaft eintreten wird, keine Geltung hat. Es wird nach diesem Referat ohne weitere Besprechung der Eintritt in den Deutschen Luftfahrer-Verband beschlossen.

Zu Punkt k) „Wahl des Ortes für die Ordentliche Mitgliederversammlung 1913" berichtet der Vorstand, daß Einladungen von Breslau und Leipzig vorliegen, in welchen Orten 1913 größere Ausstellungen stattfinden sollen, ferner von Hamburg, übermittelt durch Herrn Professor Dr. Ahlborn Da dieser leider kurz nach seiner Ankunft in Frankfurt a. M. von einem schweren Influenzaanfall heimgesucht und zur sofortigen Abreise gezwungen wurde, teilt er in einer schriftlichen Begründung der Einladung ausdrücklich mit, daß die die W. G. F. besonders interessierenden Institute 1913 noch in der Errichtung begriffen sein werden, so daß einer im Jahre 1914 in Hamburg abgehaltenen Versammlung noch wesentlich mehr geboten werden könne. Ferner ist heute morgen noch eine Einladung durch die Herren Geheimrat Grübler und Hauptmann von Funcke für Dresden eingegangen. Zu diesen Einladungen bemerkt der Vorsitzende, daß der Vorstand in seiner gestrigen Sitzung nach reiflicher Überlegung beschlossen habe, der Versammlung zu empfehlen, die nächste Hauptversammlung in keinem der vorgenannten Orte, sondern in Berlin stattfinden zu lassen. Vor einer Beschlußfassung nimmt Professor Schütte noch das Wort, um die W. G. F. im Namen des Westpreußischen Vereins für Luftfahrt nach Danzig einzuladen, und zwar in Übereinstimmung mit dem soeben bekannt gegebenen Vorstandsbeschluß für eins der nächsten Jahre. Geheimrat von Böttinger dankt Herrn Professor Schütte für die soeben überbrachte Einladung, unterstützt nochmals den Vorschlag des Vorstandes und bittet, irgendwelche Bestimmungen für die kommenden Jahre nicht zu fassen, um den nächsten Versammlungen in keiner Weise vorzugreifen. Es wird dann auch von der Versammlung beschlossen, die nächste Ordentliche Mitgliederversammlung in Berlin stattfinden zu lassen, womit die Tagesordnung erledigt ist.

Der Vorsitzende verliest dann noch ein soeben eingelaufenes Telegramm von Geheimrat Professor Dr. Hergesell - Straßburg und schlägt vor, ihm in einer Drahtantwort die besten Wünsche der Gesellschaft auf baldige Genesung zukommen zu lassen, was den Beifall der Versammlung findet. Hierauf spricht Professor Friedländer noch kurz über den Unterausschuß für medizinisch-psychologische Fragen, der vollständiges Neuland zu bearbeiten hat und daher auf Unterstützung von allen Seiten angewiesen ist. Er hat beschlossen, entsprechende Anweisungen an die Militärfluglehrer und Ärzte zu verteilen, welche im Unterausschuß weiter wissenschaftlich bearbeitet werden. Mit einem gleichen Ersuchen soll an die entsprechenden Zivilbehörden herangetreten werden. Der Antrag des Herrn Geheimrat von Böttinger lautet: Der Unterausschuß für medizinisch-psychologische Fragen beschließt: Es ist dringend anzustreben, eine möglichst weitgehende ärztliche Untersuchung der Flieger vor und nach den Flügen herbeizuführen, um auf Grund der so gewonnenen Erfahrungen positive Unterlagen für die vorzunehmenden Feststellungen zur Klärung im Ausschuß zu erhalten. Er hält es für wünschenswert, behördlicherseits einzelnen auf dem Gebiete der Aviatik erfahrenen Medizinalpersonen besondere Legitimation zu erteilen, auf Grund derselben einzelne Flugplätze zu besuchen, um die notwendigen ärztlichen Untersuchungen an den Fliegern vornehmen zu können." Geheimrat von Böttinger erbittet die Zustimmung der Gesellschaft zu diesem Antrag, was auch geschieht, nachdem auf Vorschlag von Geheimrat Aßmann, um zu betonen, daß die Gesellschaft sich nicht lediglich der Flugtechnik, sondern der gesamten Luftfahrt zuwenden will, das Wort „Flieger" durch „Luftfahrer" ersetzt ist.

Dann weist Professor Prandtl noch kurz auf die in der Gesellschaft übliche Protokollführung bei wissenschaftlichen Sitzungen durch Ausfüllung der Diskussionszettel durch die einzelnen Redner selbst hin, da sich diese Methode schon bei den vorigen Versammlungen als recht zweckmäßig erwiesen hat, und Professor Schütte bittet nur, daß in der Geschäftsstelle vor der endgültigen Drucklegung darauf geachtet wird, daß die einzelnen Diskussionsreden in ihrer Aneinanderreihung genau auf ihren Inhalt geprüft werden, um irgendwelche Unstimmigkeiten noch rechtzeitig zu vermeiden.

Hierauf wird die Versammlung um 12½ Uhr geschlossen.

Vorträge.

„Vorschläge zum Studium der atmosphärischen Vorgänge im Interesse der Flugtechnik."

Vortrag des Direktors des Königl. Aeronautischen Observatoriums in Lindenberg, Geheimen Regierungsrats Prof. Dr. A ß m a n n.

Dienstag, den 26. November 1912.

Ew. Königliche Hoheit, Ew. Hoheit, Ew. Exzellenzen, meine Herren!

Es ist noch nicht allzulange her, daß man dem Winde eine besondere Aufmerksamkeit zuwendet: als ein Hilfsmittel der Schiffahrt kam nur seine Richtung und Stärke in Betracht, die man statistisch festzustellen versuchte. Erst nachdem man seine Abhängigkeit von der Verteilung des Luftdruckes erkannt hatte, ergab sich die Notwendigkeit, außer seiner bisher ausschließlich betrachteten horizontalen Bewegung auch eine vertikale Komponente anzunehmen, um die Herkunft und den Verbleib der einer barometrischen Depression von allen Seiten zuströmenden oder von einem barometrischen Maximum nach allen Seiten hin ausströmenden Luftmassen zu erklären. Durch die Anwendung der Gesetze der mechanischen Wärmetheorie auf die Atmosphäre, welche die Abkühlung einer aufsteigenden und die Erwärmung einer absteigenden Luftmasse forderten, ergaben sich dann die wichtigen Schlüsse, daß die Kondensation des Wasserdampfes zu Wolken und Niederschlägen durch aufsteigende Luftströme bewirkt wird, während die absteigenden denjenigen Erscheinungskomplex zur Folge haben, der im „Föhn" seinen Ausdruck findet.

Aber erst der Luftschiffahrt war es vorbehalten, einen mächtigen Anstoß zur eindringenden Untersuchung der Luftströmungen zu geben, da diese, weit mehr als die Schiffahrt auf dem Wasser, vom Winde abhängig ist und vornehmlich durch Vertikalbewegungen der Atmosphäre beeinflußt wird: während der Freiballon ein Spiel der Winde in horizontaler und teilweise auch vertikaler Beziehung ist, streben die mit eigener Bewegungskraft ausgerüsteten Luftfahrzeuge, das Luftschiff und das Flugzeug, dahin, sich in ihrer Betätigung so viel als möglich von den Luftbewegungen unabhängig zu machen. So ist denn das eindringliche Studium des Windes in bezug auf seine inneren Vorgänge, seine „Struktur", und die Ermittlung der veranlassenden Ursachen derselben zu einer Lebensfrage für die Luftschiffer, vornehmlich aber für den Flieger geworden, und es ist der Zweck dieses Vortrages, die hierzu geeigneten Methoden zu erörtern.

Zunächst ergibt sich die Forderung, die Luftbewegungen zu beobachten. Da die Luft selbst nicht sichtbar ist, kann man auch ihre Bewegungen nur aus ihren Wirkungen auf andere Gegenstände erkennen, oder dadurch, daß man sie selbst sichtbar macht: die Wellen auf dem Wasser, der Staub auf dem Lande, die Wolken am Himmel lassen uns die Richtung und Geschwindigkeit des Windes erkennen, ebenso der Rauch von Schornsteinen; Windfahnen und Anemometer, Wimpel, Winddruckmesser, die man in verschiedenen Höhen und Entfernungen voneinander aufstellt, ferner Drachen und gefesselte Luftballons, denen man Apparate zur Registrierung der Windgeschwindigkeit mitgibt, und deren Azimut der Wind richtung entspricht; auch aus dem Zuge, den der Winddruck auf den Flugkörper in dem Fesseldrahte erzeugt, kann man die Windstärke ermitteln. Freifliegende Luftballons ermöglichen dem Luftfahrer, solange er die Erdoberfläche in Sicht hat, die Richtung und Geschwindigkeit an der Hand von Karten des überflogenen Geländes zu bestimmen: ganz besonders wertvoll aber hat sich die Methode der Pilotballonvisierungen erwiesen, mittels der man die Luftströmungen sichtbar und meßbar macht. Die meisten dieser Methoden haben zwar gelehrt, daß die Luftbewegung weit davon entfernt ist, in gleichförmiger Bahn und Geschwindigkeit vor sich zu gehen, daß vielmehr regellose Schwankungen vorhanden sind, aber die volle Bedeutung dieser Vorgänge ist erst durch deren Wirkung auf die Flugzeuge zutage getreten, für die sie eine erhebliche und nur allzuoft verderbenbringende Gefährdung darstellen. Dem eindringenden Studium derselben sollen deshalb die folgenden „Vorschläge" dienen.

Die oben erwähnten Untersuchungsmethoden haben die gemeinsame Eigenschaft, daß sie entweder an einem unveränderlichen Orte oder doch an solchen erfolgen, die von den Luftfahrzeugen im gegebenen Falle nicht passiert werden, während die Feststellung der bei einem einzelnen oder bei jedem Fluge angetroffenen Vorgänge ohne Zweifel ein erheblich besseres und zuverlässigeres Material zu liefern imstande wäre: **das Flugzeug selbst muß deshalb zum Träger der Beobachtung und Forschung gemacht werden!**

Bei den Drachenaufstiegen der aerologischen Observatorien, unter ihnen des Königl. Aeronautischen Observatoriums in Lindenberg, werden Registrierapparate emporgetragen, welche die meteorologischen Hauptelemente, den Luftdruck, die Temperatur und die Feuchtigkeit der Luft, sowie die Windgeschwindigkeit fortlaufend selbständig aufzeichnen und so ein korrektes Bild der während des Aufstieges herrschenden Verhältnisse liefern. Zur Ermittlung der in jedem Teile des Aufstieges erreichten Höhe des Registrierapparates dient zunächst die Kurve des Luftdruckes, der aber außerdem noch von der gleichzeitig herrschenden Lufttemperatur beeinflußt ist: da eine Temperaturänderung um 1^0 C das Gewicht der Luft um $1/_{273}$ erhöht oder erniedrigt, wird bei gleicher Höhe das Luftgewicht in kalter Luft ein größeres sein als in warmer, und man muß deshalb zur korrekten Höhenbestimmung die Lufttemperatur kennen und berücksichtigen.

Weder ein Freiballon noch ein Luftschiff oder ein Flugzeug steigt wohl heutigen Tages noch auf, ohne ein Barometer oder einen Barographen mit sich zu führen, der dazu dienen soll, dem Luftschiffer jederzeit über die Höhe Auskunft zu geben, in der er sich befindet. In denjenigen Fällen, in denen es sich nicht um strengwissenschaftliche Forschungen handelt, beschränkt man sich, um den oben erörterten Einfluß der Lufttemperatur unberücksichtigt lassen zu können, auf die Annahme einer durchschnittlichen Temperaturabnahme mit der Höhe, die man bei der Ermittlung der Höhe aus dem Luftdruck in Rechnung stellt. Bei geringen Höhen kommt man damit zwar der Wahrheit ziemlich nahe, nicht aber bei größeren, und besonders nicht in den, wie wir durch die aerologischen Forschungen gelernt haben, sehr häufigen Fällen, in denen die tatsächliche Temperatur von der durchschnittlichen stark abweicht. Handelt es sich also um eine genauere Höhenfeststellung, wie das bei Wettbewerben um Höhenpreise oder bei der Ermittlung von „Rekords" die Regel ist, dann kann man die genauere Kenntnis der wirklichen Temperatur nicht entbehren. Beispielsweise entspricht einem Luftdruck von 497 mm bei einer Temperatur von — 17⁰ eine Höhe von 3370 m, bei — 5⁰ eine solche von 3500 m: ohne Kenntnis der Temperatur würde also eine Unsicherheit der Höhe im Betrage von 130 m vorhanden sein.

Wenn auch im allgemeinen die Lufttemperatur mit der Höhe abnimmt, so ist das doch keineswegs immer der Fall; vielmehr wechseln sehr häufig wärmere mit kälteren Schichten ab, und der Betrag der Temperaturveränderungen schwankt in weiten Grenzen. Hiernach kommt es nicht selten vor, daß Luft in höheren Lagen so kalt und deshalb so schwer ist, daß sie über der unter ihr liegenden wärmeren und leichteren nicht verharren kann, sondern mehr oder weniger schnell niedersinkt, bis sie zu einer Schicht vorgedrungen ist, deren Luft das gleiche Gewicht hat als sie selbst. An ihre Stelle tritt dann ein entsprechendes Quantum der unteren, wärmeren und leichteren Luft, die in ihrer schwereren Umgebung mit großer Geschwindigkeit aufsteigt, bis sie Luft ihres eigenen Gewichtes antrifft. Dieses Auf- und Absteigen der Luft in größeren oder kleineren Mengen führt an den Begrenzungsflächen der entgegengesetzt gerichteten Ströme zur Bildung von Wirbeln. Wie Helmholtz gezeigt hat, treten auch an der Grenze von zwei übereinander mit verschiedener Geschwindigkeit und Richtung strömenden Luftschichten ähnliche Gleichgewichtsstörungen auf, die, wie der Wind auf der Wasserfläche, Wellen und Wogen erzeugen, in deren Wellenbergen Luftmassen aufsteigen und in den Wellentälern niedersinken.

Diese Vertikalbewegungen in Verbindung mit den sie begleitenden Luftwirbeln sind es, die den Flieger vornehmlich irritieren, indem sie den Druck der Luft auf die Tragflächen des Flugzeuges schnell und jäh schwanken lassen: der Apparat stürzt ohne erkennbare Ursache um hundert Meter und mehr abwärts, und der Flieger meint, die „Atmosphäre habe ein Loch"; oder die aufsteigenden Ströme und Wirbel treffen einseitig das Flugzeug, wobei sie den einen Flügel emporheben und den anderen senken. Diese dem Flieger nur zu wohl bekannten und von ihm mit Recht gefürchteten Vorgänge nicht nur in ihren Wirkungen, sondern in ihrem Wesen zu studieren und zu erkennen, erscheint als eine hochwichtige Aufgabe.

Die Grundgesetze des atmosphärischen Gleichgewichts lauten kurz gefaßt folgendermaßen: eine Temperaturabnahme von mehr als 1⁰ C auf 100 m Erhebung erzeugt labiles, eine solche von 1⁰ bei trockner oder mit Wasserdampf noch nicht gesättigter, von etwa 0,5⁰ bei dampfgesättigter Luft indifferentes, von weniger als 1⁰ resp. 0,5⁰ stabiles Gleichgewicht. Nur das labile Gleichgewicht erzeugt Vertikalbewegungen und Wirbel, während das stabile die günstigsten Bedingungen für den Flug darbietet. Hieraus erwächst die Aufgabe, bei den Flügen die vertikale Temperaturverteilung fortlaufend zu ermitteln, um durch Gegenüberstellung der gleichzeitig vom Flieger wahrgenommenen Gleichgewichtsstörungen seines Flugzeuges festzustellen, ob die theoretisch ermittelten Gründe für die letzteren tatsächlich vorhanden gewesen sind, oder ob noch andere, unbekannte Vorgänge hierbei mitwirken.

Als ein solcher, erst neuerdings durch eine schöne Untersuchung des am Königl. Aeronautischen Obserbvatorium in Lindenberg angestellten Wissenschaftlichen Hilfsarbeiters Wilhelm Peppler ermittelter Vorgang könnten die vertikalen Luftversetzungen in Frage kommen, welche durch einen „Windsprung", d. h. durch das Vorhandensein einer Schicht mit erheblich stärkerem Winde als unter und über ihr, erzeugt werden. Peppler hat aus trigonometrischen Beobachtungen der Bewegungen von Pilotballons nachgewiesen, daß die Luftmassen unter einer Windschicht durch diese zum Aufsteigen, die über ihr aber zum Niedersinken gezwungen werden. Die Luftströmung wirkt wie ein Ejektorstrahl, der die von ihm durchsetzte ruhende Luft mit sich fortreißt: wie in dem bekannten „Rafraichisseur" der Luftstrahl die in der senkrecht überwehten Röhre enthaltene Luft mit sich fortreißt und deshalb die unter ihr befindliche Flüssigkeit gegen ihre Schwere zum Aufsteigen zwingt, so spielt sich der analoge Vorgang in der Luft ab. Je schärfer die Windschicht nach oben und unten begrenzt, und je größer ihre Geschwindigkeit im Vergleich zu ihrer oberen und unteren Umgebung ist, um so energischer wird die untere Luft nach oben und die obere nach unten gesogen. Das Aufsteigen an der unteren Grenze führt, falls die übrigen Bedingungen es gestatten, zur Wolkenbildung, während die mit dem Niedersinken verbundene dynamische Erwärmung zur scharfen Begrenzung der Wolken führt. Treten aber die oben genannten thermischen Vertikalbewegungen gleichzeitig mit diesen „erzwungenen" auf, dann kann sich ein Durcheinander von fallenden und steigenden wirbelnden Luftsäulen entwickeln, das geeignet erscheint, die noch rätselhafte Erscheinung der „Turbulenz" der Atmosphäre, wenn nicht ganz, so doch zu einem guten Teile zu erklären.

Um der oben gestellten Aufgabe des Studiums der „Struktur" des Windes gerecht zu werden, soll nun der Versuch gemacht werden, einen Registrierapparat, wie er bei den methodischen Drachenaufstiegen für wissenschaftliche Zwecke im Gebrauch ist, im Flugzeuge anzubringen, wo er die für das korrekte Funktionieren des Thermographen günstigsten Bedingungen findet, insofern die starke Fortbewegung, die zum Fliegen erforderlich ist, eine so intensive relative Luftströmung erzeugt, daß der verderblichste Feind des Thermometers, die Wärmestrahlung der Sonne, völlig und sicher unwirksam gemacht wird. Der Vorteil des Drachens, der ebenfalls ohne Wind nicht steigen kann, gegenüber anderen Methoden zum Emporheben von Registrierthermometern, wie z. B. dem Fesselballon oder dem Freiballon, beruht auf den gleichen Vorgängen.

Man kann aber vielleicht auf diesem Wege noch einen Schritt weiter gehen. Bringt man den Registrierapparat derartig im Flugzeuge an, daß der Verlauf der Registrierkurven vom Flieger oder seinem Begleiter ohne Schwierigkeit beobachtet werden kann, so wird dieser imstande sein, mit einem Blick aus dem Gange der Barographenkurve und der Thermographenkurve, die dicht nebeneinander sichtbar sind, den augenblicklichen Gleichgewichtszustand der Luft und dessen Änderungen zu erkennen: verlaufen beide im wesentlichen parallel miteinander, so bedeutet das, daß die Temperatur im gleichen Verhältnis mit dem Luftdruck, resp. mit zunehmender Höhe abnimmt. Entfernen sich beide Kurven voneinander, d. h. wenn bei zunehmender Höhe die Temperatur unverändert bleibt oder steigt, dann herrschen die günstigsten Verhältnisse des stabilen Gleichgewichts, und in beiden Fällen ist ein Auftreten von Vertikalbewegungen nicht zu fürchten. Nähern sich aber beide Kurven in auffallender Weise, dann ist Gefahr im Verzuge, da sich labiles Gleichgewicht verbreitet, das Wirbel mit Fall- und Steigböen erzeugt. Der Flieger weiß nunmehr, daß er seine volle Aufmerksamkeit auf deren Eintritt und das Parieren ihrer Wirkungen auf sein Flugzeug zu richten hat. Er weiß aber auch, wo er die bei dem Aufsteigen passierten gefahrlosen Zonen zu finden hat, und das Auseinanderweichen der beiden Kurven wird ihn erkennen lassen, wenn er sie wieder erreicht hat.

Außer diesen gröbsten Zügen im Verlaufe der beiden Kurven, die hier nur kurz besprochen worden sind, werden sich im praktischen Gebrauche noch manche feineren Einzelheiten ergeben, deren Erörterung hier zu weit führen würde; sie sind aber alle so verhältnismäßig leicht zu erkennen und zu deuten, daß es nur einer kürzeren Unterweisung der Flieger bedürfen wird, um ihnen deren Bedeutung klar zu machen. Vom Flieger selbst oder seinem Begleiter wird nichts weiter erwartet als die Notierung der sein Flugzeug betreffenden Gleichgewichtsstörungen nach der Zeit ihres Auftretens und ihrer Dauer, um aus diesen die Beziehungen zu den gleichzeitig registrierten thermischen Vorgängen zu gewinnen.

Mit Zustimmung seines vorgeordneten Ministeriums beabsichtigt deshalb das Königliche Aeronautische Observatorium Lindenberg, aus seinen Beständen eine größere Anzahl geeigneter Registrierapparate, ungeachtet deren nicht geringen Preises von 400 M., denjenigen Fliegern ohne alle Verantwortlichkeit zur freien Verfügung zu stellen, welche bereit sind, diese erfolgversprechenden Untersuchungen über die atmosphärischen Bedingungen des Fliegens vorzunehmen.

Der Zweck derselben ist, wie wir gesehen haben, ein vierfacher: 1. genauere Ermittlung der erreichten Höhen; 2. Studium der Gründe für Störungen des Fluges; 3. frühzeitiges Erkennen gefahrloser und gefahrdrohender Schichten während des Fluges, und 4. Gewinnung von unvergleichlich wertvollem Beobachtungsmaterial für die wissenschaftliche Erforschung der Atmosphäre.

Zum Schluß sei noch darauf hingewiesen, daß das Königl. Aeronautische Observatorium Lindenberg, auf einem die weite Umgebung überragenden Hügel völlig frei gelegen, in besonderem Maße geeignet ist, allen Experimenten zum Studium der Struktur des Windes als Versuchsfeld zu dienen, zumal es mit den besten und reichhaltigsten Apparaten, Einrichtungen für elektrische Energie, eigenen Mechanikerwerkstätten, Drachentischlerei, Prüfungsvorrichtungen usw. versehen ist. Dort befindet sich auch seit einigen Monaten ein dem gleichen Zwecke dienender, durch Dr. Gerdien erfundener und durch Siemens & Halske konstruierter ingeniöser Windapparat, der die Richtung und Geschwindigkeit des Windes, sowie dessen Vertikalkomponente in der subtilsten Weise angibt, wobei das interessante Prinzip Verwendung gefunden hat, daß einem durch den elektrischen Strom erwärmten Drahte durch die Luftbewegung Wärme entzogen wird. Der Apparat erscheint geeignet, das Studium der Struktur des Windes in ihren feinsten Einzelheiten sehr beträchtlich zu fördern.

Durch gemeinsames Arbeiten nach vereinbartem, tunlichst scharf gestelltem Programm dürfte es gelingen, der noch mit vielen Rätseln umgebenen Aufgaben besser Herr zu werden als durch Einzelarbeiten, die ohne Fühlungnahme mit den gleichstrebenden Fachgenossen erfolgen. Diesem konzentrischen Vorgehen wird der Unterausschuß der Aerologie seine Aufmerksamkeit widmen, und die Herren Fachgenossen werden dringend gebeten, sich ihm eifrigst anzuschließen.

Erfreulicherweise wurden die Vorschläge des Vortragenden noch an demselben Tage in die Tat umgesetzt, indem auf Veranlassung des Herrn Euler auf dessen Flugplatze in Niederrad ein Probeaufstieg mit dem vorhandenen Registrierapparate ausgeführt wurde: trotz denkbar schlechtesten regnerischen Wetters und eines Windes von 11 bis 15 Sekundenmetern Geschwindigkeit stieg Herr Leutnant von Hiddessen mit dem am Untergestell seines Flugzeuges befestigten Apparate bis zur Höhe von 1100 m auf und brachte eine infolge des Regens und der noch nicht genügend ausgeschalteten Erschütterungen des Apparates etwas „verschmierte" Doppelkurve des Luftdruckes und der Temperatur mit herab, welche den Beweis lieferte, daß mit einigen noch zu treffenden Verbesserungen die vorgeschlagene Methode ausführbar und erfolgversprechend ist. Herrn von Hiddessen sei an dieser Stelle der beste Dank für sein mutiges Eintreten für die Pläne des Vortragenden zum Ausdruck gebracht. Hoffen wir, daß sich bald zahlreiche Nachfolger finden werden!

Einleitendes Referat des Herrn Dr. F. Linke, Frankfurt a. M. über
Windbewegungen in der Nähe des Bodens, Böigkeit des Windes.

Dienstag, 26. November 1912.

Ew. Königliche Hoheit, Ew. Hoheit, Ew. Exzellenzen, meine Herren!

Zunächst möchte ich auch meinerseits dem Bedauern Ausdruck verleihen, daß Herr Geheimrat Hergesell nicht selbst in der Lage ist, das von ihm übernommene Referat über Windbewegungen in der Nähe des Erdbodens zu halten. Langjährige Erfahrungen und tiefer Einblick in diese Beziehungen der wissenschaftlichen Meteorologie zur praktischen Luftschiffahrt würden ihn besonders dazu in die Lage versetzt haben. Besonders bedauerlich ist, daß infolge Geheimrat Hergesells Abwesenheit auch die Ergebnisse seiner eigenen Untersuchungen noch nicht bekannt gegeben werden können, die er mittels Pilotballonen und Registrierballonen angestellt hat. Es wäre wohl wünschenswert, daß eine Wiederholung der Diskussion gelegentlich der nächsten Sitzung ins Auge gefaßt würde.

Nur mangelhaft instruiert über das, was Herr Geheimrat Hergesell hier vorbringen wollte, bin ich gezwungen, nach eigenen Erfahrungen und Anschauungen einige Ausführungen der Diskussion als Grundlage vorauszuschicken.

Es sind vier Arten von atmosphärischen Störungen zu unterscheiden, die der Luftfahrt gefährlich werden können: Turbulenz der untersten Luftschichten, Wellenbewegungen der Luft, Böen und Gewitter und sogenannte „Luftlöcher".

Die Turbulenz der untersten Luftschichten entsteht in erster Linie durch Reibung der Luft an der Erdoberfläche, vielleicht auch durch Schichtenbildungen in großen Höhen. Sie ist um so größer, je stärker der Wind ist und je geringer die Temperaturabnahme mit der Höhe. In einer Höhe von wenigen hundert Meter hört sie auf, reicht aber bei stärkerem Wind höher hinauf als bei schwächerem. Die Störung besteht in schnellem und unregelmäßigem Hin- und Herströmen der Luft, und zwar verlaufen die Bewegungen horizontal und vertikal. Die Wirkung auf Luftschiffe und Flugzeuge offenbart sich in dem stetig wechselnden Winddruck und damit verbundenen Wechsel der Tragfähigkeit der Luftfahrzeuge. Wahrscheinlich ist auch eine verminderte Eigengeschwindigkeit damit verbunden, wenn das Luftschiff gegen den Wind fährt. Mit dieser Turbulenz nahe verwandt ist eine regelmäßige, hauptsächlich vertikal vor sich gehende Luftbewegung infolge des Wärmeaustausches zwischen Erde und Luft bei Sonnenbestrahlung: über der erwärmten Erdoberfläche bilden sich lokale aufsteigende Luftströme, während an anderen Stellen Luft heruntersinkt. Dieser Wärmeaustausch setzt bald nach Sonnenaufgang ein und verschwindet erst bei abnehmender Lufttemperatur, also in den Nachmittagsstunden. Je nach der Intensität der Wärmestrahlung und der Labilität der Luft kann er bis zu 2000 m hoch hinaufreichen, gewöhnlich bleibt er jedoch unter 1000 m.

Luftwellen entstehen in den horizontalen Grenzschichten zweier übereinanderliegender Luftmassen von verschiedener Temperatur und Zugrichtung. Diese Wellen reichen oft mehrere hundert Meter nach oben und unten über die Entstehungsschicht hinaus. Die Wirkung der Luftwellen auf Fahrzeuge äußert sich dann in schnelleren vertikalen Schwankungen, sobald sie gegen den Wind fahren müssen, weil sie dann in der gleichen Zeit mehr Wellenbewegungen auszuführen haben, als wenn sie mit dem Winde fliegen. Von den genannten vier Störungsarten sind die durch die Wellenbewegungen bedingten jedoch bei weitem die ungefährlichsten.

Die Gefährlichkeit der Böen besteht in ihren vertikalen Luftschwankungen. Diese entstehen einerseits durch Abkühlung und Erwärmung der Luft an Bergabhängen (Fallböen und Steigböen); in diesem Falle sind sie jedoch ganz lokal und bleiben stets auf derselben Stelle, können hier aber bedeutende Intensität aufweisen. — Hiervon zu unterscheiden sind diejenigen Böen, welche infolge bestimmter Wetterlagen entstehen und mit der allgemeinen Windrichtung höherer Luftschichten fortziehen. Sie erreichen ihren stärksten Grad in den Gewittern. Diese Böen treten häufig in einer langen schmalen Front auf und bewegen sich mit einer Geschwindigkeit von 30 bis 60 km/Std. senkrecht zu ihrer größten Erstreckung. Sie dauern dann nur wenige Minuten und zerfallen zuerst in einen aufsteigenden, dann in einen absteigenden Ast. Der erstere nimmt die Luftfahrzeuge mit empor, der letztere wirft sie herunter. Die Böen reichen mindestens bis zu 2000 m, nehmen sie aber Gewittercharakter an, so bleiben sie nicht unter 5000 m; ein Überfliegen ist dann sogut wie ausgeschlossen. Da die Geschwindigkeit der Böen gering ist, ist ein Ausweichen häufig möglich. Diese zweite Art der Böen wird durch die erste Art häufig verstärkt, wenn beide zusammenfallen.

Die von den Fliegern als „Luftlöcher" bezeichneten atmosphärischen Störungen stellen sich größtenteils als besonders intensiv und lokal auftretende Störungen einer der vorgenannten Arten dar, also beispielsweise als einen starken vertikalen Luftstrom, der bei starker Sonnenstrahlung über einer feuchten und kalten Gegend (Wald oder Wiese) herabsinkt, oder als der absteigende Luftstrom hinter einem Hindernis (Häuser, Baumgruppen), vor dem sich die Luft gestaut hat. Unter Umständen können auch mehrere Ursachen zusammentreffen, um eine starke Fallböe hervorzubringen. Es scheint aber, als ob damit die Entstehungsursache der „Luftlöcher" noch nicht erschöpft ist, und Herr Euler wird sogleich eine andere Erklärung vortragen, die ich durchaus für richtig halte. Hoffentlich gibt die heutige Diskussion hierüber den unbedingt notwendigen Aufschluß.

Die Frage ist nun: Wie kann man diese Strömungen messen und beobachten? Am besten zweifellos vom Luftfahrzeug selbst aus, also mittels Freiballonen, Luftschiffen, Flugzeugen, Drachen und Pilotballonen. Da das jedoch alles kostspielig ist, wäre es zweckmäßig, am Erdboden, z. B. auf hohen Türmen, Windmessungen anstellen zu können. Es darf aber nicht mit dem für diese Zwecke durchaus ungeeigneten Rotationsanemometer geschehen, weil es die schnellen Schwankungen verwischt. Solche Untersuchungen über die inneren Vorgänge im Winde müssen mittels Stauscheiben und Stauröhren angestellt werden. Es ist daher kein Zufall, daß in der mit der Versammlung verbundenen Ausstellung von modernen Instrumenten sich mehrere solcher Anemometer befinden. Es ist daher an alle Interessenten die Bitte zu richten, sich der Erforschung der inneren Struktur des Winde mittels geeigneter Apparate anzuschließen. Die Südwest-Gruppe des Deutschen Luftfahrer-Verbandes hat Herrn Geheimrat Hergesell und dem Referenten bereits einige Mittel dafür zur Verfügung gestellt.

Zum Schluß sollen noch auszugsweise die Antworten von elf Fliegern auf vier Rundfragen mitgeteilt werden, die Herr Geheimrat Hergesell an die Flieger hat richten lassen. Einige enthalten so vorzügliche Beobachtungen, daß ihre Veröffentlichung wünschenswert wäre.

1. Welche Erfahrungen haben Sie im Flugzeug gemacht, die auf gewisse die Bewegungen des Flugzeuges störenden Erscheinungen in der Atmosphäre deuten? — Hierauf haben alle Flieger bezeugt, daß sie häufig die Wirkung von atmosphärischen Störungen gemerkt haben insbesondere über unregelmäßigem Gelände, bei Sonnenstrahlung, bei Übergang von einer Luftschicht in eine andere und in Wolken. Im Sommer seien die Störungen stärker und häufiger als im Winter.

2. Haben insbesondere Wirbelbewegungen verbunden mit Vertikalbewegungen sich störend beim Flugzeug gezeigt? — Hierüber gehen die Ansichten der Flieger auseinander. Verschiedene haben keine Wirbel bemerkt, andere beschreiben sie ausführlich und betonen, daß man die durch die Wirbel verursachte Drehung des Flugzeuges nicht mit dem Steuer parieren könne. Verschiedene Flieger führen sie auf Sonnenstrahlung zurück; manche betonen die geringe horizontale Ausdehnung der Wirbel, welche häufig nur eine Seite des Flugzeuges treffen. Ausgesprochene Wirbelbewegungen mit Vertikalströmung, also Strudel, scheinen nicht beobachtet zu sein.

3. Haben diese Erscheinungen nach ihren Beobachtungen in Verbindung gestanden mit der Formation der darunter liegenden oder in der Nähe liegenden Erdoberfläche? — Diese Frage wird von allen Seiten lebhaft bejaht. Die Geländeunebenheiten werden bis zu 400 m empfunden, besonders bei Sonnenstrahlung und in stark koupiertem Gelände (Flußtäler). Häuser, hohe Zäune, Waldränder usw. machen sich bis zur zehnfachen Höhe bemerkbar.

4. Wie haben sich die in der Fliegersprache als „Luftlöcher" bezeichneten Erscheinungen bei Ihren Flugerfahrungen gezeigt? — Hier finden sich die merkwürdigsten Widersprüche. Die Piloten leichter Maschinen verweisen die „Luftlöcher" in das Fliegerlatein, während andere sie ausführlich und übereinstimmend beschreiben und insbesondere berichten, daß man sie an derselben Stelle immer wiederfinde. Aus den Antworten geht jedoch hervor, daß man die verschiedenartigsten Erscheinungen als „Luftlöcher" bezeichnet.

Ich schließe mit der Hoffnung, daß die Diskussion einige der angeschnittenen Fragen der Klärung näherbringen möge.

Im folgenden mögen von einzelnen Fliegern die wichtigsten Ausführungen, deren Gesamtresultat im obigen zusammengefaßt ist, eingehender folgen:

Herr Leutnant von Buttlar von der Fliegertruppe Döberitz schreibt:

Schwankungen des Flugzeuges in Längsrichtung (besonders bei vorhandenem vorderen Höhensteuer) und in der Querstabilität, die bei an sich schon unruhiger

Luft (Windströmung oder starker Sonnenbestrahlung) in heftige Stöße, plötzliches Durchfallen der ganzen Maschine ausarten, lassen auf störende Luftströmungen in der Atmosphäre schließen.

In der Nebelschicht und in den Wolken liegen stets Böen. Das Fliegen in Wolken und dichtem Nebel birgt die Gefahr in sich, daß der Führer das Gefühl für die Lage des Apparates verliert. Ich bin noch stets gegen meinen Willen abwärts gekommen.

Fliegt man unter einer schwarzen Haufenwolke hindurch, wird der Apparat heftig geschüttelt, besonders heftig an der Peripherie der Wolke. In eine solche Wolke hineinzufliegen, halte ich für sehr leichtsinnig. Wenn es mir irgend möglich ist, mache ich einen Umweg, um ein Hinein- oder Darunterdurchfliegen zu vermeiden.

Wirbel und Vertikalströmungen treten stets bei starker Sonnenbestrahlung auf. Daß diese Wirbel häufig nur geringe Ausdehnung haben, zeigt sich dadurch, daß der Apparat plötzlich auf nur einer Seite stark gehoben oder gesenkt wird. Bei starkem Wind wird häufig die ganze Maschine um $1/_8$ oder $1/_4$ schnell gedreht, ohne daß man imstande ist, dieser Bewegung sofort entgegenzusteuern. Ob dies Luftwirbel oder nur Drehung des Windes in eine andere Richtung bedeutet, vermag ich bis jetzt noch nicht zu entscheiden. Es ist mir häufig vorgekommen, daß mein an und für sich nicht sehr stabiler Doppeldecker (H. Farman-Typ) zuerst stark nach einer Seite kippte, dann sofort nach der anderen und so mindestens 6 mal hin und her, und zwar so schnell, daß ich kaum imstande war, dagegen zu parieren. Daß ich etwa eine Hilfe zu stark gegeben haben sollte und dadurch das Kippen auf die andere Seite hervorgerufen wurde, ist ganz ausgeschlossen. Mein Beobachter aus Kaisermanövern und im Süddeutschen Flug hat dies häufig bemerkt und sein Verwundern ausgesprochen.

Die Bodenformation hat stets Einfluß auf die Luftströmungen. Diese Erscheinung verliert sich bei zunehmender Höhe. Bei sonst ganz ruhigem Wetter macht sich das Überfliegen von Wald, Wasser, tief eingeschnittenen Tälern bis zu einer Höhe zwischen 200 und ca. 400 m stets bemerkbar. Bei an sich schon unruhiger Luft steigert sich dies in der Wirkung und reicht in größere Höhen hinauf. Ich habe besonders, wenn es kurz vorher geregnet hatte, beim Überfliegen von Wald und dann besonders am Rande starke Böen bekommen, die sich meist im Durchfallen nach unten bei gleichzeitigen Seitenschwankungen bemerkbar machten. Auch beim Überfliegen von Flußläufen mache ich mich, sowie ich annähernd über das Ufer komme, auf starke Böen gefaßt. Über dem Wasser ist es dann oft ganz ruhig.

Bei unruhigem Wetter wird das Fliegen im Gebirge direkt zur Gefahr, besonders da man wegen niedriger Wolken oder Nebelbildung nicht hoch genug gelⱰen kann. (Vgl. Spessart im Südd. Fluge.) Die Böen äußern sich als harte Schläge und Stöße, bei denen man oft glaubt, die Maschine müßte zerbrechen. Oft treten in Pausen von ca. 1 Sek. ziemlich regelmäßig ruckweise Böen auf. Ich führe die heftigen unregelmäßigen Luftströmungen nur auf die Unebenheit des Geländes zurück. Ich bin bei Würzburg hart am hier mindestens 150 m tiefen Maintal gelandet. Beim Wiederaufstieg überflog ich den Rand des Tales auf den Main zu in ca. 20 m Höhe. Der Vorgang erinnerte lebhaft an das Springen von einem hohen Sprungbrett, indem unmittelbar nach Überfliegen der scharfen Talkante die ganze Maschine um ca. 50 m beinahe senkrecht herunterfiel; ich konnte mich nur darauf beschränken, das Gleichgewicht zu halten und mußte erst ein Stück im Tale entlang fliegen und allmählich meine frühere Höhe zum Überfliegen des jenseitigen Talrandes zu gewinnen suchen.

Sog. „Luftlöcher" treten stets bei starker Sonnenbestrahlung auf. Ich halte sie für Luftverdünnungen durch besonders intensive Bestrahlung. Sie treten auch ganz unabhängig von der Bodengestaltung, auf also auch über gleichförmigem, ebenem Gelände.

Besonders unangenehm zeigen sie sich beim Gleitfluge, indem die Maschine dann beinahe auf den Kopf zu stehen kommt. Beim horizontalen Fluge wäre ein Ausparieren mit dem Höhensteuer falsch; man kann weiter nichts tun wie die Maschine fallen lassen und dabei im Gleichgewicht halten. Ich habe bei greller Sonne (Rückflug von der Kaiserkritik im Kaisermanöver 1912) solche Luftlöcher in 800 m Höhe angetroffen. (Nachmittags 2 Uhr.)

Herr August Euler äußert sich:

Die Frage 1 ist je nach der Höhe, von welcher man spricht, zu beantworten.

In großen Höhen habe ich während meiner mehr als dreijährigen Tätigkeit als Flieger niemals stoßartig wirkende Luftströmungen gefunden. Daß andere Luftströmungen in großen Höhen auftreten, ist mir nur dadurch zum Bewußtsein gekommen, daß plötzlich sämtliche Drähte anfingen zu pfeifen; verbunden damit war meistens eine sehr wesentliche Veränderung der Seitensteuerstellung, die ein guter Flieger automatisch, ohne etwas dabei zu denken, bewirkt.

Dies ist zweifellos darauf zurückzuführen, daß man plötzlich in eine andere Windströmung gekommen ist.

In den vielen Fällen, in welchen ich dies beobachtet habe, ist die Flugmaschine nicht sehr wesentlich in ihrem gleichmäßigen Fluge gestört worden. Nach verhältnismäßig kurzer Zeit, vielleicht 5—8 Sekunden, verschwindet das Pfeifen wieder, die Flugmaschine ist dann nach der betreffenden Seite hin beschleunigt worden und diese Bewegung durch eine andere Seitensteuerstellung ausgeglichen.

Die Stärke des auftretenden Windes oder der Luftströmung hat besonders beim Fluge in hoher Luft, ich meine damit 1000 m und mehr, gar keine Bedeutung; meine besten Piloten fliegen über Land und bei klarem Wetter nicht unter 2000 m Höhe. Eine gute Flugmaschine fliegt in solchen Höhen und starken Luftströmungen genau unter denselben Stabilitätsverhältnissen wie bei völliger Windstille.

Ich glaube, daß da, wo vertikale Luftströmungen in großen Höhen dennoch auftreten, die Ursachen hierfür auf der Erde liegen, z. B. ein großes hohes Gebirge, ein großes tiefes Tal.

Wenn Flieger von vertikalen Böen und Stößen sprechen, die sie in großen Höhen gefunden hätten, so glaube ich, daß sie sich in den meisten Fällen in einer nicht so großen Höhe befunden haben, wie sie vielleicht irrtümlich annahmen.

Meine Erfahrungen erstrecken sich aber nur auf sehr leichte Flugzeuge. Die Flugmaschinen, mit welchen meine und meiner Schüler Erfahrungen gesammelt wurden, sind Flugmaschinen mit schmalen Flächen, welche 200—250 kg wiegen und ebenso und höher zu belasten sind wie andere; größere Flugmaschinen, welche zum Teil 500—800, sogar über 1000 kg wiegen und manchmal weniger Nutzlast tragen als leichtere und kleinere Maschinen.

Wenn ein plötzliches Herunterreißen in der Luft in einer Höhe von 1000 m auf 400 m, wie ich es schon oft von Fliegern erzählen gehört habe, vorgekommen ist, so habe ich die Beobachtung gemacht, daß es meistens Flieger waren, welche sehr schwere Flugzeuge fliegen, des ferneren waren es meistens Flugzeuge mit sehr großer Flächentiefe, und zwar entweder Eindecker, welche ihre ganze Tragfläche in einer Fläche haben und somit solchen Vertikalströmungen eine große Angriffsfläche darbieten oder sehr große schwere Zweidecker, deren Tragflächen ebenfalls sehr tief waren. Die Flugmaschinen, mit welchen ich meine Erfahrungen sammelte, haben Tragflächen von 1 bis höchstens 1,5 m Tiefe, während die Flugmaschinen, von welchen ich eben sprach, Tragflächentiefen von 2—2,5 m bei Zweideckern und von 3 und mehr Meter Tiefe bei Eindeckern haben.

Es wird auch eine Änderung der Luftströmung in großer Höhe nicht besonders wahrgenommen, da nach meiner Erfahrung zwei verschiedene Luftströmungen allmählich ineinander übergehen, (zeitlich möchte ich sagen), daß die Elastizität des Übergangs sich meistens innerhalb mehrerer Sekunden abspielt, beispielsweise habe ich oft beobachtet, daß von Beginn des allmählichen Pfeifens der Drähte bis zum Aufhören des Pfeifens 5—8 Sekunden vergehen; 5—8 Sekunden sind in diesem Sinne eine sehr lange Zeit, in welcher sich etwas sehr allmählich bis zu einer gewissen großen Stärke entwickeln und wieder allmählich nachlassen kann. 5—8 Sekunden sind in bezug auf die Entfernung, in welcher sich ein solcher Vorgang abspielt, 150—200 m.

Wirbelbewegungen und vertikale Luftströmungen habe ich immer nur in Höhe von 1—100 m, vielleicht auch 150 m gefunden, und sie sind in meinen Flügen bis zu 100 m Höhe kurz vor der Landung sehr oft und mit sehr beängstigender Wirkung aufgetreten. Die Flugmaschine wird plötzlich senkrecht heruntergerissen, so daß der Pilot sich nicht mehr mit seinem ganzen Körpergewicht auf seinem Sitz fühlt. Meistens hören solche stoßartig, ich möchte besser sagen, zugartig auftretende Abwärtsbewegungen, die sich von einer Saugwirkung hervorgerufen anfühlen, nach 5, 10, 15, 20, 30 m Tiefgang auf. Wenn man nichts tut, überwinden sie sich am besten von selbst.

Ganz bestimmt möchte ich aber nicht behaupten, daß man wirklich nichts tut. Ich glaube, ein älterer Flieger tut automatisch sehr viel Richtiges in bezug auf die Steuerung, und es kommt ihm gar nicht zum Bewußtsein, daß er etwas getan hat, und es werden dies wohl insbesondere alle diejenigen Steuerbewegungen sein, die dem Anfänger oder einem nicht sehr fähigen Flieger die größten Schwierigkeiten machen.

Es ist mir noch nicht vorgekommen, daß ich oder einer meiner Piloten während einer solchen vertikalen Böe dicht über der Erde tatsächlich auf die Erde geschlagen wäre, sondern es haben sich diese Böen dicht über der Erde in 10, 15, manchmal wohl erst in 5 m Höhe wieder ausgeglichen; es macht sich dies ungefähr fühlbar, als wenn von unten herauf ein elastischer Widerstand gegen die Luftströmung aufgetreten sei und sie beseitigt habe.

Meine Schüler wußten aus meinen Erfahrungen, daß man in solchen Böen im allgemeinen nicht auf die Erde stößt, haben sich dementsprechend verhalten und nicht wie es oft gemacht wird, sofort auf die Erde zu oder in die Höhe gesteuert. Wirbelbewegungen dicht an der Erde habe ich immer nur in der Weise empfunden, daß sie die seitliche Stabilität der Flugmaschine stören. Eigentümlicherweise habe ich beobachtet, daß solche Wirbelbewegungen in hoher Luft, dicht über Wolken, dicht über der Erde, aber auch bei Nebel vorkommen, und zwar kommen sie in letzterem Falle dann recht oft hintereinander und kurz auftretend vor.

Die vertikalen Luftströmungen mit stoßartig auftretenden Wirkungen dicht über der Erde sind meines Dafürhaltens nicht auf die Formation der Erdoberfläche zurückzuführen, sie werden dicht über der Erde wahrscheinlich aus dem Zusammenströmen unruhiger Luft hervorgerufen, welche von links, rechts, hinten und vorne dadurch kommt, daß der Wind beispielsweise von vorne über einen Wald, von der rechten Seite durch eine Chaussee, welche zu beiden Seiten hohen Wald hat, und links vielleicht durch Luftströmungen, welche durch Häuser und Straßen eines Dorfes veranlaßt sind, auftreten.

Man kann sagen: „Das ist ja die Erdoberfläche!" Wenn man der Sache aber auf den Grund kommen will, muß man sagen: „Das ist die Erdoberfläche nicht" und zwar deshalb nicht, weil man dazu zu dicht an der Erde ist, um dies sagen zu können. Ganz anders ist der Fall, wenn man von großen Höhen spricht und man von der Erdoberfläche sprechen muß, weil dann die Wirkung eines großen Höhenkomplexes oder eines tiefen Tales in die Beurteilung gezogen wird, was nicht der Fall ist, wenn man von Vertikalströmungen auf einem großen ebenen Platz in niedriger Höhe spricht, auf welchem je nach dem Wetter an bestimmten Stellen 3—4 verschiedenartige Luftströmungen auftreten, die mit der Erdoberfläche in solchem Falle und in diesem Sinne nichts zu tun haben.

Das Wort „Luftlöcher", glaube ich, ist wohl entstanden durch die Erzählung junger enthusiasmierter, begeisterter Flieger in Verbindung mit der Wirkung, welche die Zeitungsberichterstattung auch auf solche Flugdarstellungen der Flieger ausübt, aus deren Zusammenwirkung dann solche Worte entstehen.

Ich habe noch kein Loch in der Luft gefunden, auch keiner meiner vielen Schüler und Piloten.

Aber auch hier möchte ich sagen, daß sich vielleicht bei einer schweren Flugmaschine mit tiefen Tragflächen ein Gefühl, als wenn man in ein Loch in der Luft fiele, bemerkbar macht; mit leichten Maschinen und schmalen Flächen, welche dicht untereinander liegen, ist dies nicht der Fall.

Herr Leutnant Fisch von der Fliegertruppe macht folgende Angaben:

Das Flugzeug geriet, auch wenn Aufstiege bei anscheinend völliger Windstille gemacht wurden, in heftige seitliche Schwankungen und wurde auch in der Vertikalen ohne vorher bemerkten Wind oder sonstige Gründe hin und her geworfen (besonders im Nebel und in den Wolken!)

Das Flugzeug wurde wiederholt seitlich gedreht, ohne daß das Seitensteuer betätigt wurde. Dieses sowohl wie die Vertikalströmungen machten sich deswegen oft sehr unangenehm bemerkbar, weil sie häufig durch die Steuerorgane nur schwer oder gar nicht zu parieren waren.

4*

Meiner Beobachtung nach haben sich die oben genannten Erscheinungen besonders über einem Gelände gezeigt, das mit Gewässern und Wäldern bedeckt war (auf einem Flug Berlin-Neustrelitz) und vor allem in gebirgigen Gegenden. Bei einem Fluge über die Vogesen wurde ich vor dem Donon, über dessen Gipfelhöhe ich mich bereits befand, unvermittelt in wenigen Sekunden um mehr als 200 m herabgeworfen, ohne daß ich auch später eine Erklärung dafür hätte finden können. Ich war damals genötigt, auf dem Dononsattel zu landen.

Die Luftlöcher machten sich dadurch unangenehm bemerkbar, daß das Flugzeug plötzlich seitlich kippte oder unvermittelt durchsackte. Diese Erscheinungen waren besonders bei warmem, sonnigem Wetter sehr heftig, desgleichen bei Nebel. Merkwürdigerweise scheinen auch ganz unbedeutende Wasserläufe und Gräben einen ziemlich starken Einfluß darauf zu haben. In größeren Höhen sind solche Luftlöcher leicht zu parieren, während sie in Höhen bis zu 50 m lebensgefährlich werden können, da der Apparat dann vor dem Erdboden nicht mehr aufzufangen ist.

Für die Fliegertruppe äußert sich der Adjutant, Herr Leutnant Canter:

Besonders bei Sonne zeigen sich vertikale Luftströmungen, die das Flugzeug teils heben, teils herunterdrücken. Je höher man ist, desto geringer sind diese Störungen, doch sind sie bis 700 m Bodenhöhe bemerkt worden.

Beim Durchfliegen von Gewitterwolken hat das Flugzeug das Bestreben, sich aufzubäumen. Die Böen sind am vorderen Rand der schwarzen Wolken stärker als in denselben.

Wirbelbewegungen haben sich seltener gezeigt, so beispielsweise beim Süddeutschen Flug im Maintal in etwa 300 m Höhe. Hier hatte Leutnant Joly den Spessart, der bis zur Hälfte in den Wolken lag, und über dem es auffallend ruhig war, überflogen und machte einen Gleitflug von 800 auf 300 m. Kaum sah er den Main, als der Apparat von Böen gefaßt und nach allen Seiten geworfen wurde. Er mußte eine Rechtswendung machen, der Wirbelwind warf ihn aber scharf links herum, obgleich er gegensteuerte. Das Steuerrad wurde ihm verschiedene Male aus der Hand gerissen. Dabei werfen vertikale Böen das Flugzeug bald herauf, bald herunter.

Die Böen über dem Main hingen ohne Zweifel mit dem scharf eingeschnittenen, oft gekrümmten Maintal zusammen. Sonst machen sich manchmal Flüsse, Kanäle (diese mehr als Flüsse) und Sümpfe durch vertikale Böen bemerkbar. Über dem Spessart lief der Motor etwa um 80—100 Touren schneller. Leutnant Joly führt dies auf die Waldluft zurück.

Luftlöcher sind besonders bei ruhigem Wetter vorhanden, wenn Luft und Boden verschieden erwärmt sind. Teils sind sie so, daß das ganze Flugzeug fällt, teils so, daß ein Flügel fällt. Das letztere ist das Unangenehmere. Wenn man hoch genug ist, schaden diese Luftlöcher nichts. Man empfindet sie auch nicht sehr unangenehm. Das Gefühl ist etwa wie im Fahrstuhl. Man sieht nur am Barometer oder noch besser am Barogramm, wie sehr man gefallen ist.

Von Herrn Hans Grade werden uns folgende Mitteilungen:

Die für ein Flugzeug störenden Luftströmungen äußern sich von vornherein in einer Veränderung der Flugrichtung. Man kann sehr leicht mit einer gewissen

Deutlichkeit folgende Bewegungsveränderungen auseinanderhalten: Bewegungen in der Längsrichtung nach aufwärts, abwärts, nach rechts und links, Bewegungen quer zu dieser Längsrichtung. Diese Bewegungen gehen unter Veränderung oder Verdrehung der Achse des Apparates in einem gewissen Winkel vor sich. Ferner ist deutlich zu erkennen: Verschieben des ganzen Apparates in der Horizontalen und Vertikalen ohne Richtungsveränderung, schnell hintereinander folgendes Auf- und Absteigen des Apparates, mehrfach hintereinanderfolgend ähnlich den Erschütterungsbewegungen eines Fahrzeuges auf holpriger Straße, plötzliches Beschleunigen und Verlangsamen der Fahrt in horizontaler Richtung. Sämtliche Bewegungen kommen selbstverständlich daher, daß die durch das Fahrzeug durchschnittenen Luftschichten durch Windstöße usw. in unregelmäßige Bewegungen versetzt sind. Die Stärke der Bewegung des Fahrzeuges ist abhängig von der Größe der Flügelspannung, der Größe der Belastung, zum Teil von der Lage des Schwerpunktes und der Form der Flügel, von der Länge des Fahrzeuges, unter gewissen Umständen auch von der Geschwindigkeit des Fahrzeuges und dem Verhältnis dieser zu der Stärke der Luftströmungen. Je nach der Jahreszeit tritt die eine oder andere Bewegung mehr oder weniger häufig ein. In den Monaten, in denen die Temperatur ausgeglichen ist, findet man weniger die durch Sonnenbestrahlung herrührende Luftveränderung. Die Wirbelbewegung ist nicht abhängig von der Stärke des Windes, sondern wesentlich mehr von der Windrichtung und dem Feuchtigkeitsgehalt der Luft. Beispiel: Starker Ostwind ist ruhig, schwererer Südostwind wesentlich unruhiger. Außerdem ist es maßgebend, in welcher Reihenfolge die Luftströmungen hintereinander folgen, und ob eine Erwärmung oder Abkühlung eintritt.

Wirbelbewegungen in der Vertikalrichtung treten meiner Ansicht nach fast nur durch Temperatur-Ausgleich veranlaßt auf. Kleinere Bewegungen kommen vor am Vormittag von 8 Uhr bzw. 9 Uhr bis 1 Uhr ev. bis nachmittags im Sommer speziell um 5 Uhr. Größere Vertikalbewegungen treten ein, wenn starke Temperaturunterschiede in einzelnen größeren Zeitabschnitten eintreten, besonders wenn Unterwind und Oberwind verschiedener Richtung sind und dadurch verschiedener Temperatur. Bei stärkeren Winden sind Vertikalströmungen fast ausgeschlossen. Sehr häufig treten sie bei schwachem Wind bis zu 4 m/sec. auf. Vor allen Dingen werden sie nur unangenehm bei Wolkenbildung. Vertikalströmungen werden auch erzeugt durch Wälder, Sandfelder, Wiesen, Seen usw. Die Vertikalbewegungen werden angezeigt durch plötzliche Unruhe des Apparates, starkes Schütteln; starke Böen, welchen man entsprechend der sonstigen Strömung in der Luft kein Motiv unterschieben kann, weisen auf plötzliche Stille und merkliche Temperaturdifferenzen hin, kleinere Vertikal-Strömungen zeigen weniger merkliche Temperaturdifferenzen, manchmal allerdings sehr häufige Bewegungen.

Vertikalbewegungen und andere Bewegungen in der Luft stehen nur in einer gewissen Höhe mit den darunterliegenden Erdformationen in Verbindung Alleinstehende Häuser, hohe Zäune, Felswände, Waldränder usw. erzeugen senkrechte Strömungen, die durchschnittlich in 10 facher Höhe des Gebäudes bemerkbar sind, im allgemeinen aber nicht über 200 bis 300 m über demselben und abhängig von der Windgeschwindigkeit und von dem Umstande, ob der Widerstand zu seiner Umgebung frei oder verdeckt liegt. Im allgemeinen sind bei östlichem Winde diese

Widerstände weniger bemerkbar, da der Unterwind im Durchschnitt geringe Geschwindigkeit besitzt. Westwinde erzeugen wesentlich stärkere Wirbel, was vielleicht in der Stärke des Unterwindes liegt, ev. auch daran, daß an und für sich die Westwinde sehr böig sind.

Die in der Fliegersprache erscheinenden Luftlöcher treten bei den oben erwähnten Vorgängen häufig ein, und zwar bei Vertikalflächen durch Temperaturdifferenz, wobei der fallende Luftstrom die aufsteigende wärmere Strömung ersetzen soll, und auch, aber im geringen Maße und unter anderen Begleiterscheinungen, hinter Widerständen. Herabsinkende Luft und senkrechte Wärmeströmungen sind wesentlich gefährlicher, da sie häufiger Wirbelwinde erzeugen können und im großen Maßstabe, falls sie sich auf große Flächen erstrecken, den Apparat von größter Höhe in wenigen Minuten beträchtlich herunterdrücken können. Den anderen durch die Widerstände entstehenden Luftlöchern kann man leicht ausweichen, falls die Widerstände klein sind. Unangenehmer wird es, falls Berge mit ihren Abhängen die Ursache dieser Bewegungen sind.

Herr Dipl.-Ing. Karl Grulich äußert sich mit dem Vorbehalt, daß er nicht Berufsflieger sei, vielmehr das Fliegen nur erlernt und ausgeübt habe, um seine Konstruktionen selbst auszuprobieren und die für das Konstruieren und Bauen von Flugzeugen nötigen Erfahrungen zu sammeln, folgendermaßen:

Bei Flügen auf dem Flugplatze in Johannisthal in etwa $\frac{1}{2}$—$\frac{2}{3}$ der Höhe der großen Ballonhalle bin ich wiederholt in deren Nähe mit dem Flugzeug so stark hochgehoben worden, daß ich das Höhensteuer fast ganz auf Abstieg einstellen mußte, um annähernd in derselben Höhe weiter zu fliegen. Sobald ich an den Hallen vorbei war, mußte ich das Höhensteuer wieder auf Aufstieg stellen, um nicht zu stark zu sinken. Leider habe ich mir nicht die dabei herrschende Windrichtung gemerkt.

Ganz allgemein habe ich beobachtet, daß man, wenn man bereits in der Luft fliegt, gegen den Wind sehr viel leichter mit starker Belastung des Flugzeuges steigt, als wenn man mit dem Winde fliegt. Diese Beobachtung habe ich bis zu den Höhen, die ich bis jetzt aufgesucht habe — $\sim$ 1000 m, also nicht nur wenige Meter über dem Erdboden — gemacht. Diese Erscheinungen habe ich mir auch nicht einwandfrei erklären können. Vielleicht hat der Wind bis zu diesen Höhen sehr häufig eine geringe aufsteigende Tendenz. Vielleicht ist aber auch die Wirbelung des Windes dabei tätig. Wenn bei Wind die Luft häufig ansteigt, so ist es klar, daß die Luft auch wieder an anderen Stellen heruntersinken muß. Dabei werden wohl der Druck, die Temperatur und die Geschwindigkeit der Luft in Verbindung mit der Gestaltung der Erdoberfläche wesentlich beteiligt sein.

Das rasche Heruntersinken des Flugzeuges infolge eines sogenannten „Luftloches" habe ich auf dem Flugplatze in Johannisthal sehr unliebsam bemerkt: Ich war mit unserem 50-PS-Flugzeug mit Passagier aufgestiegen und in etwa 50 m Höhe am Wright-Schuppen über den Wald nach Adlershof zu geflogen. Nachdem ich umgekehrt war, um am Walde entlang nach dem heutigen neuen Startplatze zu fliegen, senkte sich der Apparat mit einem Male ziemlich rasch, ohne daß ich bemerkt habe, daß der Motor in der Drehzahl zurückgegangen ist. Leider gelang es mir nicht mehr, über die Starkstromleitungen, die den Flugplatz damals auf der Waldseite umsäumten, hinweg zu kommen. Das Flugzeug verfing sich darin und stürzte zu Boden.

Mein Begleiter war übei den Motor hinweg herausgefallen und hatte sich nur die Hände ganz wenig verbrannt, während ich mir das linke Bein in der Kniegegend erheblich gequetscht hatte. Der Apparat war sehr stark beschädigt worden.

Ähnlich habe ich die absteigende Luft auf einem Fluge von Johannisthal nach Döberitz im Dezember 1911 unangenehm empfunden. Bis Großlichterfelde war ich sehr schön auf ∼ 800—1000 m gestiegen, und je mehr ich mich von da dem Wannsee und der Havel näherte, umsomehr sank der Apparat, so daß ich nur in 100—200 m Höhe über die Havel bei Schwanenwerder flog.

An solchem Sinken der Flugzeuge ist allerdings wohl häufig auch das Zurückgehen der Drehzahl des Motors infolge ungenügender Schmierung schuld.

Eine merkwürdige Beobachtung habe ich auch einmal auf dem Johannisthaler Flugplatze gemacht: Es herrschte eines Sonntags vormittags gar kein Wind, so daß ich vom alten Startplatze aus sehr schön nach dem Wright-Schuppen und von da am Walde entlangflog. Plötzlich wurde das Flugzeug hin- und hergeworfen, hochgehoben und wieder heruntergedrückt und um seine vertikale Achse gedreht. Nur mit großer Mühe gelang es mir, den Apparat in einem großen Bogen über Johannisthal und den Teltow-Kanal auf den Flugplatz zurückzubringen und glatt zu landen. Ich hatte den Eindruck, in einen Luftstrudel gekommen zu sein, der sich fortbewegte und mich hin- und herschüttelte. Ich habe bis dahin nicht geglaubt, daß anscheinend ruhige Luft für das Flugzeug so gefährlich werden könnte.

Am angenehmsten fliegt es sich auf Flugplätzen, auf denen viele Apparate gleichzeitig fliegen, wenn ein leichter, gleichmäßiger Wind weht, der die Luftwirbel, die die Flugzeuge erzeugen, wegweht.

Herr Reg.-Baumeister a. D. Hackstetter schreibt:

Meine Erfahrungen gründen sich hauptsächlich auf meine 230 Fahrten im Luftschiff und auf ca. 43 Flugstunden in Flugmaschinen verschiedenster Konstruktion und sind in den verschiedensten Gegenden Deutschlands gesammelt worden.

Das Auftreten von Böen, die für beide Luftfahrzeugarten gleich unangenehm sind, hängt nicht nur mit dem Wechsel der Tageszeit zusammen, sondern — vielleicht in noch höherem Maße — mit der Formation der Erdoberfläche bzw. mit dem Wechsel

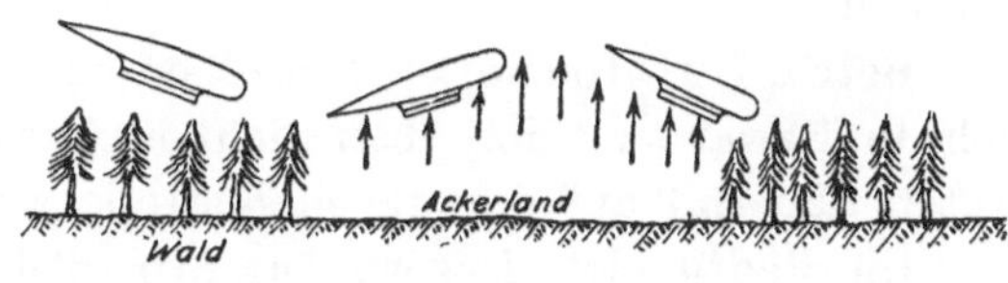

Fig. 1.

zwischen Ackerland, Wald, Wasser, Sumpf, Moor, Heide usw. Bei einer großen Überlandfahrt München-Traunstein war das Schaukeln des Luftschiffes derart, daß eine Dame seekrank wurde. Dabei fuhr das Schiff in 100—150 m über dem Boden.

Der beim Überqueren von Wasserflächen geringerer Ausdehnung: Kanäle, Flüsse, Ströme, auftretende Luftstrom darf als bekannt vorausgesetzt werden. Bei Annäherung an das Wasser wurde Luftschiff wie Flugmaschine zuerst hochgehoben, dann sanken sie herab zur Wasserfläche, um am anderen Ufer zuerst wieder gehoben zu werden und jenseits wieder zu sinken, so daß ich jeweils jede zu überquerende Wasserfläche in aufsteigender Bewegung überspringe. Bei größeren Wasserflächen, z. B. den Oberbayerischen Seen, zeigten sich diese Böen mit absoluter Sicherheit je nach Tageszeit und Jahreszeit in ihrer Stärke verschieden. Dagegen ging die Fahrt über dem Wasser gleichmäßig ruhig vonstatten. Ammersee, Würmsee, Kochelsee, Giemsee usw. Fahrten von Kiel aus in See, Flüge über die Havel- und Spreeseen lieferten diese Erfahrungen. Bestätigung hiervon hatte ich bei 24 Fahrten über dem Vierwaldstätter See, Zuger-Züricher-Sempacher-See zur Genüge. Desgleichen im Flugzeug beim Überfliegen der See zwischen Kronstadt und Petersburg und beim Flug „Rund um Berlin“ am Tegeler See und dem See bei Potsdam.

Was nun Wirbelbewegungen in der Luft betrifft, so kann ich auch davon sprechen.

Bei der Fahrt um den Rigi gerieten wir mit dem Luftschiff in den plötzlich auftretenden Föhn bei Brunnen, der zuerst das Schiff sowohl von der Seite wie von unten annahm, 350 m aus seiner Höhenlage emporriß und in das offene Tal bei Schwyz warf. Als wir dann hinter dem Rigi vorbeifuhren, wurde das Schiff von den sonnenbestrahlten Hängen des Roßberges unaufhaltsam in den Schattenkegel des Rigi gezogen und in dreifacher Wirbelbewegung um seine Achse gedreht und von 650 m über dem Seespiegel auf 150 m herabgedrückt und ebenso auf 670 m in gleicher Wirbelbewegung hochgehoben. In 700 m über See, also 1130 m über Null, herrschte wieder absolut ruhiges Wetter. Ob derartige Wirbel auch im Flachlande auftreten, weiß ich nicht; sog. Windhosen habe ich noch nicht mitgemacht.

Aus dem Vorhergesagten ist ohne weiteres zu ersehen, daß derartige Wirbel verbunden mit Vertikalströmen von der Erdformation ausgehen. Speziell in den Bergen konnten wir dies sehr genau beobachten. Fuhren wir in den tiefeingeschnittenen Tälern, so war jeweils die eine Seite stark von der Sonne bestrahlt, während die andere im Schatten lag. Die Sonnenseite holte das Schiff hoch, die Schattenseite herunter. Unter diesen Strömungen hatte auch der in Luzern stationierte Eindecker-Flieger Ingold zu leiden. Auch der Freiballon „Theodor Schäck“ wurde bei Brunnen aus 1600 m im Wirbel bis auf den Vierwaldstätter See herabgedrückt und konnte trotz genügender Ballastausgabe nicht mehr hoch kommen.

Betr. „Luftlöcher“. Dieselben existieren nach meinen Erfahrungen tatsächlich, und zwar sind dieselben nicht in fortschreitender Bewegung begriffen, sondern treten dauernd auf der gleichen Stelle auf.

Im Stadtgebiete Luzern war ein solches Luftloch, das wir aus Interesse mehrfach aufsuchten und jederzeit antrafen. Dies mag von ungleichmäßiger Erwärmung und Ausstrahlung der Häuser gegenüber der die Stadt durchfließenden Reuß herrühren.

Drei solcher Luftlöcher habe ich bei meinen Fahrten über Berlin im P. L. 6 vorgefunden, und zwar eines in der Nähe des Kgl. Schlosses und Domes, woselbst hinter diesen hohen Gebäuden die Spree vorbeifließt und auf der anderen Seite der Schloß- und Domplatz liegt mit den anschließenden „Linden“.

Das zweite am Reichstagsgebäude aus wahrscheinlich den gleichen Ursachen und das dritte am Potsdamer Platz, an den auf der einen Seite der Tiergarten grenzt und auf der anderen Seite das Häusermeer Berlins liegt.

Auch bilden das Tempelhofer Feld sowie mehrere kleinere Exerzierplätze im Weich-
bilde der Stadt keine angenehme Abwechselung in der Führung von Luftschiffen.
Darunter haben nach Angabe von Dr. Eckener die auch Z-Schiffe zu leiden.

Auch auf dem Flugplatze Johannisthal befinden sich — auch den meisten Fliegern
bekannte — Luftlöcher, die wie ich aus eigener Erfahrung weiß, auf 200 m bemerkbar sind.

Eine befriedigende Erklärung über deren ev. Entstehen und dauerndes Vorhandensein konnte ich mir bisher nicht geben.

Von Herrn Dipl.-Ing. Wilh. Hoff erhalten wir die Zuschrift:

Ich habe bei Messungen zur Bestimmung der Eigengeschwindigkeit und Flugwinkel eines Flugzeuges in einigen Fällen die Einwirkung stoßweiser Luftbewegung durch meine Versuchskurven feststellen können und damit auch Aufschluß
über Dauer und Größe der Geschwindigkeitsänderungen des Flugzeuges erhalten.

Herr Kapitänleutnant a. D. Walter Hormel äußert sich:

Als störende Luftströmungen in der Atmosphäre wurden beobachtet die
Wirbelbildungen, die entstehen durch Gegenströmen der Luft gegen Hindernisse
auf dem Erdboden, Häuser, Tribünen, Ballonhallen, Ortschaften usw.

Wirbelbildungen verbunden mit Vertikalströmungen wurden hauptsächlich da beobachtet, wo durch Beschaffenheit der darunterliegenden Erdoberfläche
ihr Auftreten bedingt war. Vor allen Dingen störend wurden empfunden die Grenzen
von Wald und Wasser. Selbst kleinere Flußläufe und Kanäle machten sich durch
Vertikalböen bemerkbar.

Bei Sonnenaufgang wurden die ersten Böen, die in der Fliegersprache als
„Sonnenböen" bezeichnet werden, sehr häufig beobachtet.

Herr Oberleutnant Mackenthun berichtet:

Ruhige Luftströmungen beachtet der Flieger meist gar nicht, da er im
Gegensatz zum Freiballonführer nicht von ihnen abhängig ist. Horizontale Strö-
mungen sind jedoch insofern von Einfluß, als sich durch ihre Mitwirkung die relative
Geschwindigkeit des Flugzeuges ergibt.

Starke Strömungen, namentlich in vertikaler Richtung, sind — wenn sie
plötzlich auftreten — störend. Sie bringen das Flugzeug aus der Gleichgewichtslage
und müssen daher vom Führer durch mehr oder weniger starke Steuerbetätigung
aufmerksamst pariert werden.

Auf einem Fluge von Bremen nach Hannover mußte ich im Weserthal eine
Zwischenlandung vornehmen. Nach erneutem Start bei mäßigem Seitenwind
wurde mein Apparat aus 50 m Höhe mit einem Ruck bis auf 10 m heruntergerissen,
und zwar so plötzlich, daß mein Begleiter und ich etwas aus dem Sitz gehoben wurden,
weil sich unsere nicht festgeschnallten Körper der Abwärtsbewegung nicht schnell
genug anschlossen. Das Flugzeug blieb merkwürdigerweise in sich vollständig im
Gleichgewicht, fing sich kurz vor dem Boden wieder auf und flog horizontal
weiter.

Diese Vertikalströmung stand in ursächlichem Zusammenhang mit der Bodenbedeckung. Wir waren einen Wiesenstreifen entlang geflogen und passierten gerade einen über Wind Legenden hohen Waldrand.

Flugzeuge, welche keinen Überschuß an Motorenstärke besitzen, fliegen und steigen nur bei günstigen Luftdruckverhältnissen. Ist es heiß oder schwül, so ist die Tragfähigkeit des betr. Flugzeuges — wenn es überhaupt vom Boden hochkommt — derartig gering, daß es unter den leisesten Luftdruckunterschieden zu leiden hat. Solche Druckunterschiede treten aber oft plötzlich beim Überfliegen von Sumpfstellen, Waldstücken und Wasserflächen, beim Verschwinden und Wiederauftreten heißer Sonnenstrahlen usw. ein. — Da das Flugzeug nur klein ist, ragt es nicht, wie z. B. ein Z-Schiff, über die Grenzen des „Luftloches" hinaus, sondern „sackt" in ihm „durch". Oft sind diese Löcher so scharf begrenzt, daß nur die eine Hälfte vom Flugzeug in Mitleidenschaft gezogen wird, wodurch starke Schwankungen verursacht werden, ja sogar ein „Abrutschen" eintreten kann.

Ist das Verhältnis der Motorenstärke zur Schwere und Bauart des Flugzeuges jedoch so günstig bemessen, daß ein Überschuß an Kraft vorhanden ist, so treten diese Luftlöcher weniger stark in die Erscheinung: das Flugzeug ist stabiler.

Endlich spricht sicht Herr Dipl.-Ing. Robert Thelen noch folgendermaßen aus:

Wirbelbewegungen der Luft sind mir merkbar nicht angefallen. Dagegen machen sich die Vertikalbewegungen der Luft zeitweise sehr unangenehm bemerkbar. Es kommt vor, daß man an manchen Tagen eine Maschine, die nicht allzu rasch steigt, die sonst aber bequem auf die gewünschten Höhen zu bringen ist, überhaupt nicht über eine gewisse Höhe hinüberbringt, oder doch nur recht schwer.

Hat man diesen Punkt, sagen wir bis 300 m, einmal überschritten, so geht das Steigen wieder flott vor sich. Dies kann meines Erachtens nur damit zusammenhängen, daß die Luft eine abwärts gerichtete Bewegung hat, die etwa gleich Steigegeschwindigkeit der Maschine ist. In den Pilotenkreisen heißt es dann: „Heute trägt aber die Luft mal wieder gar nicht." Umgekehrt steigt die Maschine bei aufwärts gerichteter Luftströmung oft überraschend schnell. „Die Luft trägt gut."

In Dänemark ist es mir stets gegangen, daß ich morgens mit dem Flugzeug nie über 250 m Höhe hinaus kam. Abends kam ich spielend, ohne es zu wollen, auf 500 m und mehr.

Bei sonnigem Wetter fällt es betreffs der Erdformation direkt auf, daß die Maschine ruhig liegt über Wald und Wasser; über Wiesen und feuchtem Gelände furchtbar unruhig. Am unruhigsten, wenn man von Wiese auf Wald, Wald auf Wiese, Wasser auf Wiese, Wiese auf Wasser usw. übergeht. Wald — Wasser und umgekehrt ist nicht so fühlbar. — Das mangelhafte Steigen morgens bzw. das gute abends ist wohl darauf zurückzuführen, daß morgens durch die Abkühlung der Nacht die Luft eine allgemeine Abwärtsbewegung erhält, abends umgekehrt eine allgemeine Aufwärtsbewegung.

Die sogenannten Luftlöcher sind mir nie besonders aufgefallen. Es kommt wohl vor, daß die Maschine mal durchfällt, so daß man ein bißchen seinem Sitze gegenüber zurückbleibt. Das sind dann aber nur ein paar Zentimeter und keine

Meter, die „man von seinem Sitze hochgeschleudert wird". Es ist mir nie vorgekommen, daß die Maschine um Hunderte von Metern durchfiel; ich halte das für „Fliegerlatein".

Diskussion zu den Vorträgen von Geh. Reg.-Rat Dr. **Assmann** und Dr. **Linke**.

Fabrikbesitzer August Euler - Frankfurt a. M.

Durch die allen Diskussionsrednern für ihren Vortrag zur Verfügung gestellte Zeit von 5 Minuten bin ich zu meinem Bedauern nicht in der Lage, das alles auszuführen, was ich mir für diese Diskussion zurecht gelegt hatte, und ich will versuchen, meine Meinung über die zur Diskussion stehenden Punkte: Luftlöcher, Böen, Wirbel, zusammenzufassen, daß ich meinen Vortrag in möglichst dieser Zeit beende. Ich habe drei Jahre lang auf einem großen Flugplatze, dem Darmstädter Sande, gestanden und hier während der Zeit, während welcher ich nicht fliegen konnte, sehr viel Gelegenheit gehabt, Wirbel, Böen und wechselnden Wind sehen zu können, und zwar dadurch, daß auf dem tiefen Sande an heißen Sommertagen manchmal die kleinsten Windstöße den feinen, trockenen Sand bewegten, und man somit Wirbel, Böen, Windstöße in ihrer Stärke an dem durch dieselben bewegten feinen Sande beobachten konnte, und besonders aber, wie groß die Dimensionen solch auftretender Wirbel, Böen und Windhosen sind. Ich habe mich nach vielen Überlegungen und Beobachtungen fragen müssen, ob denn solchen verhältnismäßig kleinen Veränderungen in der Windrichtung: Luftstöße, Wirbel und Böen, bezüglich der durch sie auf eine Flugmaschine auszuübenden Kraft eine solche Wirkung beizumessen sei, wie dies allgemein geschieht. Ich habe mir diese Frage schließlich immer wieder mit „nein" beantworten müssen und dann, wie wir Praktiker dies oft tun, wenn man lange nicht zu einem einigermaßen sicheren Resultate kommt, mir alle Fragen bezüglich der Böen usw. umgekehrt gestellt und mich gefragt: „Sollten hier nicht vorhandene größere Kräfte plötzlich verschwinden und das Unstabilwerden der Aeroplane bzw. die Wirkung der sogenannten Luftlöcher usw. hervorrufen können?" Denn es müssen größere Kräfte sein, welche auf den Aeroplan wirken, als die, welche wir mit dem Auge, wie oben erläutert, sehen oder an unserem Gesicht oder als Widerstand an unserem Körper fühlen. Ich bin schließlich nach Zusammenfassung aller Erfahrungen, die ich in der Luft gemacht habe, darauf gekommen, daß alle für den Flieger gefährlich werdenden Momente mit diesen verhältnismäßig kleinen Luftbewegungen: Wirbel, Böen als Zusatzbeanspruchung oder zusätzliche Kraft, wohl weniger zu tun haben. Denn einer Geschwindigkeit von 100 km gegenüber können diese Kräfte, zusätzlich ins Auge gefaßt, keine so sehr störende Wirkung haben, wie man allgemein vermutet. Ich erkläre mir den Vorgang der auftretenden Störungen, gefährlichen Stöße, Luftlöcher usw. folgendermaßen: Ein Luftloch im Sinne der alltäglichen Auffassung existiert nicht.

1. Beispiel: Da tatsächlich die Führer besonders schwerer und schneller Aeroplane immer wieder behaupten, daß sie plötzlich wie in ein Luftloch senkrecht heruntergefallen seien, so ist diese Wirkung jedenfalls da, und die Ursache dieser Wirkung erkläre ich mir folgendermaßen: Ein Aeroplan, welcher eine Eigengeschwin-

digkeit von 100 km hat, fliegt bei einem Winde, bei welchem wohl heute alltäglich geflogen wird, sagen wir etwa 14 Sekundenmeter. Dies entspricht ungefähr einer Durchschnittsgeschwindigkeit von 50 km pro Stunde. Der Aeroplan wird innerhalb dieser Luftströmung um 50 km langsamer fliegen, wenn man seine Geschwindigkeit von einem Punkte der Erde aus beurteilt. Unter der Tragfläche beträgt jedoch die Geschwindigkeit der Luft ebensoviel wie die Eigengeschwindigkeit des Aeroplans, d. i., wie oben gesagt, 100 km. Würde nun dieser Aeroplan, wenn in 800 m Höhe dieser Gegenwind vorhanden ist, herunterfliegen und auf 600—650 m plötzlich eine entgegengesetzte Luftströmung von genau derselben Stärke, 14 Sekundenmeter, also ca. 50 km pro Stunde, finden, so ist die nunmehr unter der Tragfläche herrschende Situation am besten wiederum von einem festen Punkte der Erde aus zu beurteilen. Im Moment vor diesem Wechsel der Windströmung hat der Aeroplan zu dem betreffenden Punkte der Erde eine Geschwindigkeit von 50 km; er bekommt nun Rückwind bzw. in einen Luftstrom, welcher ebenfalls mit 50 km Geschwindigkeit in derselben Richtung geht, wie der Aeroplan fliegt, und dann ist die Geschwindigkeit des Luftstromes unter der Tragfläche gleich Null, und der Aeroplan muß senkrecht herunterfallen. Ich wähle dieses Beispiel lediglich, um die Sache leicht und kurz verständlich zu machen.

2. Beispiel: Fliegt ein Aeroplan nicht herunter, sondern in horizontaler Richtung aus einer Luftströmung in die entgegengesetzte, so treten dieselben Verhältnisse wie oben erklärt ein.

3. Beispiel: Fliegt ein schwerer Aeroplan, welcher 100 km Eigengeschwindigkeit hat, gegen einen Luftstrom von 50 km, und der Führer will plötzlich umkehren (eine gerade Linie vom Beginn bis zur Beendigung des Halbkreises hat vielleicht eine Länge von 300 m), so bekommt er in demselben Luftstrom plötzlich einen Rückwind von einer Geschwindigkeit von 50 km, und dann ist die Geschwindigkeit des Luftstromes unter der Tragfläche im ersten Moment gleich Null, oder, je nach der während der Kurve erhaltenen Beschleunigung des Aeroplans, etwas größer. Es kann unter diesen Umständen sogar der Fall eintreten, daß, wenn die Flugmamaschine in der Kurve noch langsamer geworden ist, als sie vorher zu einem besstimmten Punkte der Erde gesehen war, daß die Geschwindigkeit des Windes größer ist im ersten Moment des Hineinkommens in diesen als die Geschwindigkeit der Flugmaschine selbst, da die Flugmaschine im ersten Moment nicht einmal mit diesem Luftstrom, sondern sogar langsamer als dieser fliegt. Ein Aeroplan muß in dieser Situation herunterfallen. Für den Piloten muß das Gefühl entstehen, als wenn er in ein Loch fiele. Ähnliches tritt mehr oder weniger ein, wenn man schräg im Winde auf einen bestimmten Punkt zufliegt und plötzlich eine andere Windrichtung findet. Ähnlich verhält es sich mit Böen und Wirbeln, welche entweder die ganze Flugmaschine oder, wie in den meisten Fällen, nur einen Teil derselben treffen. Böen und besonders Wirbel und kleine Windhosen, welche ich beobachten konnte, haben manchmal nur einen Durchmesser von 20 bis 30 oder 40 m in horizontaler Richtung. Fliegt eine Flugmaschine durch eine solche Böe oder einen Wirbel und durchschneidet sie dieselben mit einem Flügel, so wird dieser Wirbel, wenn der Aeroplan beispielsweise im allgemeinen mit Gegenwind fliegt, eine verhältnismäßig große Verringerung der unter der Tragfläche vorhandenen Luftgeschwindigkeit hervor-

rufen und die Tragkraft der Fläche entsprechend heruntersetzen. Fliegt man im Sommer morgens durch viele solcher Böen, Wirbel und Luftwellen, so tritt durch die Geschwindigkeitsverminderung oder -vermehrung unter der Tragfläche ein Schaukeln, Stoßen und Unsicherfliegen ein. Ich glaube, daß fast alle Böen, Wirbel sich in diesem Sinne unter der Tragfläche zur Geltung bringen. Man kann auch bei Wirbeln auf großen, trockenen Sänden beobachten, daß die Bewegungen dieser Wirbel bzw. Windhosen aus Kreisbewegungen in horizontaler Richtung bestehen. Der Sand wird in die Höhe getragen, manchmal bis zu 50, 80 und 100 m, aber er wird von 20—30 m Höhe an so dünn, daß man die Bewegungen nach oben nicht mehr sieht. Auch ist diese so sehr langsam, daß man unbedingt sagen muß, daß der Stabilität des Aeroplans diese Bewegung nichts anhaben kann, sondern es kommt nur die horizontal drehende Bewegung in Betracht, welche von hinten oder vorne eine Verminderung oder Vermehrung der Luftgeschwindigkeit unter der Tragfläche hervorruft. Auch Luftwellen, welche als Wellen in vertikaler Richtung sich bewegen, würden fast dieselbe oder eine ähnliche Einwirkung auf die Verringerung oder Vermehrung der Geschwindigkeit unter einem Teile der Fläche zur Folge haben. In schweren Flugmaschinen wird sich natürlich die Folge solcher Verminderung der Luftgeschwindigkeit unter der Tragfläche mehr fühlbar machen, und wenn eine Beschleunigung der größeren Gewichte nach unten stattgefunden hat, wird der Aeroplan um so schwerer sich wieder fangen. Solche Luftlöcher heben sich allmählich wieder dadurch auf, daß der Aeroplan durch den Motor und die Schraube langsam innerhalb der neu eingetretenen Situation wieder beschleunigt, steuerbar und stabil wird. Wenn der Aeroplan sich oben in den zuerst gesagten Verhältnissen erst wieder vollständig beschleunigt hat, dann beträgt seine Geschwindigkeit zu einem bestimmten Punkte der Erde gesehen 150 km. Unter der Tragfläche ist die Geschwindigkeit des Luftstromes der des Aeroplans gleich, das ist, wie angenommen, 100 km. Ich möchte besonders darauf hinweisen, daß die Geschwindigkeitsveränderungen unter der Tragfläche, welche zusätzlich und größer werdend auftreten, die Stabilität und den Flug der Maschine nicht so sehr stören wie solche Geschwindigkeitsveränderungen, welche abzüglich auftreten, weil im ersten Falle das Gewicht der ganzen Maschine dieser Kraft, der zusätzlichen Kraft, entgegensteht, während im anderen Falle bei geringer werdender Geschwindigkeit unter der Tragfläche, das Gewicht der Maschine bzw. der auf den Teil der Tragfläche entfallende Teil des Gewichts herunterzieht, bzw. dann auch die Massenbeschleunigung ins Auge zu fassen ist. Ich bin fest überzeugt, wenn man registrierende Meßinstrumente so dicht unter der Tragfläche angebracht zur Feststellung dieser Geschwindigkeitsverhältnisse unter der Tragfläche verwenden würde, so wird sich meine Theorie sicher beweisen. Man wird nun von diesem neuen Gesichtspunkte aus sich zu fragen haben: Wie verhält sich unter diesen Verhältnissen eine schnelle Flugmaschine gegenüber einer langsamen (schnell und langsam im Maßstabe der heutigen Verhältnisse gesehen), und ferner eine schnelle Flugmaschine, welche vielleicht so außerordentlich schnell ist, daß in ihrer Schnelligkeit ein sehr großes Plus gegenüber den auftretenden Windströmungen enthalten ist? Es wird die Frage zu stellen sein: Wie verhalten sich unter diesen neuen Gesichtspunkten flache Flächen gegenüber sehr stark gewölbten Flächen? Wie verhält sich eine große Steigung gegenüber einer kleinen Steigung?

Von der Wetterkunde möchte ich erbitten, daß in Zukunft mit Rücksicht auf die gemachten Ausführungen außer der Windstärke in 500, 600, 800 und 1000 m Höhe auch die Windrichtung in diesen verschiedenen Höhen dem Flieger vor dem Start dazu gesagt werden kann. Dann wird der Flieger bei einem Überlandflug z. B. von Frankfurt bis Freiburg ungefähr sagen können, in der und der Höhe fliege ich nicht, weil ich da in die vermeintliche Luftlöchersituation kommen kann.

Professor Dr. Grosse - Bremen.

Ich möchte im Anschluß an das zur Verhandlung stehende Thema zwei Anregungen geben. Einmal die, daß noch an sehr viel mehr Stellen als bisher in Deutschland tägliche Luftsondierungen durch Pilotaufstiege und Momentanmessungen von Windstärken erfolgten. Das erfordert keine großen Mittel. Besonders die Küste müßte im Interesse unserer Seeverteidigung mit Stationen besetzt sein. Dazu sind die Kaiserliche Seewarte und die Marine besonders berufen. Bremen hat gute Instrumente auf zwei Leuchttürmen und eine Pilotstation auf dem Feuerschiff „Weser". Leider geben alle Windmesser bisher nur die Horizontalkomponente der Windstärke. Unser „Ausschuß für Meßinstrumente" wird also dafür wirken müssen, und dahin geht meine jetzige Anregung, daß ein mit möglichst wenig Trägheit behafteter, besonders zum Studium der Bodenwirbel und der Turbulenz geeigneter Windmesser entsteht, der uns bei der Auswahl und Prüfung von Lufthallenplätzen und Flugfeldern, die durchaus erforderlich ist, gute Dienste leisten kann. Die Vorgänge auf der Golzheimer Heide (Düsseldorf) reden eine ernste Sprache, und der neuste Flugplatz der Marine in Putzig (Danzig) wird sich auch noch bewähren müssen. Daß auf ihm sehr starke und böige Winde wehen, ist den Meteorologen bekannt gewesen, die aber nicht gefragt wurden.

Professor Dr. Prandtl - Göttingen.

Zum besseren Verständnis der Vorgänge, die die Böigkeit des Windes (Turbulenz) in der Nähe des Erdbodens hervorrufen, möchte ich dieses hier ausführen.

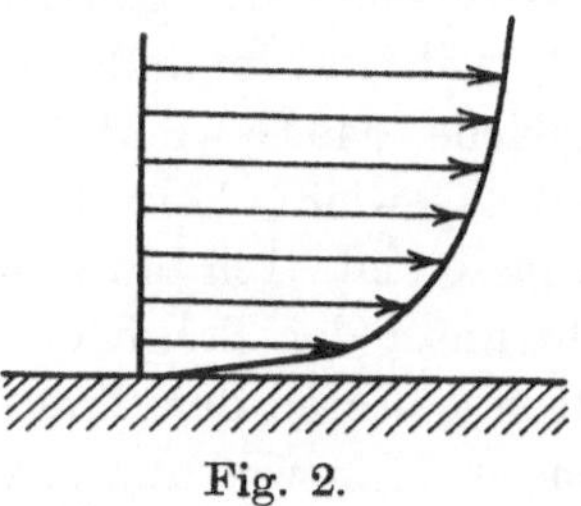

Fig. 2.

Wie schon Herr Linke erwähnt hat, ist wegen der Reibung des Windes am Erdboden die Windgeschwindigkeit in den unteren Luftschichten geringer, wie in den oberen (vgl. Fig. 2). Treten nun zur wagerechten Windbewegung unregelmäßige Vertikalbewegungen hinzu, die durch ungleiche Erwärmung der Luftmassen oder aber durch Unebenheiten des Erdbodens verursacht werden, so werden dadurch rascher bewegte Luftmassen nach unten, und langsamer bewegte nach oben geführt, was für einen auf gleicher Höhe bleibenden Beobachter den Eindruck einer fortwährend wechselnden Windgeschwindigkeit hervorbringt. Es ist nach dem Gesagten ersichtlich, daß alle Umstände, welche die Vertikalbewegungen begünstigen, also starke Erwärmung des Bodens, unebenes Gelände usw., auch die Böigkeit des Windes erhöhen werden, und daß umgekehrt solche Umstände, die dem Vertikalaustausch hinderlich sind, wie z. B. die Temperaturumkehr durch nächtliche Ausstrahlung, die Turbulenz fast zum Verschwinden bringen können.

Ich möchte noch erwähnen, daß sich, wie ich kürzlich beim Studium der Geschwindigkeitsverteilung in Rohrleitungen feststellen konnte, in der Nähe der Rohrwandung Geschwindigkeitsschwankungen vollziehen, die unverkennbare Ähnlichkeit mit den Stößen eines böigen Windes haben. Es ist zu hoffen, daß ein genaueres Studium der Turbulenz in Rohrleitungen auch für die Frage der Böigkeit des Windes wertvolle Aufschlüsse liefern wird.

Eine zweite Bemerkung bezieht sich auf die Frage der Luftlöcher. Ich glaube, daß neben der von Herrn Euler geschilderten Art von Luftlöchern, bei der es sich um Unterschiede in der wagerechten Luftgeschwindigkeit handelt, und die sicher von großer Bedeutung ist, auch der Fall wohl zu beachten ist, daß das Flugzeug in einen absteigenden Luftstrom gerät. Ursache zu solchen auf- und absteigenden Luftströmen bietet häufig die ungleiche Geländebeschaffenheit (ein Nebeneinander von Land und Meer, von Sandflächen und Wald usw.), die bei der Sonnenbestrahlung eine ungleiche Erwärmung der untersten Luftschichten ergibt. Wieso die verhältnismäßig geringen Temperaturunterschiede imstande sind, senkrechte Bewegungen von sehr merklicher Stärke auszulösen, die auch zu ziemlich großen Höhen hinauf-

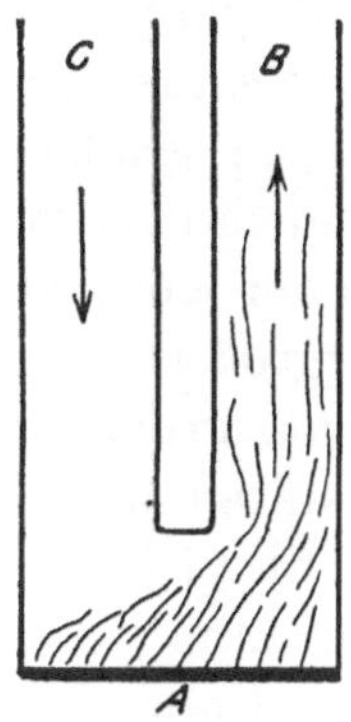

Fig. 3.

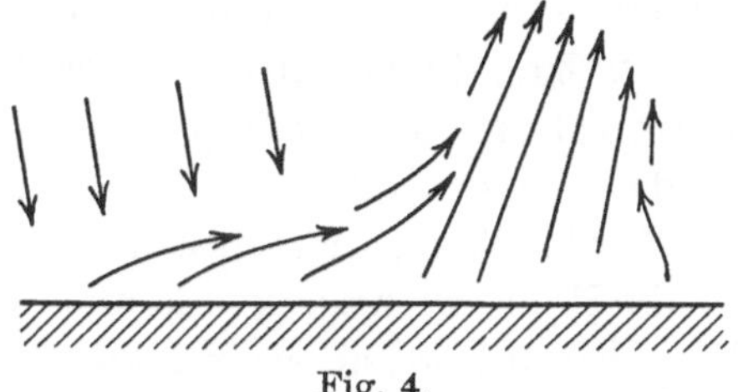

Fig. 4.

reichen können, dafür mag die Luftbewegung in einem Schornstein ein Beispiel abgeben. Bei A (Fig. 3) erwärme sich die Luft an einer heißen Fläche. Ist einmal die Bewegung in der Richtung nach B eingeleitet (etwa durch eine etwas stärkere Erwärmung auf der rechten Seite), so wird alle warme Luft in dem Kanal A B aufsteigen, während A C von der nachdringenden kalten Luft angefüllt wird, und es wird, solange die Erwärmung bei A andauert, eine kräftige Luftströmung in der Richtung C A B bestehen bleiben. Die Verhältnisse über einem ungleichförmig erwärmten Gelände haben damit viel Ähnlichkeit. Nachdem erst über der am meisten erwärmten Stelle das Auftsteigen begonnen hat, werden alle benachbarten aufsteigenden Ströme nach dieser Stelle hingesaugt und schließen sich zu einem einzigen kräftigen Strome zusammen, der deshalb bis zu großen Höhen merklich sein kann (vgl. Fig. 4). In den Zwischenräumen zwischen den aufsteigenden Luftströmen müssen dann absteigende Luftströme vorhanden sein; diese werden nach dem Gesagten vorwiegend über den weniger erwärmten Stellen zu finden sein.

Geheimer Regierungsrat Barkhausen - Hannover.

Sir Benjamin Baker hat nach den in den Flußtrichtern an der Ostküste Schottlands gemachten Erfahrungen in die Berechnung der Forthbrücken den Fall eingeführt, daß zwei in einem Stützpunkte zusammentreffende Kragarme nebst den anstoßenden Hälften der eingehängten Mittelträger von rund 200 m breiten Windbändern entgegengesetzter Richtung als von einem Wirbel von 400 m Durchmesser getroffen werden, dessen lotrechte Achse in die Mittellinie fällt. Derartige Windverhältnisse werden in jenen Gegenden also vorkommen.

Geht nun ein Flugzeug aus dem ihm entgegenkommenden Windbande in das dicht daneben liegende entgegengesetzter Richtung durch Schrägflug über, so tritt einer der von Herrn Euler erwähnten Fälle ein. Erst folgt der Windauftrieb aus der Summe, wenige Sekunden darauf aus dem Unterschiede der Geschwindigkeiten des Flugzeuges und des Windes, so daß plötzlich ein großer Teil des Auftriebes verloren geht; das Flugzeug gerät in ein Luftloch.

Dr. Kölzer, Einjährig-Freiwilliger (Luftschiffer-Bataillon 3), Cöln.

1. Zum Punkt „Turbulenz“ ist zu erwähnen, daß die Änderungen sich in so kurzen Zeitintervallen vollziehen, daß ihre Einwirkungen auf den Flugapparat, wenn sie nicht bedeutende Werte erreichen, ohne Einfluß bleiben. Dagegen ist das Anschwellen der Windgeschwindigkeit innerhalb einiger Sekunden von großem Einfluß. Diese können aber sehr wohl mit Rotations-Registrieranemometern erfaßt werden, wenn man nur die Anzahl der Rotationen, nach denen ein Kontakt erfolgt, verkleinert und die Rotationsgeschwindigkeit der Trommel vergrößert.

2. Zum Punkt „Luftlöcher“ haben die Ausführungen von Herrn Professor Prandtl als eine wichtige Ursache durch meine Beobachtungen Bestätigung gefunden; diese thermischen Differenzen sind weniger für Flugmaschinen als vielmehr für Lenkballone, namentlich bei der Landung und beim Aus- und Einbringen in die Halle, wichtig. Sie können immerhin zu stärkerem thermischen Gradienten Veranlassung geben, wenn man die Tabelle aus dem Lehrbuch von Herrn Professor Hann für Erdbodentemperaturen zum Vergleich heranzieht. An einem mittleren Sommertag beträgt die Temperatur von

	Luft	Granit	Sandheide	Moorwiese
im Mittel	$16,1^0$	ca. 23^0	$20,8^0$	$16,4^0$
im Maximum . . .	$22,2^0$	,, 34^0	ca. 42^0	ca. 27^0
Schwankung in 60 cm Tiefe	—	$1,3^0$	$0,1^0$	$0,1^0$

Daraus geht hervor, daß auf eng begrenztem Gebiet große thermische Unterschiede der dem Erdboden anliegenden Luftschichten auftreten können. Die zweite Ursache für die Bildung der Luftlöcher ist in 2 Punkten von Herrn Euler angeführt worden. Ein 3. Punkt muß erwähnt werden, daß nämlich auch in gleicher Höhenlage und ohne Wendungen für den Flugzeugführer die Empfindung von Luftlöchern auftreten kann. Diese erklären sich so, daß die von Herrn Euler als Beispiel angenommene Windgeschwindigkeit von 50 km Stunde ja auch nicht gleichmäßig auftritt, sondern innerhalb einiger Sekunden Schwankungen von beispielsweise 30—70 km/Stunde erreichen kann. So ist also auch durch die Druckveränderung auf die Unterseite des Apparates in horizontaler Richtung die Schwankung zu erklären, die durch die verschiedene Beschaffenheit der Erdoberfläche durch thermische Einflüsse erheblich verstärkt werden muß.

Professor Dr. Polis - Aachen.

Als Beispiel für örtliche Windbewegungen sollen die auf der Golzheimer-Heide namentlich in der Sommerzeit auftretenden Luftbewegungen behandelt werden: Diese äußern sich in einer periodischen Verstärkung während der wärmsten Tagesstunden, obschon an anderen Orten dann der allgemeinen Wetterlage entsprechend Windstille herrscht. Auch werden sie dazu beitragen, die Häufigkeit der West- und Nord-Winde zu vermehren, da die Luftbewegung — der ungleichen Erwärmung der Luftmasse über der Golzheimer Heide und dem Rheine — auch vom Rheine nach der Heide geht. Wärmegegensätze in der Vertikalen, besonders dann, wenn kältere schwerere Luftmassen über wärmeren leichteren liegen, bedingen örtlich auftretende Böen, die die Strandung der beiden Z-Schiffe am 16. Mai 1911 und 28. Juni 1912 herbeiführten, obgleich nach der allgemeinen Wetterlage die Bedingungen zur Bildung von Böen nicht gegeben waren und keine größeren Böen an jenen Tagen in Westdeutschland beobachtet wurden. Zweckmäßig wären daher über Luftschiff- und Flugplätzen Messungen der Temperatur in der freien Atmosphäre, um hiernach die Temperaturschichtung zu beurteilen. — Redner erwähnt schließlich noch die Messung der Windgeschwindigkeit durch die Petitröhre, bei welcher die einzelnen Luftstöße auf eine sehr empfindliche, schwingende Membran geleitet werden, ein Apparat, der unlängst von Dr.-Ing. Brandis - Aachen konstruiert wurde, und mit dem Versuche am Aachener Observatorium angestellt wurden; der Apparat wird zu Registrierzwecken umgebaut.

Professor Dr. von dem Borne - Breslau.

Von vornherein wäre zu erwarten, daß aus den Aufzeichnungen eines Anemographen mit umlaufenden Organen (Windrad, Schalenkreuz) sich die jeweilige momentane Windgeschwindigkeit ebensogut ableiten ließe wie aus denen eines nach dem manometrischen Prinzip arbeitenden Instrumentes.

In Wirklichkeit zeigt sich, daß die Theorie der umlaufenden Instrumente außerordentlich schwierig, jene der Winddruckschreiber aber sehr einfach ist. Nur aus den mit letzteren gewonnenen Diagrammen läßt sich die tatsächliche Windgeschwindigkeit wirklich ableiten. Auch ist es nur bei ihnen möglich, je nach Wunsch die rasch oder die langsam verlaufenden Anteile der Windstruktur bereits im Diagramm hervorzuheben. Sie allein sind für unsere Zwecke brauchbar.

Einen Apparat zur Aufzeichnung des vertikalen Anteils der Windbewegung in Erdnähe habe ich in Arbeit und hoffe die Beobachtungen mit ihm demnächst beginnen zu können.

Professor Dr. Süring - Potsdam.

Die Wichtigkeit und Brauchbarkeit des Staurohres kann ich auch auf Grund meiner Messungen bestätigen. Allerdings darf man nicht von einem Instrument alles verlangen, sondern man wird verschiedene Apparate benutzen müssen, je nachdem man die „Struktur" des Windes in allen Einzelheiten oder die Windschwankungen im Laufe eines längeren Zeitraumes, z. B. eines Tages verfolgen will. Für den letzteren Zweck habe ich Geschwindigkeitsmessungen und -registrierungen teils auf dem Turm des Meteorologischen Observatoriums auf dem Telegraphenberge bei Potsdam — 40 m über dem Boden —, teils am Fuße dieses Hügels 10 m über dem Boden vorgenommen. Der Apparat gleicht im Prinzip der von Dines eingeführten Konstruktion, als Aufnahme-Apparat ist jedoch ein Brabbée - Staurohr, das durch eine leichte Windfahne eingestellt wird, benutzt; ferner sind an dem registrierenden

Flüssigkeits-Manometer einige Verbesserungen angebracht. Apparat und Registrier-
proben befinden sich in der hiesigen Ausstellung.

Natürlich ist der Wind an der höheren und freieren Aufstellung viel stärker und
unruhiger als unten; von den besonderen Ergebnissen will ich hier nur eins aufführen,
das in enger Beziehung zu den Aßmannschen Ausführungen über starke Vertikal-
bewegung an der Grenze von Stabilitätsschichten steht. Bricht eine Windböe in
eine ziemlich ruhige Luftschicht ein, so springt der Wind an der unteren Station
manchmal viel pötzlicher an als an der oberen, bereits vorher leicht bewegten Luftmasse. Am 1. November d. J. trat unter Windstille ein Windsprung von 7 m/sec ein,
während oben kaum die Hälfte registriert wurde. Der Flieger muß also gerade am
oberen Rande stabiler und deshalb zum Fahren besonders geeigneter Schichten
auf plötzliche Störungen gefaßt sein.

Ferner verdient m. E. auch die Unstetigkeit der Windrichtung Beachtung.
Meist wird angegeben, daß der Wind durchschnittlich um so gleichmäßiger wird,
je stärker er weht. Am Potsdamer Meteorologischen Observatorium hat Herr
Dr. Barkow die stündlichen Windrichtungs- und Geschwindigkeitsschwankungen
untersucht. Die stündliche Richtungsschwankung ist charakterisiert durch die
Breite der registrierten Kurve, die Stärkeschwankung durch den Quotienten aus
Maximum und Minimum der stündlichen Geschwindigkeit, und es ergab sich dabei,
daß im Durchschnitt mit zunehmender Geschwindigkeit zwar die Stärkeschwan-
kungen abnehmen, daß aber die Richtungsschwankungen sogar größer werden.
Lokale Einflüsse sind hier wahrscheinlich nicht sehr erheblich, und es ist daher der
häufige Wechsel der Windrichtung für die Erklärung der Turbulenz in stärker be-
wegter Luft auch zu berücksichtigen.

Schließlich bin ich von dem Direktor des Königl. Preußischen Meteorologischen
Instituts, Herrn Geheimrat Hellmann, ermächtigt, zu bemerken, daß Herr Geheimrat Hellmann mit der Errichtung eines Anemometerversuchsfeldes bei Nauen
auf dem Gelände der Gesellschaft für drahtlose Telegraphie begonnen hat, und daß
er bereit ist — soweit die Örtlichkeit es erlaubt — auch bei etwaigen Arbeiten der
Wissenschaftlichen Gesellschaft für Flugtechnik mitzuwirken. Durch den Neubau
des Funkenturms hat sich der Beginn der Windregistrierungen in größeren Höhen
verzögert; zur Zeit sind Schalenkreuzanemographen in 2, 16 und 32 m Höhe über dem
Boden und eine registrierende Windfahne aufgestellt.

Dipl.-Ing. Hoff - Straßburg i. E.

Herr Euler hat hauptsächlich auf den Wechsel der Geschwindigkeit hingewiesen, welcher am Flugplatz fühlbar wird, und damit das plötzliche Steigen und
Fallen des Flugzeuges erklärt. Es kommt aber zur Geschwindigkeits- auch die
Richtungsänderung des Windes hinzu. Hierdurch wird die Tragfähigkeit des Flugzeuges ebenfalls beeinflußt, wie aus der Beziehung hervorgeht:

$$G = \zeta_A \cdot \frac{\gamma}{g} \cdot F \cdot v^2,$$

da ζ_A, wie bekannt, eine Funktion des Lufteinfallswinkels ist.

Oberingenieur Hirth - Johannisthal.

Ich habe vom Flugzeug aus verschiedenartige Luftströmungen beobachten können, und erkläre mir die Entstehung der einzelnen Störungen folgendermaßen:

Das Flugzeug steigt bei starkem gleichmäßigen Winde auf; nun machen sich außer Verlangsamung der Geschwindigkeit zur Erde bei Gegenwind, Vergrößerung bei Rückenwind und der entsprechenden Folgen, bei Seitenwind keine unangenehmen Störungen geltend. Das Flugzeug erreicht eine gewisse Höhe, und bei einem Geplänkel, ich möchte sagen Präludien zu einer kommenden Böe, findet man leichte Schwankungen und Stöße, die sich steigern, um daraufhin wieder abzunehmen.

Das Flugzeug klettert weiter 50—500 Meter; nun machen sich zwischen 20 und 100 Meter immer wieder derartige Störungen bemerkbar. Der beobachtende Flugzeugführer weiß, daß er von einer bestimmten Windrichtung in eine anders gerichtete Luftsströmung übergegangen ist; die Böen die entstehen, tragen keinen bösartigen Charakter. Dies zur Turbulenz.

Windstöße konnte ich hauptsächlich in der Nähe der Erdoberfläche, bedingt durch Bodenunebenheiten, feststellen, sowie sehr heftige Böen bei Gewitterstörungen, in größerer Höhe, je nach der Windstärke und den Erdhindernissen, bis 800 Meter Höhe bemerkbar, von dort ab keine Böen durch Windstöße mehr.

Fallböen oder Luftlöcher entstehen erstens durch Erdhindernisse immer auf der dem einfallenden Winde entgegengesetzten Seite, und zwar sind diese die unangenehmsten, besonders wenn das Flugzeug gegen den Wind fliegt. Ein Beweis hierfür ist mir in einer derartigen Fallböe die Wirkungslosigkeit der Steuer, bis das Flugzeug wieder seine Normalgeschwindigkeit angenommen hat.

Luftlöcher und Fallböen heftiger Art entstehen auch bei Sonnenstrahlung, erstens durch aufströmende warme Luft, aber auch durch Wasserdampf, der anscheinend nicht gleichmäßig aufsteigt, sondern sich zu einem Kamin ansammelt. Als Beispiel führe ich an: den Waldkomplex in der Nähe des Wannsees, den ich häufig überflogen habe. Selbst bei verschiedenster Windrichtung, immer ungefähr an derselben Stelle, die dem Mittelpunkt des Waldes entsprach, nur von dem herrschenden Winde mitgenommen, konnte ich jedesmal auf eine Böe rechnen, die eigentümlicherweise in einer Höhe von 800 Meter stärker wirkte als in einer Höhe von 400 Meter In dieser Höhe hatte ich den Eindruck, als ob der Kamin erst in der Bildung begriffen sei. Die Beobachtungen wurden bei sehr wenigem Wind, nicht über 2 Sekundenmeter, gemacht.

Von Luftströmungen die schräg zur Erde gehen und anscheinend in derselben verschwinden sollen, habe ich nie etwas verspürt. Im Gegenteil, ich fand in der Nähe des Bodens alle Böen schön zerbrochen, so daß ich mir die Wirbel am Boden vorstelle wie die Brandung der Meereswellen am Ufer.

Nur die eine Art der Böen, bei der die Steuerung wirkungslos wird, kann, wenn das Flugzeug sich in niedriger Höhe befindet, ein Durchfallen bis auf den Boden hervorrufen.

Professor Wachsmuth - Frankfurt a. M.

Der Unterausschuß für Meßwesen nimmt aus der Versammlung eine große Zahl von Anregungen zum Ausdenken neuer Apparate mit. — Die Anschauungen des Herrn Euler werden sich vielleicht durch eine registrierende Stauscheibe auf der Unterfläche eines Flugzeugs prüfen lassen. Voraussetzung ist, daß gegen die Bestimmung der Eigengeschwindigkeit von Luftfahrzeugen mittels geeigneter und an geeigneter Stelle angebrachter Stauröhren keine Bedenken bestehen.

Professor Baumann - Stuttgart.

Was ich zu dem in Rede stehenden Thema sagen wollte, hat mir im großen und ganzen Herr Euler vorweggenommen. Nur auf eine Folgerung möchte ich noch hinweisen, die sich aus dem, was Herr Euler vortrug, im Zusammenhang mit der Tatsache ergibt, daß die Windgeschwindigkeit im allgemeinen in Bodennähe abnimmt. Es ergibt sich aus diesem Zusammenhang, daß man in ein Luftloch der Eulerschen Art kommen kann, wenn man einen Gleitflug gegen den Wind ausführt. Daraus wäre zu folgern, daß man ein solches Luftloch in normalen Fällen und wenn nicht andere Umstände dagegensprechen, vermeidet, indem man den Gleitflug mit dem Wind ausführt, wobei dann aber natürlich trotzdem die Landung selbst zweckmäßig gegen den Wind erfolgen sollte.

Im übrigen konstatiere ich, daß der Ausdruck „Luftloch" ebensowenig einheitlich aufgefaßt wird wie der Ausdruck „Böe". Unter Böe ist heute hier fast durchweg eine vertikale Luftbewegung zu verstehen gewesen, während der allgemeine Sprachgebrauch eine Schwankung der Windgeschwindigkeit in der Horizontalen mit dem Ausdruck Böe bezeichnet. Über die Entstehung der Böe in letzterem Sinne möchte ich mir eine Andeutung erlauben, ohne Anspruch auf meteorologische Spezialkenntnisse zu machen. Wenn ich aber an die Entstehung der Luftwirbel und ihre reihenweise Anordnung hinter einem Hindernis denke, die uns Herr von Kàrmàn s. Z. in Göttingen in so schöner Weise vorführte, wobei also diese Wirbel eine drehende und zugleich fortschreitende Bewegung ausführen, und wenn ich mir dann andererseits die vielgestaltigen unregelmäßigen Hindernisse an der Erdoberfläche vorstelle, womit auch die Anordnung der Wirbel unregelmäßig wird, so scheint es mir mehr als wahrscheinlich, daß eine Böe fühlbar wird, wenn wir in einen solchen Teil eines Wirbels geraten, bei dem die tangentiale Bewegung des Wirbels mit der fortschreitenden zusammenfällt, und daß eine fast vollständige scheinbare Windstille vorübergehend eintreten kann, wenn der umgekehrte Fall vorliegt.

Schnetzler - Frankfurt a. M.

Zum Thema „Luftloch" möchte ich noch bemerken, daß man 2 Arten von Luftlöchern unterscheiden muß:

1. solche, bei denen dem Flugzeug seine Tragfähigkeit genommen wird durch Einfliegen in ein Bereich einer anderen horizontalen Windrichtung. Die Bemannung hat die Empfindung, zu fallen, da ihre Körper wie der Apparat nur der Schwerebeschleunigung folgen.

2. solche, bei denen dem Apparat durch vertikale Winde eine größere als die Fallbeschleunigung erteilt wird. Die Bemannung hat das Empfinden, daß der Apparat ihnen unter dem Sitz weggezogen wird.

Es ist klar, daß diese beiden Arten nie ganz scharf getrennt sein werden, schon deshalb, weil die Windströmungen nur selten genau horizontal oder vertikal gerichtet sein werden. Immerhin wird die aerodynamische Erkenntnis dieser Unterschiede dem Flugzeugführer zur Beurteilung der Lage sehr zu statten kommen.

Dr. Linke - Frankfurt a. M.   (Schlußwort).

1. Als wichtigstes Ergebnis ergibt sich folgende Unterscheidung der „Luftlöcher":

I. Art: Windsprünge,
II. Art: Thermische Fallböen,
III. Art: Gebirgsböen.

2. Es kann angenommen werden, daß innerhalb 200 m in vertikaler und horizontaler Richtung Unterschiede der relativen Windstärke von 10 m/sec vorkommen. Flugzeuge können also in ca. 5 Sekunden solche Windsprünge antreffen.

3. Es ist angeregt worden, in den Veröffentlichungen der Pilotballonmessungen nicht nur die Windgeschwindigkeit und Windstärke, sondern auch die Höhenlagen der Luftschichtungen anzugeben.

Zur Physiologie und Pathologie der Luftfahrt.

Richtlinien für die Tätigkeit des Medizinisch-Psychologischen Ausschusses.

Von

Prof. **Friedländer**, Hohe Mark bei Frankfurt a. M.

Ew. Königliche Hoheit! Meine hochverehrten Damen und Herren!

Manche von Ihnen werden sich fragen, welche Bedeutung ein medizinisch-psychologischer Arbeitsausschuß für die Flugtechnik besitzen könnte. Diese in möglichst gedrängter Form nachzuweisen, ist der Zweck meines Referates.

Seine Existenzberechtigung hat derselbe nicht erst nachzuweisen, denn seit dem Bestehen der Aeronautik und Aviatik haben sich Physiologen, Ärzte und Psychologen von ihrem speziellen Standpunkte aus mit den in Betracht kommenden, völlig neuartigen Fragen beschäftigt. Nicht uninteressant ist die Tatsache, daß, unabhängig voneinander und fast zu gleicher Zeit, Angehörige verschiedener Staaten, jedoch des gleichen Berufes darauf hingewiesen haben, daß die zahlreichen Unglücksfälle, welche insbesondere die Aviatik im Gefolge hatte, durchaus nicht allein auf Rechnung von Konstruktionsfehlern der Apparate, auf die jeweilige Wetterlage usw., sondern in sehr beachtenswerter Weise auf den physischen und psychischen Zustand des Fliegers zurückzuführen sind. Dies waren in Österreich Hermann von Schrötter, in Frankreich Cruchet und Moulinier, in Deutschland der Referent.

Diese Tatsache, welche unserem Hohen Vorsitzenden, der bekanntlich selbst Flugpilot ist, nicht verborgen blieb, und Höchstdessen praktische Erfahrungen, die meinen theoretischen Überlegungen eine wertvolle Stütze boten, waren unter anderem für Seine Königliche Hoheit bestimmend, Vertreter der ärztlichen Kunst zur Mitarbeit in unserer Gesellschaft heranzuziehen. Welchen Wert diese besitzt, ist, um nur ein Beispiel zu nennen, daraus zu ersehen, daß es Roland Garros nicht gelungen wäre, sich auf 5000 m zu erheben, wenn er nicht, dem Rate von Schrötters folgend, eine Sauerstoff-Flasche mitgenommen hätte.

Was die obenerwähnten zahlreichen Unglücksfälle betrifft, so ist es eine Pflicht des objektiven Referenten (nicht nur, um übertriebene Ängstlichkeit, welche der

Erreichung großer Ziele am hinderlichsten ist, auszuschalten), darauf hinzuweisen, daß die Zahl der Unglücksfälle bereits im Abnehmen begriffen ist. Seit dem Jahre 1908, in dem die ersten größeren Flüge ausgeführt wurden, bis zum 1. Oktober 1912 forderte das Flugwesen mehr als 200 Opfer. Von diesen entfallen auf Frankreich 57 (26 Militärs); Deutschland 42 (14 Militärs); Amerika 30; England 22; Italien 15; Österreich-Ungarn, Schweiz und Rumänien je 3; der Rest verteilt sich auf Peru, Brasilien und Australien. Betrachten wir aber die Unglücksfälle im Vergleiche zu den Gesamtleistungen, so finden wir, daß in Frankreich auf 20 Militärflieger im zweiten Halbjahre 1911 9 Todesfälle kamen bei einem zurückgelegten Luftwege von 300 000 km, also je ein Todesfall auf 33 000 km und je einer auf 13 Flieger. Im ersten Halbjahre 1912 dagegen war die Zahl der Flieger in Frankreich auf 250 und der von ihnen zurückgelegte Luftweg auf 650 000 km gestiegen; die Zahl der Todesfälle blieb die gleiche, so daß je ein Todesfall auf 72 000 km und auf 28 Flieger kam.

Das Hauptbestreben der Wissenschaftlichen Gesellschaft für Flugtechnik wird darauf gerichtet sein, durch ein intensives Studium aller in Betracht kommenden Fragen den Sicherheitskoeffizienten zu erhöhen, die Gefahren des Flugwesens zu verringern. Für die ärztlichen Bestrebungen gilt der Satz, daß Vorbeugen leichter als Heilen sei. Diesen können wir ohne weiteres auch auf das Flugwesen übertragen: die Erforschung der Ursachen der Unglücksfälle wird uns mehr und mehr die Mittel, sie zu verhüten, an die Hand geben.

Wenden wir uns der Frage zu, ob es eine besondere Krankheit gibt, welche wir als Fliegerkrankheit bezeichnen dürfen im Sinne der oben zitierten Autoren, so sind die Ansichten der verschiedenen Beobachter hierüber geteilt. Einig aber sind sich alle diejenigen, welche Gelegenheit hatten, die in Betracht kommenden Erscheinungen zu studieren, daß die Luftfahrer eine Tätigkeit ausüben, die unter so besonderen Umständen vor sich geht, daß sie auch eines besonderen Studiums und besonderer Berücksichtigung bedürfe. Wir werden bei der Besprechung der physiologischen und pathologischen Verhältnisse hierauf zurückkommen, jedenfalls wollen wir aber im folgenden die Bezeichnung „Fliegerkrankheit“ der Kürze halber beibehalten und weiteren Auseinandersetzungen im Kreise der Flieger und der Ärzte überlassen, ob diese zur Beibehaltung dieser Krankheitsbezeichnung gelangen, beziehungsweise sich auf dieselbe einigen. Außerordentlich zahlreiche, wissenschaftlich exakt durchgeführte Beobachtungen auf anderen Gebieten erleichtern uns die klinische Umgrenzung der Fliegerkrankheit; das sind die bei Hochtouren und Hochfahrten im Ballon gemachten Beobachtungen. Allgemein bekannt ist die Bergkrankheit. Sie ist bereits im Jahre 1596 durch I. de Acosta nach den von ihm gemachten Wahrnehmungen in den peruanischen Anden in die Wissenschaft eingeführt worden (zitiert nach von Schrötter in seiner ausgezeichneten „Hygiene der Aeronautik und Aviatik“). An dieser Stelle gehe ich auf die Bergkrankheit nur so weit ein, als sie uns behilflich ist, die folgenden Ausführungen zu verstehen und zu stützen. Der Bergsteiger, der eine gewisse Höhe erklommen hat, kann von Zuständen befallen werden, die mit der normalen physiologischen Ermüdung, wie sie nach schweren Anstrengungen auftritt, nichts mehr gemein hat. Mehr oder minder plötzlich treten Erregungs-, Angstzustände, welche

sich bis zu dem sogenannten Vernichtungsgefühle steigern können, auf, oftmals
abgelöst oder begleitet von Störungen des Gedächtnisses, der Entschlußfähigkeit,
die Apperzeption, Assoziation bis zur völligen Apathie. (Einige Beispiele werden
das Gesagte am besten erläutern: Bei einer Ortlerbesteigung ging ein Bergsteiger
einem anderen voraus. Der erstere wurde plötzlich von einem Anfalle von Bergkrankheit ergriffen. In sinnloser Erregung stürzte er zurück und auf den ihm
nachfolgenden. Es entspann sich zwischen den beiden Männern ein Kampf, in
welchem der Angegriffene nur infolge seiner ungewöhnlichen Körperkraft Sieger
blieb. Ins Tal hinuntergebracht, kehrte der normale Zustand bei dem Betreffenden
fast augenblicklich zurück. — Ein sehr geübter Hochtourist, der in den Dolomiten
schwere Kletterpartien ausgeführt hatte, unternahm gegen meinen Rat ohne
vorhergegangene Trainings die Besteigung eines Berggipfels in den Walliser Alpen.
Nach kaum sechsstündigem Steigen klagte er über Mattigkeit, Übelbefinden,
Schwindel und Unfähigkeit, weiter zu gehen. Ohne auf unsere Gegenrede zu achten,
legte er sich sofort auf den Boden und beschwor den Führer und mich, ihn da
liegen zu lassen. Fast augenblicklich fiel er in einen tiefen Schlaf, aus dem er nach
etwa einer Stunde frisch erwachte. Von wie großer Bedeutung der Allgemeinzustand,
unter dessen Herrschaft man eine Bergbesteigung unternimmt, seine kann, erlebte
ich selbst, als ich einen Berg von 4200 m bestieg, der keinerlei Schwierigkeiten
darbietet, sie für mich umso weniger darbieten konnte, als ich weit schwierigere
Hochtouren ausgeführt hatte. Auf einer Höhe von 3600 m überfiel mich plötzlich
tiefe Depression und eine derartige Schlafsucht, daß ich eine Zeitlang mit ge-
schlossenen Augen — am Seil — mehr gezogen wurde als ging. Durch tiefe Atem-
züge und Aufbietung aller Energie gelang es mir, den Zustand zu überwinden.
Ich bin jedoch überzeugt, daß diese Bergbesteigung, wenn sie führerlos unternommen worden wäre, schlecht geendet hätte. Ursache: Ich hatte mehrere
Nächte vorher schlecht, die letzte Nacht in der Hütte infolge der darin herrschenden
Unruhe überhaupt nicht geschlafen.

Die Bergeshöhe bedeutet für die Äußerungen unseres Lebens sicherlich nicht
bloß eine Sauerstoffabnahme, worauf in jüngster Zeit Widmer mit Recht hingewiesen hat. Auch die Ermüdung als solche spielt nicht mehr als eine unter-
stützende Rolle, in manchen Fällen gar keine; denn die Symptome der Bergkrankheit
können zu einer Zeit auftreten, da überhaupt keine Ermüdung, jedenfalls aber
keine Übermüdung, stattgefunden hat. Die Erklärung für die Bergkrankheit liegt
hauptsächlich in der Annahme von psychischen Faktoren. Widmer drückt diese
Tatsache, meinem Empfinden nach am besten, aus, indem er sagt: „Je höher du
steigst, je mehr du dich zugleich ermüdest, desto mehr brauchst du immer tiefere,
immer eigenere Vorstellungen, die deine Anstrengung und Mühe als Erklärung und
Stütze und Trost begleiten, immer wärmere, persönlichere Aufmunterung." Gelingt dies dem Bergsteiger nicht, so kommt es zu einer Dissoziation der Vorstellungen,
zu einer vorübergehenden psychischen Alteration, zu den Erscheinungen der Bergkrankheit.

Manche Flieger bestätigen, sofern sie gewohnt sind, sich psychologisch zu
analysieren, diese Ansichten, welche sich auf die Bergkrankheit beziehen, voll-
inhaltlich bezüglich ihrer Wahrnehmungen beim Fliegen.

Anders liegen die Verhältnisse bei der sogenannten Höhenkrankheit, welche auftreten kann bei der Erreichung bestimmter Höhen mittels einer Bergbahn oder mittels des Luftballons. Wir können uns hier kurz fassen, indem wir auf die zahlreichen eingehenden Beobachtungen von Autoren wie Flemming, von Schrötter, Aßmann, Zuntz und anderen hinweisen. Wenn auch hier psychische Momente nicht völlig ausgeschlossen sind, so spielen dieselben jedenfalls eine weit geringere Rolle; keine Rolle dagegen spielt Muskelanstrengung, also Ermüdung. Die wichtigste Rolle spielt — dies kann heute wohl als sichergestellt angesehen werden — die Luftverdünnung, der Sauerstoffmangel, die Hyp- oder Anoxybiose der Gewebe, worin ich von Schrötter durchaus beistimme.

Ich hatte mehrfach Gelegenheit, bezügliche Beobachtungen bei Fahrten in der Jungfraubahn anzustellen. Die betreffenden Personen (es war wohl ein Zufall, daß es sich nur um Damen handelte) stiegen in der Station Scheideck, welche über 2000 m hoch liegt, aus Grindelwald oder Lauterbrunnen kommend, welche Orte 1000 und weniger m hoch liegen, frisch in den Zug, um, je näher sie der Station Eismeer beziehungsweise Jungfraujoch (3000 m und mehr) kamen, über Kopfschmerz, Übelkeiten, Mattigkeit zu klagen, welche Zustände bei der Talfahrt allmählich schwanden.

Diese Erscheinungen erreichen höhere Grade und können, wie wir aus traurigen Beispielen wissen, zum Tode führen bei Hochfahrten im Ballon. Die Höhe, die ohne besondere Vorkehrungen beschwerdefrei nicht überschritten werden kann, liegt zwischen 4500 und 5500 m. Sprechen wir also in diesem Sinn von „Hochfahrten", so sind Ballonaufstiege gemeint, die über die Grenze von 5000 m emporführen (Linke u. a.).

Kann der Balloninsasse unter krankhaften Störungen gelitten, kann er je nach seiner Individualität und den obwaltenden Umständen unangenehme Empfindungen seitens der Augen (durch die Lichtstrahlung), durch die Trockenheit der Luft; durch ihre elektrische Ladung; durch die Kälte; seitens des Gehörorganes schon vorher verspürt haben, so treten diese Beeinträchtigungen alle oder zum Teil und weit ernstere regelmäßig auf, wenn die oben angegebene Höhe überschritten wird. Es kommt zu körperlicher und geistiger Erschlaffung (jede Bewegung verursacht Mühe, das Heben eines Sandsacks führt zu Schwindel, der Aeronaut vermag sich nicht zu konzentrieren, die Bedienung der Apparate wird ihm schwer oder unmöglich), zu Übelkeit und Erbrechen, zu unüberwindlicher Schlafsucht. Steigt er höher, so nimmt die körperliche Schwäche zu, die Beine sind wie gelähmt, die Tätigkeit der Sinnesorgane wird immer eingeengter, die Atmung und Herztätigkeit wird schwächer (wobei jedoch keine Erstickungsgefühle vorhanden sind), es kommt zur Bewußtlosigkeit und — wenn keine Hilfe geleistet oder der Ballon nicht tiefer geführt wird — zum Tode. Alle diese Erscheinungen sind, wie Bert nachgewiesen hat, auf den Sauerstoffmangel zurückzuführen; auf die von von Schrötter und Zuntz weiter ausgebaute Lehre, die heute wohl allgemein anerkannt ist, kann ich hier nur mit wenigen Worten eingehen.

Der Sauerstoffmangel macht sich als einer der physischen Faktoren der Bergkrankheit im Hochgebirge früher bemerkbar, daß heißt schon in geringeren Höhen, weil die Muskelarbeit (die Ermüdung) noch hinzukommt. Im Ballon beginnt der

Sauerstoffmangel sich bemerkbar zu machen bei 5—6000 m, in größeren Höhen tritt er deutlich und regelmäßig in Erscheinung. „Die Schwelle des Lebens liegt bei etwa 240 mm Barometerdruck, wie auch die traurige Fahrt des Ballons „Zenith" 1871 mit dem Tode der beiden Aeronauten Sivel und Crocé-Spinelli gezeigt hat." (von Schrötter.) Der dritte Teilnehmer Tissandier blieb dauernd taub.

Daß von Einzelnen, die hierzu besonders geeignet waren oder denen eine Anpassung (Akklimatisation) gelang, bedeutende Bergeshöhen erreicht wurden, darf als bekannt vorausgesetzt werden. (Miß Peck kam bis zu 6760, der Herzog der Abruzzen bis zu 7493 m Bergeshöhe.)

Die Erscheinungen der Bergkrankheit wie die bei Hochfahrten wurden auf die Luftverdünnung zurückgeführt. Diese Annahme ist falsch. Das die Gesundheit und sogar das Leben bedrohende Moment bei Hochfahrten liegt in dem Sauerstoffmangel. Die Dichte des Sauerstoffs ist das für unsere ungestörte Atmung, für die Erhaltung des Lebens wichtige Moment. Der Sauerstoff ist im Blute an das Hämoglobin (das ist der Farbstoff der roten Blutkörperchen) gebunden. Den für die Atmung nötigen Sauerstoff nehmen wir aus der uns umgebenden Luft mit Hilfe der Lungen auf, die sehr dünnwandigen Lungenbläschen lassen den Sauerstoff in die jene Bläschen umgebenden Blutgefäße (Kapillaren) übertreten (Diffusion). Die in unserm Körper vorhandene Kohlensäure hat ihrerseits die Aufgabe, die Verbindung des Sauerstoffs mit dem Hämoglobin zu lockern und dadurch die Diffusion zu erleichtern. Je höher der Kohlensäuregehalt der Gewebe, je geringer dagegen der Kohlensäuregehalt der Luft in den Lungen, je größer also diese Art der Kohlensäurespannung ist, desto stärker wird die Versorgung des Blutes mit Sauerstoff sein. Die Kohlensäure hat die wichtige Funktion, das im verlängerten Rückenmark liegende Atmungszentrum zu erregen. Je stärker die Überlastung des Organismus mit Kohlensäure, desto heftiger die Erregung des Atmungszentrums, desto tiefer und ausgiebiger die Lungentätigkeit.

Wenn wir aber eine ungewohnte Muskelarbeit verrichten, so sehen wir — ohne daß hierbei ein Mehr an Kohlensäure produziert wird —, daß die Atmung ebenfalls vertieft und beschleunigt wird. Der hierfür maßgebende Reiz wird durch die Milchsäure dargestellt, welche in dem sich ermüdenden Muskel entsteht. Diese Milchsäure wirkt auf das alkalische Blut ein, die Alkaleszenz desselben wird vermindert. Mit der Ansäuerung des Blutes vermindert sich die aufgespeicherte Kohlensäure.

Sauerstoffgehalt und Milchsäureproduktion stehen in einem derartigen Verhältnis zueinander, daß die letztere zunimmt, wenn der erstere abnimmt. Dies ist in gewissen Höhen der Fall; in diesen finden wir daher auch vermehrte Milchsäurebildung, die ihrerseits wieder die Atmung anregt. Jede Arbeit in Höhen, in denen die Sauerstoffmenge des Blutes bereits deutlich verringert ist, führt zu vermehrter Milchsäurebildung in den Muskeln; die Milchsäure wieder erregt das Atmungszentrum. Durch die erhöhte Atemmechanik steigt die Sauerstoffaufnahme. So tritt zu dem normalen Atem-Reiz der Kohlensäure der der Milchsäure (Zuntz).

Reicht der normale Atemmechanismus nicht aus zur Deckung des Sauerstoffbedarfs, so treten die Hilfskräfte (die Auxiliärmuskeln) in Aktion. Die Ermüdungserscheinungen werden sich dann aber auch bald auf diese Muskelgruppen erstrecken.

„In demselben Zustande, wie die ermüdeten Muskeln am Schlusse eines langen Marsches, befinden sich alle unsere Muskeln in stark verdünnter Luft" (Zuntz, „Zur Physiologie und Hygiene der Luftfahrt", S. 54). Es ist klar, daß unsere wichtigsten Organe, das Gehirn und das Herz, besonders aber das erstere, schon durch geringere Grade von Sauerstoffarmut vorübergehend oder dauernd geschädigt werden können. Hieraus ergibt sich zunächst, daß ältere Personen und solche, deren Zirkulationsapparat nicht ganz gesund ist (also mit Herzfehlern, Nierenerkrankungen, Arteriosklerose Behaftete) von Hochfahrten auszuschließen sind. Ebenso aber nervöse, die ein labiles Gefäßnervensystem besitzen. Die Vorkehrungen, welche empfohlen werden, um die Atmung normal zu erhalten, die Augen und Ohren zu schützen, dem Einfluß der Kälte zu begegnen usw. haben von Schrötter, Zuntz, Flemming, Crouchet und andere angegeben; auf dieselben einzugehen, würde hier zu weit führen. Sie ersehen aber aus den gemachten Andeutungen und den zahlreichen Zitaten, wie weit in kurzer Zeit bereits Physiologie, Pathologie und Hygiene der Luftfahrt gekommen sind.

Wegen der besonderen Stellung, welche die Aviatik, die Luftfahrt mit Maschinen „schwerer als Luft" einnimmt, will ich ihr in diesem Referat einen besonderen Abschnitt widmen, wobei ich Gelegenheit haben werde, auf die oben angeführten wissenschaftlichen Untersuchungen der mehrfach genannten Autoren zurückzugreifen und auch andere Ergebnisse ihrer Beobachtungen zu erwähnen.

Wir können den fliegenden Menschen mit dem Vogel nicht vergleichen. Letzterer fliegt mit Hilfe seiner Muskelkraft, ersterer mit Hilfe seines Motors, seiner Flugflächen und seiner Psyche im weitesten Sinne dieses Wortes. Mit dem Flugapparat als solchen befassen sich heute Hunderte von erfahrenen Männern, und unablässig arbeiten sie an seiner Vervollkommnung. Demgegenüber ist die Berücksichtigung der Psyche des Fliegers zu kurz gekommen, und es ist hohe Zeit, daß die Ratschläge jener Männer gehört werden, die nachgeholt haben, was die Flieger selbst (begreiflicherweise, da ihnen die spezielle wissenschaftliche Schulung abging) versäumt haben beziehungsweise nicht wissen konnten.

Unsere Bewunderung muß darum für diejenigen, die gleichwohl den Kampf um die Eroberung der Luft aufnahmen, eine umso bedeutendere, unsere Teilnahme für die in dem „Luftgebiet der Ehre" Umgekommenen eine unvertilgbare sein.

Diese ersten Piloten taten, was andere nicht wagten, sie bewiesen, daß wir fliegen können. Heute aber wissen wir, wie von Schrötter treffend sagt, daß wir fliegen, daß wir auch in einem Aeroplan 5000 m hoch kommen können; damit sollte die Rekordsucht ihr Ende erreicht haben und die stille Arbeit, das Studium der Aviatik zu ihrem alleinigen Recht kommen. Die Schnelligkeitskonkurrenzen haben auch in der Automobilindustrie so gut wie aufgehört. An ihre Stelle traten die Zuverlässigkeitsprüfungen. Automobile, die 130 km in der Stunde leisten, werden wohl weniger begehrt als solche, die Tausende von Kilometern bei geringerer

Geschwindigkeit ohne Versagen des Motors zurücklegen können. Heute gilt es nicht Luftakrobaten, sondern Flugkünstler und Flugtechniker zu züchten. Das sollte sich vor allem der Mörder „Publikum" sagen, wie es von der Frau eines Aviatikers genannt wurde, die den Todessturz ihres Mannes mit ansehen mußte, der nur den sensationslüsternen Zuschauern zuliebe bei schwerem Wetter aufgestiegen war.

Welche Momente sind es nun, die für den Aviatiker in besonderer und seiner Kunst allein eigentümlicher Weise in Betracht kommen? Bevor wir diese Frage beantworten, müssen wir die Inanspruchnahme der Organe des fliegenden Menschen berücksichtigen und uns mit ihren Funktionen vertraut machen. Wir besprechen zuerst:

Den Gesichtssinn.

Das Auge vermittelt uns die optischen Eindrücke der Umgebung durch den Sehnerv, die Netzhaut und die sogenannten brechenden Medien, vornehmlich des Glaskörpers, der Linse und der Hornhaut. Beherrscht wird dieser Apparat durch die Sehsphäre im Gehirn. Erkrankungen, welche irgendeinen Teil dieser Sinnesapparate betreffen, machen den mit irgendwelchen Fehlern behafteten Menschen zum Flieger untauglich, wenn sie derart sind, daß sie das Sehen auf der Erde auch nur erschweren. Besonders wird also Kurzsichtigkeit oder eine Trübung der brechenden Medien zu berücksichtigen sein. Aber auch auf vorübergehende Reizzustände (Entzündungen, Tränenfluß usw.) ist zu achten, da dieselben auch bei leichteren Graden das Sehen erschweren können. In welcher Weise die Luft das gesunde Auge beeinträchtigen kann, läßt sich bei manchen Chauffeuren beobachten, die ohne Brille fahren. (Chronischer Bindehautkatarrh). Kommt in der Luft der schädliche Staub meist in Fortfall, so wirkt die Geschwindigkeit, mit der die Luft durchschnitten wird, die in höheren Regieonen auftretende Kälte, die Bestrahlung in erhöhtem Maße ungünstig ein.

Da der Gesichtssinn in erster Linie mit dazu berufen ist, das Gleichgewicht zu erhalten, da zu der Erhaltung desselben im Aeroplan viel kompliziertere Bewegungen als auf dem festen Boden nötig sind, so erhellt hieraus, wie genau die Untersuchung dieses Organs jeweils vorgenommen werden muß. Bei der Untersuchung ist auch festzustellen, ob kein Sehschwindel vorhanden ist.

Wie das Auge entsprechend zu schützen ist, darüber müssen sich die Flieger mit den Ärzten verständigen; denn nicht alle aus theoretischen Überlegungen hervorgegangenen Ratschläge sind praktisch verwertbar.

Das Gehörorgan.

Die akustischen Reize, die Gehörs- und Lageempfindungen werden von dem Hörnerv, dem sogenannten Acusticus, dem Ohre zugeleitet. Das Ohr stellt einen sehr komplizierten Apparat dar, von welchem ich nur die Schnecke und den Vorhof nennen will. Erstere dient dem Hören in erster Linie, letzterer, wie Goltz, Mach, Kreidl, Ewald u. a. festgestellt haben, der Wahrnehmung von Lageveränderungen, er dient auch mit zur Erhaltung des Gleichgewichts, der Stabilität, der Vorhof stellt also einen Teil des statischen Sinnes dar.

Der „Vorhof" besitzt sogenannte Statolithen (Steinchen), die uns die Bewegungen von vorne nach hinten und von oben nach unten vermitteln. Außerdem liegen in dem Vorhof drei halbzirkelförmige Kanäle, die entsprechend den drei Dimensionen des Raumes (in der Quer-, in der Stirn- und in der sagittalen Ebene — auf den Kopf bezogen —) angeordnet sind.

Welche Bedeutung diesen Organen, deren Bau ich nur skizziert habe, zukommt, ersehen wir aus den Feststellungen von Goltz: „Bei statisch besonders geschickten Tieren sind die Bogengänge des Ohrlabyrinths größer als bei minder geschickten Tieren. Das Eichhörnchen hat besser ausgebildete Bogengänge als das Kaninchen, der Affe bessere als der Hund, der Fisch bessere als die Schlange, die besten haben die Vögel." Von diesen wieder (nach Ewald) kommen von unten nach oben die Gans, das Huhn, der Rabe, die Taube, die Schwalbe in bezug auf diese besondere Ausbildung in Betracht. Der Mensch ist von der Natur nicht zum Fliegen vorbereitet worden. Er hat aber die Fähigkeit, seine Sinne auszubilden, anzupassen. Dazu aber gehört lange Übung und vor allem spezifische Eignung. Wie in jeder Kunst, können wir auch bezüglich der Aviatik sagen, daß es geborene Flieger gibt, Menschen, die über ein fein ausgebildetes statisches Organ verfügen, welches sie in die Lage versetzt, unter Verhältnissen ihr Gleichgewicht (in der Luft) zu bewahren, unter welchen andere versagen würden.

Über den statischen Sinn vermag der Einzelne von sich selbst keine Angaben zu machen, da derselbe unbewußt wirkt; dagegen ist derselbe einer sehr exakten ärztlichen Untersuchung zugänglich. Ein Mensch, dessen äußeres und inneres Ohr nicht tadellos funktioniert, dessen statischer Sinn irgendwie gestört ist, ist vom Fliegen auszuschließen. Daß selbst leichtere Erkrankungen des Gehörorgans, Entzündungen usw., die zunächst nur das Hören beeinträchtigen, zuerst völlig geheilt sein müssen, bevor ein Flieger aufsteigt, soll nur kurz erwähnt werden; vermittelt doch das Ohr dem Flieger die Geräusche des Motors, die sich bei Störungen desselben ändern und entsprechende Maßnahmen bedingen; wird doch die Atmung bei Ohrkatarrhen behindert und anderes mehr.

Der Raumsinn im allgemeinen.

Dieser wird durch das Auge, durch die erwähnten Teile des Ohres, dann aber noch durch einen dritten Apparat dargestellt, den wir als Haut- und Muskelsinn bezeichnen.

Dieser Sinn orientiert uns über die jeweilige Lage, Haltung, Stellung unseres Körpers. Geprüft wird er durch die Untersuchung der Haut- und Sehnenreflexe, durch die oberflächliche und tiefe Empfindlichkeit der Haut und der von ihr bedeckten Organe. (Hautempfindlichkeit, Unter-, Über-, Unempfindlichkeit.) Krankhafte Störungen der inneren Organe können nicht selten durch entsprechende der über diesen hinziehenden und zu ihnen ziehenden Nerven nachgewiesen werden, welche Kenntnis wir den bedeutenden Forschungen Heads verdanken.

Die Druckempfindungen der Haut im Verein mit denen des Auges, der Statolithen und der Bogengänge des Ohres stellen den statischen Sinn des Menschen dar. (Zuntz weist darauf hin, daß erfahrene Flieger mit

Hilfe ihres Gesäßes jede Schwankung ihres Flugzeuges mit großer Sicherheit erkennen Der gesamte statische Apparat wird beherrscht durch die großen Nervenzentren, durch das Gehirn, das verlängerte Mark und das Rückenmark. Erkrankungen dieser Zentren werden daher ausgeschlossen sein müssen, um einen Menschen zum Fliegen tauglich zu erklären.

Die Organe der Respiration und Zirkulation.

Ihre völlige Unversehrtheit muß umso nachdrücklicher gefordert werden, als die oben wiedergegebenen Untersuchungen gezeigt haben, wie sehr es auf den ungehinderten Ablauf der Sauerstoffaufnahme ankommt. Wenn auch der Flieger meist nur in geringeren Höhen tätig ist, die Erreichung von solchen über 4000 m heutzutage fast zwecklos erscheint, so bedeutet gerade der physische und psychische Kraftaufwand des Fliegers einen weit gesteigerten Verbrauch, der durch entsprechend raschen Ersatz ausgeglichen werden muß. Letzterer wird aber durch die ungehinderte Atmung und durch die Zufuhr des nötigen Sauerstoffes gewährleistet werden müssen.

Sehen wir von den Auspuffgasen, der möglichen Kälte usw., welche die Atmung behindern können, ganz ab, so befindet sich der Flieger dem Hochfahrer im Ballon gegenüber schon dadurch im Nachteil, daß seine Armmuskeln der Bedienung der Steuerung wegen mehr oder minder stark und dauernd angespannt sind. Diese Anspannung erschwert die Zirkulation, erschwert die Erneuerung des venösen durch sauerstoffreiches Arterienblut, zugleich aber kommt es zur Bildung von Milchsäure im ermüdeten Muskel, auf deren Bedeutung oben hingewiesen wurde. Auch die Haltung des Oberkörpers ist meist eine solche, daß durch sie die freie Atmung behindert wird. Die hieraus sich ergebende Folgerung ist die, daß der Flieger versuchen soll, durch Atemübungen, Atemgymnastik seinen Atemmechanismus zu verbessern, seine Brustmuskeln zu stärken. Je mehr er sich einem solchen Training auf der Erde hingibt, desto später wird er zur künstlichen Sauerstoffatmung greifen müssen.

Aus dem Gesagten ergibt sich von selbst, daß gewisse Erkrankungen der Atmungs- und Blutverteilungsorgane von dem Fliegerberuf ausschließen; denn schon der gesunde Zirkulationsapparat wird beim Aviatiker, der in kurzer Zeit große Höhen erreicht, in oft noch kürzerer im Gleitflug nieder zur Erde fliegt, in ganz ungewohnter Weise in Anspruch genommen. Die hiermit zusammenhängenden Änderungen im Blutdruck haben verschiedene Ärzte und auch der Referent durch sehr empfindliche Apparate (Blutdruck-Meßinstrumente) festzustellen sich bemüht. Die französischen Autoren fanden eine beträchtliche Steigerung des Blutdrucks, die übrigens auch sicherlich durch psychische Momente mitbedingt ist.

Kurz hinweisen möchte ich auf die für den Flieger notwendige besondere Art der Kleidung, auf die interessanten Vorschläge von Schrötters bezüglich der Abhaltung der Kälte und des verminderten Luftdruckes von Hochfahrern und Aviatikern und mit wenigen Worten auf die Nahrungsaufnahme vor längeren und höher führenden Fahrten eingehen.

Alle Sachverständigen empfehlen eine reizlose, nicht blähende, nicht mit vieler Flüssigkeit vermengte Kost. Einer ausgiebigen Verdauung ist besonderes Gewicht beizumessen. Die im Darm vorhandenen Gase dehnen sich in verdünnter Luft aus; abgesehen von den damit zusammenhängende nunangenehmen direkten Folgen, ist an die unter Umständen sehr bedeutende Beeinträchtigung der Atmung durch Hochdrücken der Zwerchfelles zu denken.

Beschränkte Flüssigkeitsaufnahme empfiehlt sich schon wegen des nicht selten auftretenden Harndranges beim Emporsteigen in größere Höhen.

Daß der Flieger in dem Alkohol seinen größten Feind und eine der bedeutendsten Gefahrenquellen zu sehen hat, ist für Kenner irgendeines Sports als selbstverständlich zu betrachten. Die lähmende Wirkung des Alkohols muß der Flieger, der mehr als irgendeiner seine ungestörte Entschlußfähigkeit braucht, unbedingt kennen und vermeiden. Vor größeren Flügen wird ungestörter Nachtruhe und Vermeidung aller erregenden Momente Beachtung zu schenken sein. Hierauf müssen aber, wie ich seinerzeit ausführte, und bereits mehrfach befolgt wurde, auch die Veranstalter von Flügen, die Sportvereine und Behörden Rücksicht nehmen und die Vorschriften der menschlichen Leistungsfähigkeit anpassen.

Psychologie des Fliegers.

Ich komme hiermit zu dem letzten, aber nicht unwichtigsten Abschnitt meines Referats.

Unsere diesbezüglichen Anschauungen können in keiner Beziehung als abgeschlossene angesehen werden; zu ihrer exakten Ausarbeitung und Vertiefung bedarf es vieler und von vielen anzustellender Untersuchungen. Betrachten wir die Gefahren, welche dem Flieger drohen, so können wir dieselben einteilen — wie bei jedem Sport ceteris paribus — in absolute und relative. Die absoluten sind dargestellt durch die Unzuverlässigkeit der Flugmaschine und durch die meteorologischen, klimatischen, geophysischen Verhältnisse. Erstere werden sich durch die Technik, letztere durch die speziellen Wissenschaften, wenn auch niemals völlig beseitigen, so doch wesentlich beschränken lassen. Absolute Gefahren sind auch durch plötzliches Versagen der Herztätigkeit gegeben, zu der es bei vorher gesunden Menschen kaum kommen wird; eine solche droht uns überdies immer und vor allem bei der Ausübung jedes Sports.

Die absoluten Gefahren können unter günstigen Umständen jeweils zu relativen herabsinken.

Die hauptsächlichsten relativen Gefahren sind durch die Individualität des Fliegers gegeben. Daß hierbei psychische Momente von ganz besonderer Bedeutung sind, dies können nur solche leugnen, denen das Psychische als Regulator unseres ganzen Lebens nicht oder ungenügend bekannt ist. Tatsächlich besteht diese mangelhafte Vertrautheit mit den psychischen Phänomenen bei sehr vielen, und hieraus erklärt es sich, daß manche Flieger diesen Momenten nur teilweise Verständnis und Beachtung entgegenbringen. Manche dagegen, die gewohnt sind, sich psychologisch zu beobachten, bestätigen durchaus die von wissenschaftlicher Seite geäußerten Anschauungen. Es kommt hierbei, wie ich

eingangs dieses Referates sagte, gar nicht darauf an, ob wir eine spezielle Fliegerkrankheit anerkennen wollen oder nicht.

Der Flieger befindet sich in einer Lage, die weder mit der des Hochtouristen
noch des Hochfahrers verglichen werden kann. Nur zwei spezifische pathologische
Momente können allen dreien gemeinsam sein — die Einwirkung des Sauerstoffmangels und eine gewisse psychische Spannung. Der Hochtourist hat aber die Erde
unter sich, und er kann, zumal wenn er nicht allein wandert, Hilfe finden, er kann
ausruhen, um neue Kräfte zu gewinnen. Der Hochfahrer kann, wenn er die heute
bereits genau bekannten Sicherheitsvorkehrungen nicht vernachlässigt, und wenn
nicht eine der absoluten Gefahren auf ihn einwirkt, zur Erde niedergehen, er ist vor
allem von den Tücken des Motors unabhängig.

Der Aviatiker dagegen hat einen komplizierten Apparat zu bedienen. Seine
Sinnesorgane sind in dauernder Anspannung. An seine Entschlußfähigkeit, seinen
Willen, seine Konzentration werden die höchsten Anforderungen gestellt. Um nur
ein Beispiel zu nennen: In welcher Lage hat ein Mensch nur annähernd so rasch,
so automatenhaft rasch zu handeln, als ein Aviatiker, wenn er plötzlich aus dem
Gleichgewicht kommt? Löwenthal hat diese Erwägungen für einen Automobilfahrer angestellt, der sich einem plötzlich auftretenden Hindernis gegenübersieht.
Zwischen dem Reiz (ausgelöst durch das Hindernis) und der Reaktion auf diesen
liegt die sogenannte Reaktionszeit. Für Lichtreize beträgt sie etwa $^3/_{10}$ Sekunden.
Diese Reaktionsgeschwindigkeit gilt aber nur für diejenigen Fälle,)in welchen sich
zwischen Reiz und Reaktion keine hemmenden Momente einschieben. (Solche
Momente wären durch Ermüdung, Erregung, Unerfahrenheit, Alkohol und dergl.
gegeben.) Ein Automobilfahrer hat in dem Augenblicke, da ihn ein plötzlicher
Reiz trifft, möglichst schnell zwischen den notwendigen Reaktionen des Bremsens,
Auskuppelns, Ausweichens usw. zu wählen. Diese Wahlzeit wird unter den
günstigsten Bedingungen nicht weniger als $^5/_{10}$ Sekunden betragen.
Fährt er mit 60 km Stundengeschwindigkeit, so macht er in $^5/_{10}$ Sekunden 8,3 m.
Somit wird er einem Hindernis nur dann noch ausweichen können, das von seinem
Wagen weiter als 8,3 m entfernt ist. Diese exakte Überlegung Löwenthals auf
den Aviatiker übertragen, der nicht selten mit der doppelten Geschwindigkeit
fliegt, überhebt uns weiterer Ausführungen zu diesem Punkte.

Welche Aktionen hat aber der Aviatiker auszuführen?

Er hat auf den Motor, auf die Steuerung, auf die Stabilität der Maschine,
auf die Wetterlage und seine Flugbahn zu achten.

Zu diesen, wenn ich so sagen darf, normalen Tätigkeiten kommen eventuell
die oben erwähnten abnormen Einwirkungen des Sauerstoffmangels, der Kälte,
der Ermüdung, der Schlafsucht.

Von dem Bewußtsein oder Bewußtwerden der drohenden Gefahr eines Ab-
sturzes will ich ganz absehen. Die Flieger sind mutige Menschen, und die Mehrzahl
von ihnen denkt beim Fliegen nicht an die Gefahr, weil ihre Aufmerksamkeit vollkommen durch ihre Tätigkeit in Anspruch genommen wird. Ein Gefühl aber
kann selbst dadurch nicht ganz ausgeschaltet werden — das der absoluten Einsamkeit, welches zugestandenermaßen viele Aviatiker empfunden
haben, wenn sie ohne Passagier und längere Zeit flogen.

Alle diese Momente erzeugen eine Gehirntätigkeit von einer Intensität, wie sie angreifender kaum gedacht werden kann. Wer diese berücksichtigt, der wird nun ohne weiteres zugeben, daß wir gar nicht genug an die Psyche des Fliegers denken, nicht genug vorsorgen können, um die ihr drohenden Gefahren genau kennen und dadurch verhüten zu lernen.

Das Versagen der psychischen Energien auch nur für Sekunden oder sogar Bruchteile von Sekunden hat für den in der Luft sich Befindenden die allergrößte Bedeutung.

Das Studium der Unglücksfälle mit tödlichem Ausgang ergibt meist gar keine Anhaltspunkte. Der zerschmetterte Flieger vermag ebenso wenig etwas auszusagen wie seine Maschine. Flieger, die nur leichtere Verletzungen erlitten, Flieger, die große Flüge vollführten, und noch die Kraft oder Eignung hatten, sich zu beobachten, bieten uns Psychologen aber wertvolle Anhaltspunkte zur Beurteilung dieser so wichtigen Fragen.

Einer unserer erfolgreichsten Flieger äußerte die Ansicht, 80 % aller Unglücksfälle entstünden durch Versagen der Flugapparate. Ein anderer machte für alle Unfälle nur die Kopflosigkeit der Flieger (!?) verantwortlich. Ein dritter sieht in dem Gleitflug die alleinige Gefahr und verlangt möglichst senkrechten Niederflug. Ein vierter mißt in einem Drittel der Unfälle der angeborenen Ungeschicklichkeit der Flieger die Schuld bei. Die Mehrzahl gibt übereinstimmend zu, daß das von mir behauptete Einsamkeitsgefühl sie ebenso oft überfallen habe wie eine plötzlich auftretende Schlafsucht. Aber das ätiologische Moment, die physische Reaktion auf diese psychischen Komponenten, wurde und wird von vielen übersehen. Und gerade diese sind es, welche an sich unerklärliche Unglücksfälle leicht verstehen lassen. Ein Flieger hat viele Flüge glücklich vollführt. Seine Ziele wachsen mit seiner Kunst und seinem Selbstvertrauen. Er will einen Rekord aufstellen — höher und höher schraubt er sich empor. Da taucht in dem ermüdeten Organismus eine ängstliche Nebenvorstellung auf — er vergißt für einen Augenblick den Apparat und macht ein falsches Manöver. (Ich besitze, dank dem Entgegenkommen Eulers, die Kurve eines Fliegers, auf der eine derartige, momentan entstandene und glücklicherweise ebenso rasch ausgeglichene Insuffizienz deutlich zu sehen ist in einem plötzlichen Abfall und sofortigem steilen Anstieg bis zur Rekordhöhe und augenblicklichem steilen Abstieg der Kurve nach Erreichung der vorgenommenen Höhe. Diese Kurve spricht gewissermaßen zu uns: Ich muß den Rekord brechen — ich steige und steige; vielleicht gelingt es mir nicht — falsches Manöver, — der Apparat fällt; ich muß hinauf — — richtiges Manöver, der Apparat steigt; endlich oben — — nun aber so schnell wie möglich zur Erde hinab.)

Ein anderer beteiligte sich — bereits übermüdet — an einem großen Fluge. Hart vor dem Ziele verflog er sich. Bei tadellos arbeitendem Motor suchte er so rasch wie möglich niederzugehen; bei der Landung fiel er von ganz geringer Höhe zu Boden. Ohne eine Verletzung erlitten zu haben, bot er die Symptome des Nervenchoks dar.

Ein dritter glaubte — ebenfalls übermüdet — daß sein Motor aussetzte, in forciertem Abfluge suchte er die Erde zu gewinnen.

In allen diesen und ähnlichen Fällen ist die Psyche des Fliegers bereits so angegriffen, daß er seinem Willen, seiner Kunst nicht mehr zu gebieten vermag; aus der Tiefe der Seele steigt das Gespenst der Angst hervor.

Meiner Überzeugung nach, die von Schrötter und andere teilen, ging Chavez nur durch die Fliegerkrankheit zugrunde, gleichviel ob Zuntz recht hat, der glaubt, daß Chavez beim Überfliegen der Alpen infolge seiner psychischen Alteration den Bodenluftwirbeln nicht mehr richtig zu begegnen wußte, oder ob ich recht habe, der glaubt, Chavez war von der Höhenangst ergriffen, während und nachdem er die schauerlichen Bergesriesen und Abgründe überflogen hatte. Für unsere Ansicht sprechen die Äußerungen dieses großen Mannes, dieses Helden der Aviatik, der auf seinem Schmerzenslager sagte: „Es war schrecklich.“ Für unsere Ansicht spricht weiter der Umstand, daß Chavez starb, während viel ernster Verletzte mit dem Leben davon kamen. Chavez hatte seine Nerven- und Lebenskraft verbraucht, bevor er abstürzte.

Ovid hat in seiner dichterischen Phantasie dieses alles vorerlebt:

Phaeton will Wagen und Rosse des Sonnengottes durch die Luft lenken. Der Vater warnt ihn:

„Denke daran, daß gerafft von beständigem Schwunge der Himmel
Hohes Gestirn hinzieht und in hurtigem Wirbel herumdreht.
Ich nur strebe aufwärts; und dem Sturme, der alles besieget,
Trotz’ ich allein und fahre der raffenden Kreisung entgegen.“

Phaeton aber gehorcht dem erfahrenen Piloten nicht. Er besteigt das Flugzeug und — wird von Angst ergriffen:

„Doch als Phaeton jetzt, der Elende, hoch aus dem Äther
Niederschaut auf die Lande, die tief, tief unten sich strecken,
Blaß nun wird sein Gesicht und ihm zitterten plötzlich die Knie,
Und in des Urlichts Glanz umzog ihm Dunkel die Augen —
Hätt’ er doch nie, so wünscht’ er, des Vaters Rosse berühret.“

(Nach Voß.)

Diesen relativen Gefahren des Versagens der psychischen Kräfte ist in gewissem Sinne leichter zu begegnen als den übrigen. In erster Linie wieder durch eine sorgfältige Auswahl der Piloten. In zweiter durch die Fliegerschulen und die Fluglehrer, die auf die erwähnten, hier nur skizzierten psychologischen Momente achten müssen. Je ruhiger, je eingehender, je energischer und dabei doch vorsichtiger der Lehrer vorgeht, je mehr Zeit der Schüler auf das körperliche und seelische Training verwenden wird, desto ruhiger und selbstbewußter wird der Pilot sein Fahrzeug besteigen. Je weniger es ihm auf artistische, je mehr es ihm auf künstlerische Leistungen, je weniger es ihm um atembeklemmende, sensationelle als auf zuverlässige und wissenschaftlich oder militärisch brauchbare Erfolge ankommt, desto genauer wird er seinen Apparat, das Medium, seine Kräfte erproben, kennen und richtig ein- und abschätzen lernen. Wie er sich bei eintretenden Zufällen, wie er sich im Hoch- und Gleitflug zu verhalten hat, das ihm zu zeigen, kann unsern bewährten Flugmeistern ruhig überlassen werden. Die spezielle Nutzanwendung aus den medizinischen und psychologischen Lehren hat aber auch der Staat zu ziehen bei den Anforderungen, die er an die Erreichung eines Fluglehrer- und Pilotenzeugnisses stellt. Nicht zu vergessen ist die Errichtung von speziellen Versicherungen, die dem Piloten einen Teil der Sorge um etwa Hinterbliebene abnimmt.

Ich wollte nur auf die Erfolge und weiteren Ziele der wissenschaftlichen Flugtechnik und vor allem ihres medizinisch-psychologischen Zweiges hinweisen. Nicht um Ängstlichkeit und maßlose Vorsicht zu erzeugen, sondern um an ein vorsichtiges Maß zu erinnern, welches — davon bin ich überzeugt — unsere Leistungen erhöhen und die Gefahren verringern wird. Dergestalt, daß einmal für unser Vaterland die ironisch gemeinten Worte der Staël zur Wahrheit werden:

„Die Herrschaft über das Meer gehört den Engländern, die über die Erde den Franzosen — — die über die Luft den Deutschen.‟

Beanspruchung und Sicherheit von Flugzeugen.

Von

H. Reissner, Aachen.

Die Frage der Festigkeit von Flugzeugen wurde in den Anfängen der Flugtechnik als eine selbstverständliche, nicht eben schwierige Nebenfrage behandelt. Solange es sich nur um kurzdauernde Flüge unter ständiger Überwachung der Konstrukteure bei windstillem Wetter handelte, war diese Auffassung durchaus berechtigt und notwendig, um den Fortschritt der eigentlichen Flugkunst nicht aufzuhalten.

Inzwischen hat die Herstellung der Flugapparate in größeren Mengen die Verhütung von Herstellungsfehlern erschwert, die gesteigerten Nutzlasten haben die Beanspruchungen der Apparate sehr gesteigert, mit der Unabhängigkeit der Fliegerei vom Wetter, mit der Kühnheit der Gleitflüge, mit der sehr viel längeren Benutzungsdauer haben sich die Gefahren des Bruches von Flugapparaten nicht nur bei der Berührung mit der Erde, sondern während des Fluges außerordentlich gesteigert und tatsächlich auch einen so großen Teil aller Unfälle verursacht, daß heute die Frage der Festigkeit im Vordergrunde der Technik zu stehen verdient.

Die Überlegungen gliedern sich naturgemäß in die folgenden Unterfragen:

Welche äußeren Kräfte beanspruchen die Festigkeit eines Flugzeugs?

Welche Spannungen werden bei dem verschiedenen statischen Aufbau der verschiedenen Flugzeugarten erzeugt?

Welche Spannungen sind als zulässig anzusetzen unter Berücksichtigung der verwendeten Baustoffe, der Ausbildung der Verbindungsstellen, der Erschütterungen, der Abnutzung, des Rostens, der Feuchtigkeit usf.

In welcher Weise kann den Forderungen nach Sicherheit durch Belastungsproben der Materialien und ganzer Flugzeuge entsprochen werden?

Diese Fragen sollen und können innerhalb dieses Referats nicht erledigt werden, sondern es sollen nur die Richtlinien angegeben werden, in denen sich nach Meinung des Referenten unsere Bestrebungen zur Schaffung immer größerer Sicherheit unserer Flugzeuge bewegen müssen.

Die angreifenden Kräfte.

Die wichtigste äußere Kraft ist offenbar das Eigengewicht des Systems, das durch die Druckdifferenz an Ober- und Unterseite der Flügel im Gleichgewicht gehalten werden muß. Die Resultate aller dieser Druckdifferenzen und der

---

Anmerkung: Die Absätze in [ ] Klammern sind gegen die ursprüngliche Fassung des Vortrags in Frankfurt geändert.

übrigen Luftwiderstände muß beim Gleitflug mit der Schwerkraft zusammenfallen, beim Motorflug sich mit Schwerkraft und Vortriebskraft in einem Punkte schneiden und zum Kräftedreieck schließen.

[Will man die Beanspruchung der Tragflächen rechnerisch untersuchen, so muß man beachten, daß ihr Hauptgerippe aus 2 oder 3 Holmen gebildet wird, die quer zur Fahrtrichtung, d.h. in der Haupterstreckungsrichtung der Flügel laufen, und auf denen die sogen. Spieren aufsitzen. Die Spieren oder Rippen r nehmen zunächst den Luftdruck von der Stoffbespannung auf und übertragen ihn auf die Holme h. (Siehe Fig. 1.)

Wieviel jeder der Holme von der Gesamt-

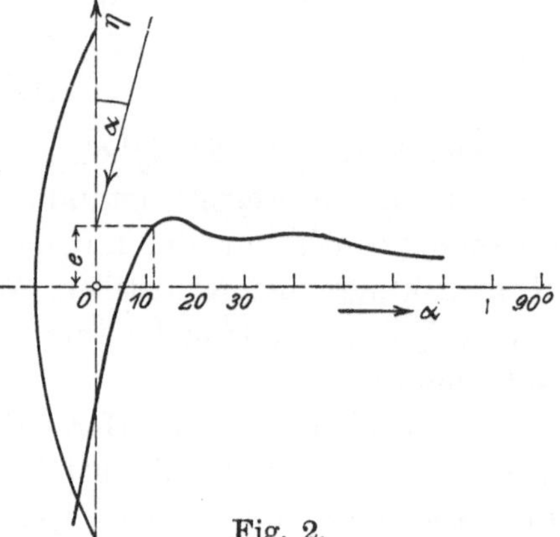

Fig. 2.

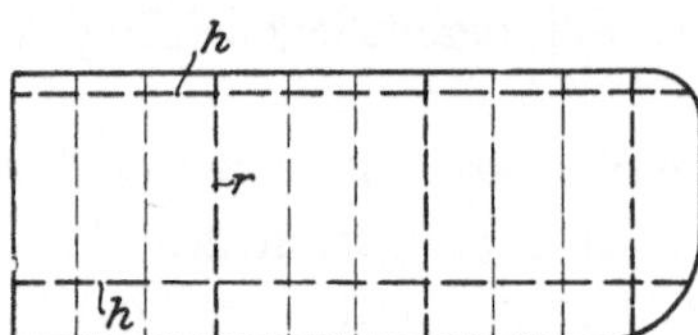

Fig. 1. Holm- und Spierengerippe eines Flügels.

Druckwanderung bei gewölbten Flächen.

belastung des Flügels aufnimmt, hängt von der jeweiligen Lage der Luftdruckresultierenden (des Druckpunktes des Flügelprofils) bei den verschiedenen auftretenden Anstellwinkeln des Flügels gegen Fahrtrichtung ab. Man weiß, daß dieser Druckpunkt mit den Änderungen des Angriffswinkels des Luftstromes eine ganz erhebliche Wanderung ausführt und muß diese Verschiebung der Resultierenden bei der Festigkeitsberechnung berücksichtigen. (Siehe Fig. 2.)

Während es bei 2 Holmen in horizontaler Fahrt

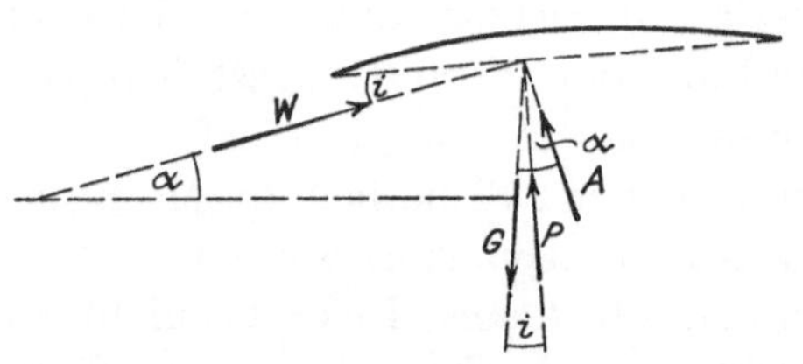

Fig. 3.

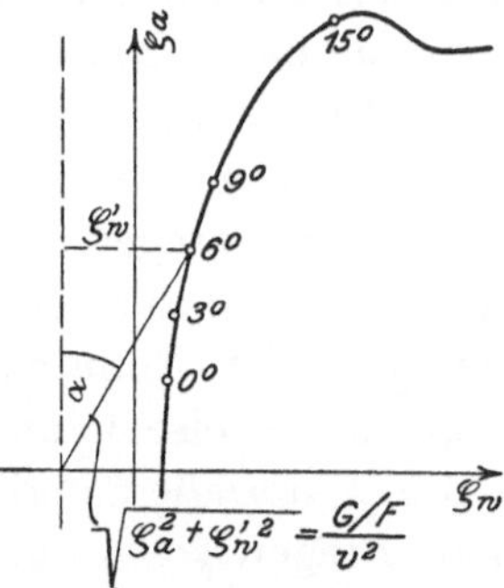

Fig. 4.

Lilienthalsche Tragflächencharakteristik.

im allgemeinen genügend genau ist, das Gesamtgewicht gleichmäßig auf beide Holme zu verteilen, da sowohl die Mitte zwischen Holmen als die Luftdruckresultierende im normalen Fluge etwas vor der Flügelmitte liegen, würde diese Annahme im steilen Gleitflug falsch sein.

Ein Rechnungsgang, um hier die Holmbelastung abzuschätzen, ist etwa folgendermaßen vorzunehmen:

[Ein Propellerschub braucht im Gleitflug nicht berücksichtigt zu werden, da er infolge der erhöhten Geschwindigkeit, wenn überhaupt vorhanden, sicher sehr klein wird.

Die Gleichgewichtsbedingungen in der Senkrechten und Wagerechten lauten mit den Bezeichnungen der Fig. 3.

1) $G = A \cos \alpha + W \sin \alpha = Fv^2 [\zeta_a \cos \alpha + (\zeta_w + \zeta_w{}^0) \sin \alpha]$

2) $O = A \sin \alpha - W \cos \alpha = Fv^2 [\zeta_a \sin \alpha - (\zeta_w + \zeta_w{}^0) \cos \alpha]$

Hierin bedeuten: F die gesamte Tragfläche, G das Gesamtgewicht, v die Geschwindigkeit, A Gesamtauftrieb, W Gesamtwiderstand, ζ_a und ζ_w die Einheitswiderstände der Tragfläche, gegeben etwa durch eine Polarkurve nach Lilienthal (Fig. 4).

$\zeta_w{}^0$ sei der Einheitswiderstand der übrigen Teile (Rumpf, Gerippe usw.), der schädliche Widerstand, der hier der Einfachheit wegen unabhängig vom Flugwinkel angenommen werden soll, wobei der schädliche Gesamtwiderstand $F v^2 \zeta_w{}^0$ bei Eindeckern etwa gleich $^1/_{10}$, bei Zweideckern etwa gleich $^1/_7$ des Gewichts abzuschätzen ist. In Fig. 4 ist $\zeta_w{}^0$ durch Verschiebung der ζ_a-Achse nach links in die gestrichelte Lage berücksichtigt. Zur Abkürzung setze man $\zeta_w + \zeta_w{}^0 = \zeta_w{}'$.

Aus Gleichung 2 liest man sofort die Fahrtneigung des Gleitflugs ab zu

3) $\operatorname{tg} \alpha = \dfrac{\zeta_w{}'}{\zeta_a}$, d. h. der Radiusvektor nach dem Punkt der Lilienthalschen Charakteristik, der dem betreffenden Anstellwinkel entspricht, gibt durch den Winkel mit der ζ_a-Achse den Gleitflugwinkel.

Führt man ferner den Wert (3) des Gleitflugwinkels in Gleichung 1 ein, so ergibt sich:

$$\frac{G}{Fv^2} = \sqrt{\zeta_a{}^2 + \zeta_w{}'^2} \tag{4}$$

Also: der reziproke Wert des Radiusvektor der Lilienthalschen Flügelcharakteristik gibt den Wert des Geschwindigkeitsquadrats dividiert durch die spezifische Flächenbelastung an.

Was nun für die Festigkeitsberechnung in Betracht kommt, ist die Kraftkomponente senkrecht zur Flügelsehne auf die Tragflächeneinheit, und diese hat den Wert:

$$p = \frac{P}{F} = v^2 (\zeta_a \cos i + \zeta_w \sin i) = \frac{\zeta_a \cos i + \zeta_w \sin i}{\sqrt{\zeta_a{}^2 + \zeta_w{}'^2}} \frac{G}{F} \tag{5}$$

Die Kraftkomponente parallel der Flügelsehne hat keine Bedeutung.

Wieviel von p auf jeden Holm entfällt, hängt von der Lage des Druckpunktes ab, über die wir ja seit neuerer Zeit zuverlässige Angaben, insbesondere von Prandtl-Föppl und Eiffel besitzen (Fig. 2).

Wir fassen jede Flügelrippe als Balken auf den beiden Holmen als Stützen auf (Fig. 5) und erhalten:

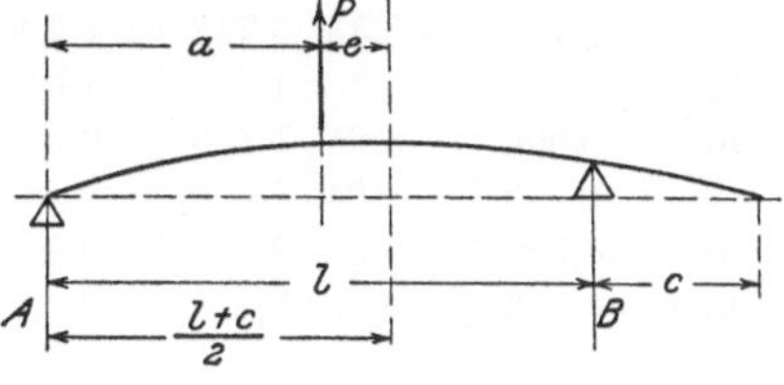

Fig. 5.

$$A = \frac{Pb}{l} \qquad\qquad B = \frac{Pa}{l}$$

$$b = \frac{l - c}{2} + e \qquad\qquad a = \frac{l + c}{2} - e$$

$$A = \frac{P}{2}\left[1 - \frac{c}{l} + 2\,\frac{e}{l}\right] \qquad\qquad B = \frac{P}{2}\left[1 + \frac{c}{l} - 2\,\frac{e}{l}\right]$$

Setzen wir jetzt den verhältnismäßigen Abstand des Druckpunkts von der Flügelmitte $\dfrac{e}{1+c} = \eta$, so daß $\dfrac{e}{1} = \eta\left(1 + \dfrac{c}{1}\right)$ wird, nehmen wir ferner an, daß der Hinterholm das verhältnismäßige Stück $\dfrac{c}{1} = 0{,}25$ von der Flügelhinterkante entfernt ist, wie es etwa den meisten konstruktiven Ausführungen entspricht, so ergibt sich die Belastung des Vorderholms:

$$A = \frac{P}{2}\,(0{,}75 + 2{,}5\,\eta),$$

die des Hinterholms:

$$B = \frac{P}{2}\,(1{,}25 - 2{,}5\,\eta).$$

Die Einsetzung des Wertes (5) für P liefert schließlich:

$$\frac{A}{B} = \frac{G}{2}\begin{bmatrix}(0{,}75 + 2{,}5\,\eta)\\(1{,}25 - 2{,}5\,\eta)\end{bmatrix}(\zeta_a \cos i + \zeta_w \sin i)\;\frac{1}{\sqrt{\zeta_a{}^2 + \zeta_w{}'^2}} \tag{6}$$

also die Holmbelastungen als Funktionen des Anstellwinkels i und der zugehörigen Druckpunktwanderung η, die z. B. aus den Prandtlschen oder Eiffelschen Tabellen entnommen werden können.

Es möge dies für eine von Föppl-Prandtl geprüfte, im Verhältnis 1 : 15 gewölbte Platte vom Seitenverhältnis 1 : 4 nachgerechnet werden (Jahrbuch d. Motorluftsch.-Studienges. 1911).

i	η	$10\,\zeta_a$	$10\,\zeta_w$	$0{,}75 + 2{,}5\,\eta$	$1{,}25 - 2{,}5\,\eta$	$10(\zeta_a\cos i + \zeta_w\sin i)$	$10\,\zeta'_w$	$10\sqrt{\zeta_a{}^2 + \zeta_w{}'^2}$	$\dfrac{1}{10\sqrt{}}$	$\operatorname{tg}\alpha$	$\dfrac{A}{G/_2}$	$\dfrac{B}{G/_2}$
—3,8	+ 1,055	— 0,46	0,345	+ 3,39	— 1,39	— 0,477	1,037	1,13	0,883	— 2,28	— 1,426	+ 0,585
—1,8	— 0,855	+ 0,44	0,289	— 1,39	+ 3,39	+ 0,434	0,981	1,08	0,930	+ 2,215	— 0,561	1,368
0	— 0,225	1,50	0,277	+ 0,19	+ 1,81	1,500	0,969	1,79	0,560	0,646	0,160	1,522
2,5	— 0,058	2,58	0,339	+ 0,61	1,39	2,585	1,031	2,77	0,361	0,401	0,570	1,297
5	+ 0,019	4,10	0,440	+ 0,80	1,20	4,128	1,132	4,25	0,236	0,277	0,778	1,167
10	0,1	5,73	0,718	+ 1,00	1,00	5,765	1,410	5,90	0,169	0,247	0,976	0,976
15	0,11	6,33	1,313	1,03	0,97	6,450	2,005	6,64	0,151	0,317	1,00	0,942
20	0,056	5,25	1,840	0,89	1,11	5,560	2,532	5,83	0,172	0,482	0,834	1,040
25	0,050	5,04	2,260	0,88	1,13	5,520	2,952	5,84	0,171	0,585	0,833	1,065
30	0,060	4,93	2,770	0,90	1,10	5,660	3,460	5,05	0,198	0,702	1,036	1,231
35	0,053	4,70	3,150	0,88	1,12	5,660	3,840	4,85	0,206	0,818	1,054	1,306

Hierbei sind die dort angegebenen Koeffizienten für Auftrieb, Widerstand und Druckpunktlage und ferner ein schädlicher Widerstand gleich $^1/_{10}$ des Gewichts zugrunde gelegt.

Die letzten beiden Reihen der Tabelle I geben diejenigen Anteile der halben Belastung, die auf den Vorderholm (A) bzw. auf den Hinterholm (B) entfällt. Die Reihen vorher zeigen den Gleitflugwinkel und die Veränderlichkeit der Geschwindigkeit bei den verschiedenen Anstellwinkeln.

Man erkennt aus der Tabelle, daß der Vorderholm die halbe Gesamtlast bei 15^0 erreicht, dagegen der Hinterholm bei sehr kleinen Winkeln am meisten beansprucht ist und bei 0^0 auf $1\frac{1}{2}$fache halbe Gesamtlast kommt, wobei die Geschwindigkeit etwa das Doppelte der normalen bei etwa 4^0 Stellungswinkel beträgt und der Gleitflug unter einem Winkel von 33^0 (nach $\operatorname{tg} \alpha = 0{,}646$) zur Horizontalen vor sich geht, ein Winkel, der in der Praxis häufig eintritt. Die Tabelle ist durch Fig. 6 wiedergegeben.]

Nimmt man noch hinzu, daß dieser im Gleitflug stärker belastete Hinterholm bei Eindeckern wegen der Ausbildung des Flügelprofils gewöhnlich niedriger ausgeführt werden muß, so sieht man, daß auf die Festigkeit des Hinterträgers

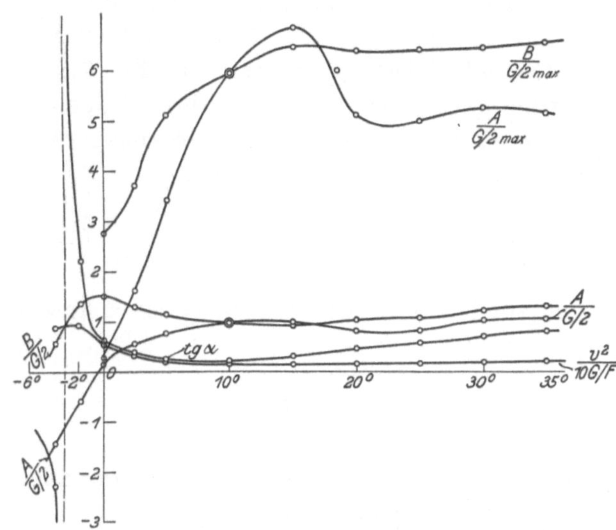

Fig. 6. Gleitfluggeschwindigkeiten v, Gleitflugwinkel α, Gleitflugholmbelastungen $\dfrac{A}{G/2}$ u. $\dfrac{B}{G/2}$, Holmstoßkräfte $\dfrac{A}{G/2_{max}}$ u. $\dfrac{B}{G/2_{max}}$ Hinterholm (B) ein Fünftel der Flächenbreite von der Hinterkante der Tragfläche.

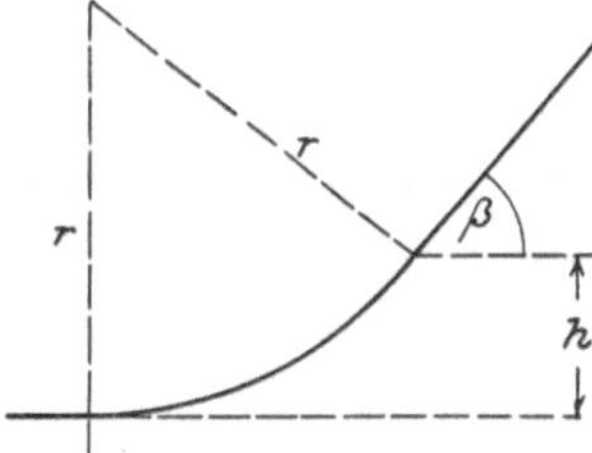

Fig. 7. Aufrichtungsvorgang aus dem Gleitflug.

bzw. Hinterholms von Flügelflächen ganz besonders zu achten ist. Keinesfalls darf bei der statischen Berechnung die Last gleichmäßig auf beide Holme verteilt werden.

Zu diesen Drucken in gerader Bahn bei ruhiger Luft kommen nun die Drucke in gekrümmter Bahn bei ruhiger Luft. Beschreibt z. B. das Flugzeug einen Kreis vom Radius r in horizontaler Ebene, so muß die Luftdruckresultierende der Flügel nicht nur das Eigengewicht, sondern auch im wesentlichen die volle Zentrifugalkraft im Gleichgewicht halten. Liegen die Tragflächen um den $\sphericalangle \alpha$ schräg, so legt sich der Tragflächendruck um denselben Winkel schräg, und um dem Eigengewicht G die Wage zu halten, muß er den Wert G/cos α annehmen. Setzen wir als Grenzfall der Erfahrung $\alpha = 45^0$, so wird der Tragflächendruck gleich G . 1,412, und dieser verteilt sich, da die äußere Flügelspitze größere Geschwindigkeit hat, [und durch die Verwindungsteuerung nur teilweise entlastet wird], etwas nach außen wachsend.

Recht schwierig ist eine scharfe Beantwortung der wichtigen Frage, welche Überbelastungen bei dem Übergang aus dem steilen Gleitflug zum Horizontalflug oder zur Landung auftreten. Der Charakter des Vorganges ist ja der, daß dem

Luftstrom mehr oder weniger plötzlich die Tragflächen unter großem Anstellwiukel dargeboten werden, und daß dadurch sowohl die Flugrichtung gehoben als auch die Geschwindigkeit gebremst wird. Man kann zwar die Differentialgleichungen dieses Vorgangs ansetzen, aber sie sind sehr unbequem zu behandeln und es soll deswegen hier eine überschlägliche Berechnung der Überbelastung versucht werden.

Faßt man z. B. die Bahn dieses Aufrichtens als Kreis auf und entnimmt die Aufrichtungshöhe und die ursprüngliche Gleitfluggeschwindigkeit und Richtung der Beobachtung, so kann man die folgende Überlegung anstellen (Fig. 7).

Ist h die Höhe, aus der der Gleitflug gebremst wird, β der Winkel der Gleitbahn mit der Horizontalen, r der Krümmungsradius in der Übergangskurve, so ist $h = r\,(1 - \cos\,\beta)$ und die Zentrifugalkraft

$$Z = \frac{m\,v^2}{r} = G\,\frac{v^2}{g\,h}\,(1 - \cos\,\beta).$$

Diese Kraft ist für die Flügelbelastung zur Gewichtskomponente $G \cos \alpha$ hinzuzuaddieren, also zusetzen

$$G \cos \alpha + Z = G\left(\cos \alpha + \frac{v^2}{g\,h}\,(1 - \cos\,\beta)\right).$$

Setzt man hierin, um einen extremen Fall zu haben, $\alpha = 0$, wo α der augenblickliche Gleitflugwinkel, $\beta = 45^0$, $v = 40$ m/sec. im ersten Augenblick des Aufrichtens, $h = 40$ m, so ergibt sich

$$\frac{v^2}{g\,h}\,(1 - \cos\,\beta) = 1,2.$$

Die Belastung wird also in diesem Fall mehr als verdoppelt.

Es ist in der letzten Zeit aus Anlaß von Flügelbrüchen einigemal die Behauptung aufgetaucht, daß die Flügel im steilen Gleitflug von oben Druck erhielten und die obere Verspannung zuerst nachgegeben habe. Ein solcher Fall läßt sich denken im letzten Teile einer abwärts in einen steilen Gleitflug führenden gekrümmten Bahn. Im oberen, noch wenig geneigten Teil der Bahn wird die zur Erzwingung der Krümmung notwendige Zentripetalkraft im wesentlichen durch das Eigengewicht hergegeben, im unteren steilen Teil der Bahn gibt das Eigengewicht nur einen geringen Beitrag und die Zentripetalkraft muß durch einen von außen, oben kommenden Luftdruck erzeugt werden. Der Fall kann rechnerisch gerade wie oben beim Aufrichten betrachtet werden und führt gerade wie dort zu Drucken von der Größenordnung des Eigengewichts, nur hier von oben auf den Flügel wirkend.

[Ein anderes Verfahren der Abschätzung ist von Herrn v. Parseval in der Diskussion zu diesem Vortrage vorgeschlagen worden, nämlich das folgende: Der größte Auftrieb, der auf eine Tragfläche kommen kann, ist zu entnehmen aus der Flächencharakteristik in der bekannten Form:

$$A = F\,v^2_{max}\,\zeta_{a_{max}}$$

wo $\zeta_{a\,max}$ der größte im allgemeinen zwischen 15° und 20° auftretende Auftriebs-koeffizient sein möge.

Herr von Parseval will nun auch unter v die größte bei dem betrachteten Flugzeug auftretende Geschwindigkeit verstanden wissen und also ungünstigsten Winkel und größte Geschwindigkeit gleichzeitig wirkend annehmen. Die mechanische Vorstellung wäre also die, daß aus der größten Gleitfluggeschwindigkeit momentan auf den ungünstigsten Winkel aufgerichtet würde, und daß auf die Abbremsung beim Übergang von sehr kleinen zu großen Winkeln keine Rücksicht genommen würde.

Diese Vorstellung scheint doch wohl etwas zu ungünstig zu sein.

Ich habe sie trotzdem im folgenden einmal konsequent numerisch durchgeführt, und zwar nicht für die ganzen Tragflächen, sondern gleich für die einzelne Holmbelastung, um den wichtigen Einfluß der Druckpunktwanderung zu berücksichtigen.

Man kann hier die Formel (6) verwenden, wenn man für $\sqrt{\zeta_a{}^2 + \zeta_w'^2}$ nicht die jeweils dem zugehörigen Stellungswinkeln entsprechenden ζ_a und ζ_w' versteht, sondern durchweg den Minimalwert der Wurzel, d. h. den Maximalwert von v wählt.

Es ergibt sich dann für die Anteile der Holmkräfte an den halben Tragflächen-belastungen die folgende Tabelle

i^0	$\dfrac{A}{G/2_{max}}$	$\dfrac{B}{G/2_{max}}$	i^0	$\dfrac{A}{G/2_{max}}$	$\dfrac{B}{G/2_{max}}$
0	0,295	2,77	20	5,12	6,375
2,5	1,622	3,71	25	5,01	6,40
5	3,41	5,12	30	5,26	6,43
10	5,95	5,95	35	5,15	6.55
15	6,86	6,46			

Der Verlauf dieser ungünstigsten denkbaren Holmbelastungen ist auf Fig. 6 eingezeichnet.

Man sieht, daß in der Tat die größten Holmbelastungen in der Nähe von 15° eintreten, und daß sie mehr als das Sechsfache der halben statischen Tragflächenbelastung betragen. Immerhin ist diese Betrachtungsweise als zu ungünstig anzusehen, wenn man bedenkt, daß eine unverminderte Geschwindigkeit beim Aufrichten von 0° auf 15° Stellungswinkel vorausgesetzt ist.

Man wird also den Überbelastungen bei kleinen Stellungs-Winkeln, d. h. bei größeren Normalgeschwindigkeiten, ein größeres Gewicht zubilligen und deswegen den Hinterholm als die gefährlichere Stelle betrachten müssen.]

Die vorhergehenden Betrachtungen betreffen den Flug in ruhiger Luft, wie er im Anfang der Kunst allein gewagt wurde. Heute fliegt man fast bei jedem Wetter und muß die Geschwindigkeits- und Richtungsdifferenzen der Luft und die große stoßweise Beanspruchung des ganzen Flugzeugverbandes durch diese Böigkeit oder Turbulenz am eigenen Leibe spüren[1]).

---

[1]) Es ist allerdings zu bedenken, daß der Mechanismus des Luftwiderstandes auch in vollkommen ruhiger Atmosphäre ein fluktuierender ist und alle gemessenen

Zahlenmäßige, verwendbare Angaben über diese Geschwindigkeit und Richtungsdifferenzen auch in ihrem zeitlichen Verlauf sind mir nicht bekannt geworden. Ich kann deswegen hier nur das Prinzipielle angeben und hoffe auf eine zahlenmäßige Klärung der Frage mit Hilfe unserer Gesellschaft.

Wir können als ungünstigste Voraussetzung annehmen, daß der Apparat vermöge seiner Trägheit und der Höhensteuerung mit im wesentlichen konstanter Geschwindigkeit v_1 und Richtung relativ zur Erde fliegt, daß er jedoch gegen eine Luftströmung von wechselnder Geschwindigkeit v_2 gegen Erde und wechselnde Richtung anzukämpfen hat. Seine Geschwindigkeit gegen Luft ist dann $v_1 + v_2 = v$. Nun möge v_2 schwanken um seinen Mittelwert $v_2{}^m$ um $\dfrac{v_2}{n}$ und damit wird das Verhältnis c des größten zum mittleren Luftdruck

$$c = \frac{\left(v + \dfrac{v_2}{n}\right)^2}{v^2}.$$

Z. B. bei einer Eigengeschwindigkeit des Apparates von $v = 20$ m/sec bei einem Winde von $v_2 = 10$ m/sec und einer Böigkeitsziffer $n = 2$ d. h. bei Windstößen von 5 m/sec ergibt sich

$$c = \frac{25^2}{20^2} = 1,56,$$

bei $v = 40$ m jedoch nur

$$c = \frac{45^2}{40^2} = 1,27.$$

Es scheint also, als ob schnelle Apparate eine geringere Überbeanspruchung durch Wind zu erfahren hätten als langsame. Dies entspricht nicht immer der Empfindung des Piloten. Vielleicht muß hier noch der Umstand in Rechnung gezogen werden, daß bei schnellen Apparaten die Geschwindigkeitsdifferenzen schneller aufeinander folgen und mehr den Charakter von Stößen annehmen, die z. B. ein Knallen der hohlen Stoffbespannung bei Eindeckern erzeugen können. Ferner ist zu bedenken, daß die Voraussetzung einer konstanten Absolutgeschwindigkeit des Apparates bei schweren, schnellen Apparaten der Wirklichkeit viel näher kommt als bei leichten, langsamen Apparaten, die eher mit konstanter Relativgeschwindigkeit fliegen und mehr Wellenlinien beschreiben. Eine rechnerische Verfolgung dieses Unterschiedes erscheint nicht aussichtslos.

Ganz ähnlich würde sich auch die Überlegung bei Richtungsdifferenzen des Windes gestalten. Da die Luftdrucke bei kleinen Einfallswinkeln proportional mit diesen wachsen, könnte es z. B. vorkommen, daß bei einer Winkeländerung gleich dem Stellungswinkel der Tragfläche sich dieser Stellungswinkel und damit auch der wirkende Luftdruck verdoppelte.

Diesen vermehrten Luftdrucken müssen, wie schon oben angedeutet, die Trägheitskräfte des Apparats Gleichgewicht halten. Diese werden, da das System

---

Luftwiderstände nur Mittelwerte vorstellen. Infolgedessen müssen auch bei ruhigem Fluge Druckschwankungen und Vibrationen eintreten, die ich indessen in der Flugpraxis nicht habe bemerken können.

ja bestrebt ist, Relativgeschwindigkeit und Relativwinkel zur Luft konstant zu halten, nicht so groß werden können, als es unveränderlichen Werten der Geschwindigkeit und des Winkels bezüglich der Erde entsprechen würde. Es ist also die Abschätzung der Krafterhöhung durch Böigkeit sicher zu ungünstig. Immerhin hat es keinen Zweck, genauer zu rechnen, ehe wir nicht über die Böigkeit selbst verläßliche Zahlen haben.

Für die Festigkeitsberechnung der Flügelholme und der Flügelrippen ist auch die Verteilung der Drucke längs der Flügelflächen zu beachten. Die bisherigen Eiffelschen Versuche haben gezeigt, daß die Belastung auf die Flächeneinheit nach der Flügelwurzel, d. h. dem Rumpf hin ein wenig wächst, daß sie aber über die Rippen sehr ungleichmäßig verteilt ist und einen buckelförmigen Verlauf zeigt. Für die Festigkeitsberechnung der Holme ist die Annahme gleichmäßiger Belastung vom Rumpf nach außen als sicherer vorzuziehen[1]); für die Rippen ist es das Sicherste und nicht zu ungünstig, mit einer dreieckförmigen Belastungsfläche der Luftdrucke zu rechnen und die Spitze der dreieckförmigen Belastungsfläche in der Mitte zwischen den Holmen, d. h. an der ungünstigsten Stelle anzunehmen.

Vielleicht ist auch die Verschiedenheit der Druckverteilung bei Doppeldeckern zu berücksichtigen und zu bemerken, daß das obere Tragdeck immer etwas stärker belastet ist als das untere. Man kann hier einen Überschuß von 20 % überschläglich annehmen[2]).

Die erste Aufnahme dieser teils aus Saugwirkungen und teils aus Druckwirkungen entstehenden Tragflächenkräfte geschieht durch die Bespannung. Die Bespannung der unter einem Minderdruck stehenden Oberseite der Flügel ist jedenfalls gegen Abheben von den Rippen zu schützen. Einer Berechnung scheint sich jedoch die Festigkeit der Bespannung deswegen zu entziehen, weil die Straffheit der Bespannung und die Elastizitätseigenschaften zu veränderlich sind. Planmäßige Versuche in dieser Frage sind bis jetzt nicht bekannt geworden.

Zu diesen im wesentlichen senkrecht zur Flächensehne der Flügel wirkenden Kräften kommen nun noch die in der Sehnenebene des Flügels wirkenden Komponenten der Widerstände.

Eine Betrachtung der Luftwiderstände allein ergibt hier sehr kleine Kräfte, die durch eine Verspannung der Tragflächen senkrecht zur Sehnenebene, also etwas nach vorn geneigt, reichlich aufgenommen werden können. Trotzdem hat die Praxis gezeigt, daß eine kräftige Querverspannung der Tragflächen nicht nur wegen der seitlichen Knickfestigkeit der hochkant stehenden Flügelholme, sondern auch in Rücksicht auf die Beanspruchungen bei Berührung der Flügelspitze mit dem Boden, und bei Mehrdeckern in Rücksicht auf die Verdrehungsfestigkeit des Flügelgerippes geboten erscheint. Wieviel man hier zu verlangen hat, hängt von den Ansprüchen an die Geschicklichkeit des Piloten in der Nähe des Bodens ab. Es hat sich herausgestellt, daß die starren Zweideckergerippe bei der Berührung mit dem Boden viel empfindlicher sind als die nachgiebigeren und in den einzelnen Gliedern stärkeren Flügelspitzen der Eindecker.

---

[1]) Wenn die Flügel nicht besonders schmal nach den Flügelspitzen zu werden.
[2]) G. Eiffel, Résistance de l'air et l'aviation, Paris 1910.

Von den Luftdruckkräften haben wir schließlich noch die Steuerflächenkräfte zu betrachten. Wie groß diese im Höchstfalle werden können, hängt von der Geschwindigkeit des Systems, der Größe und Form der Steuerfläche und dem Ausschlagwinkel ab.

Die Höhensteuer- und Seitensteuerflächen sind im allgemeinen von ebenem Profil und länglich rechteckig. Der Ausschlagwinkel des größten Luftdrucks ist, wie Modellversuche gezeigt haben, etwa 30⁰, und der Luftdruck bleibt bei größeren Winkeln nahezu konstant. Der Höchstdruck wird mit genügender Genauigkeit angegeben durch die Formel:

$$D = 0{,}075\,F\,v^2,$$

wo F die Größe der Steuerfläche und v die relative Geschwindigkeit zwischen Fläche und Luft ist. Der Druck auf die Flächeneinheit wird also im Höchstfalle bei $v = 20$ m/Sek $= 72$ km/Std.: $\dfrac{D}{F} = 30$ kg/qm und bei $v = 144$ km/Std.: $\dfrac{D}{F} = 120$ kg/qm. Dies wären die, wie man sieht, recht hohen Einheitsdrucke, die man bei vollem Ausschlagwinkel der Festigkeitsberechnung der Flächen selbst und der Steuerorgane zugrunde legen müßte.

[Die obige Rechnung ist allerdings viel zu ungünstig, denn die Flugzeuge weichen unter dem Druck der Steuerflächen sofort aus, so daß ein so großer Angriffswinkel sich gar nicht bilden kann. Nach meinen Erfahrungen kann der wirksame Angriffswinkel zwischen Luftstrom und Fläche höchstens den Wert 15⁰ erreichen und man erhielte damit spezifische Steuerflächendrucke von der Größenordnung der jeweiligen spezifischen Tragflächendrucke und hätte hiernach die Steuerflächen selbst und die Steuerzüge zu bemessen, was durchaus betriebsichere Stärken liefert.

Genauere Aufschlüsse hierüber müßten Messungen der Seiten- und Höhensteuerwirkung auf die Bahn des Flugzeugs in der Vertikal- und in der Horizontalebene zusammen mit dem nicht sehr schwierigen rechnerischen Ausbau der Steuertheorie ergeben.]

Zu den Luftdruckkräften können wir schließlich auch die Vortriebkräfte der Propeller rechnen, da sie durch den Luftwiderstand der Schraubenflügel erzeugt werden. Diese Schubkräfte müssen durch die Drucklager der Welle auf das Motorfundament und von dort auf den Fahrzeugrumpf, das Fahrgestell und die Flügel zuverlässig übertragen werden. Für die Größe dieser Kräfte ist im allgemeinen der Zustand beim Anfahren maßgebend, da die Propellerkräfte im Fluge abnehmen. Man kann als Zugkraft H im Stande bei unmittelbar gekuppelten Schrauben für langsame Flugzeuge etwa $H = 3{,}6\,N$, für schnelle Flugzeuge $H = 3\,N$ setzen, wo N die Motorleistung in Pferdestärken. Bei Schrauben mit Übersetzung ins Langsame allerdings sind die Vortriebskräfte ja bekanntlich größer im Verhältnis zur Motorkraft.

Die Aufnahme dieser Kräfte und auch des Drehmoments des Motors ist gewöhnlich sehr leicht zu bewerkstelligen; jedoch sind es nicht diese Kräfte, sondern die Erschütterungen des Motors, welche die Befestigung des Motors am Flugzeug gefährden können. Hier kommt es natürlich auf die Gleichförmigkeit des Drehmoments und den Massenausgleich des Motors an, und man wird, um einen krassen

Vergleich zu nehmen, für einen 2-Zylinder-Motor stärkere Befestigungsbolzen, Schwellen usw. vorschreiben müssen als für einen 7-Zylinder-Rotationsmotor. Die Größe der auftretenden Kräfte zahlenmäßig anzugeben, wird man wohl nicht unternehmen, besonders als hier auch mit Zufälligkeiten, z. B. Rückschlägen des Motors, schlechter Ausbalancierung des Propellers und dgl. zu rechnen ist.

Der letzte Gesichtspunkt führt zu einer anderen Art von Belastungskräften, die nicht durch die Luftwiderstände, sondern durch die Trägheit der Massen des Systems hervorgerufen werden, und die die größte Rolle wohl bei den Landungsstößen, denen das Flugzeug ausgesetzt ist, spielen. Hier erfährt das System während eines kurzen Intervalls eine Verzögerung in vertikaler Richtung und damit eine Trägheitsbelastung proportional dem Produkt dieser Verzögerung und der Masse des Systems. Es ist natürlich Sache eines geschickten Piloten, diese Verzögerung nicht auf der Erde, sondern schon allmählich in der Luft zu erzeugen; jedoch sollte man sich hierauf nicht verlassen, da schlechte Gelände und unruhige Luft oft zu harten Landungen zwingen. Die dabei entstehenden Trägheitskräfte können offenbar erheblich größer sein als das Eigengewicht des Apparats und werden nur klein gehalten werden können durch geringe, wenig ausladende Massen des Flugzeugs und eine weiche Abfederung des Landungsgestells.

Über ihre Größenordnung kann man etwa die folgende einfache Überlegung anstellen.

Es sei der Federweg des Systemschwerpunktes 1 cm, der Winkel der Flugbahn mit der Horizontalen vor der Landung α, die Geschwindigkeit vor der Landung v, die Trägheitskraft in senkrechter Richtung bei der Landung n mal größer als das Eigengewicht, also gleich n G, so muß also die Fluggeschwindigkeit bei der Landung um den kleinen Winkel α gedreht werden, also in der Zeit t, die für den Landungsstoß gebraucht wird, eine Geschwindigkeit v α senkrecht zur Geländeebene vernichtet werden.

Dazu ist eine Kraft $n\,G = \dfrac{v\,\alpha}{t}\,m$ nötig, da die Masse m des Systems die Verzögerung,

d. h. die Geschwindigkeitsabnahme in der Zeiteinheit $\dfrac{v\,\alpha}{t}$ erfährt. Um die Landungszeit t zu schätzen, beachten wir, daß das System am Anfange des Stoßes die Vertikalgeschwindigkeit v . α am Ende des Stoßes die Vertikalgeschwindigkeit 0 besitzt, also

die mittlere Vertikalgeschwindigkeit $\dfrac{v\,\alpha}{2}$. Da nun vertikaler Landungsweg, d. h.

Federweg gleich mittlerer Vertikalgeschwindigkeit mal Zeit ist, kann man setzen

$1 = t\,\dfrac{v\,\alpha}{2}$, und indem man Trägheitsbelastung n G mal Weg 1 gleich der vernichteten

lebendigen Kraft $\dfrac{v^2\,\alpha^2\,m}{2}$ setzt

$$n\,G\,1 = \frac{v^2\,\alpha^2\,m}{2}$$

gewinnt man den Stoßfaktor:

$$n = \frac{v^2\,\alpha^2}{2\,\lg}$$

Mit diesem Faktor wäre das Eigengewicht aller Teile zu multiplizieren, um die Landungsbelastung zu berücksichtigen.

Nehmen wir z. B. einen Federweg l = 20 cm, eine Apparatgeschwindigkeit v = 20 m/sec, eine Bahnneigung a = 0,2, so ergibt sich

$$n = \frac{400 \cdot 0{,}04}{2 \cdot 0{,}2 \cdot 9{,}81} \sim 4.$$

Der Apparat wäre also dann für die Landung so zu dimensionieren, als ob er in allen seinen Teilen viermal so viel wöge, als es tatsächlich der Fall ist.

Hätte der Apparat nur eine Landungsgeschwindigkeit von v = 15 m/sec, eine Bahnneigung α = 0,1, jedoch keine andere Abfederung als durch seine Lufttreifen, also etwa l = 0,02 m, so ergäbe sich

$$n = \frac{225 \cdot 0{,}01}{2 \cdot 0{,}02 \cdot 9{,}81} \sim 5{,}6,$$

also nicht viel größer als im vorhergehenden Fall. Man sieht, wie sehr eine Verlangsamung der Geschwindigkeit und eine Abflachung der Bahn vor der Landung den Mangel eines kleinen Federweges gutmachen können.

Zusammenfassend müssen wir also für die Belastungskräfte der Flugzeuge die folgenden Kräfte ansetzen:

[1) Den Einfluß der Zentripetalkraft in der Kurve bzw. des Gleichgewichts in einer Schräglage durch Multiplikation des Eigengewichts mit dem reziproken Kosinus des Schräglagenwinkels, im Maximum etwa 1,4.

2) Den Einfluß der Rückwanderung der Tragflächenkraft bei kleinen Angriffswinkeln durch Belastung des hinteren Holmes mit ¾ des Eigengewichts, während für den vorderen Holm ½ des Eigengewichtes genügt.

3) Eine gleichmäßige Verteilung der Gesamtbelastung längs der Tragflächen von innen nach außen, wenn die Flügel nicht besonders spitz nach außen zulaufen, eine Erhöhung des spezifischen Tragflächendrucks der oberen gegen die untere Tragfläche bei Doppeldeckern von etwa 20 % und eine dreieckförmig nach der Rippenmitte wachsende Rippenbelastung.

4) Eine Belastung der Steuerflächen und Steuerzüge durch den gleichen spezifischen Flächendruck wie den der Tragflächen des Flugzeugs.

5) Die Überbelastung durch das Abfangen aus dem Gleitfluge. Hierfür ließen sich zwei verschiedene Abschätzungsverfahren aufstellen. Das eine lieferte mit den ungünstigen Werten einer Abfanghöhe von 40 m, einem Gleitflugwinkel von 45° und einer Gleitfluggeschwindigkeit von 40 m/sek eine Überbelastung größer als das Eigengewicht. Das andere ergab durch gleichzeitige Annahme des ungünstigsten Winkels und der größten Geschwindigkeit Überbelastungen des Vorderholms von 7 fachem des Hinterholms von 6 fachem Gewicht. Dieses Berechnungsverfahren ist aber sowohl vom mechanisch-theoretischen als auch vom praktisch-konstruktiven Standpunkt aus bei weitem zu ungünstig.

Zur Entscheidung dieser Frage müssen planmäßige, wissenschaftlich einwandfreie Messungen unternommen werden.

6) Eine Belastung von oben durch scharfes Übergehen in den Gleitflug oder durch Hineingeraten in absteigende Luftströme. Auch hier herrscht dieselbe Unsicherheit wie zu 5).

7) Die Überbelastung durch die Böigkeit und die zeitlichen und räumlichen Richtungswechsel des Windes im Verein mit der geringeren oder größeren Trägheit des Flugzeugs. Qualitativ kann man sagen, daß bei einem schnelleren Flugzeug einerseits die Geschwindigkeits- und Richtungsdifferenzen weniger Zusatzkräfte erzeugen, andererseits aber ein schnelleres und schwereres Flugzeug weniger ausweicht und infolgedessen die wirksamen Differenzen der Geschwindigkeitsquadrate doch wieder größer sind.

Für die quantitative Beantwortung dieser sehr wichtigen Frage wären wiederum dieselben Meßinstrumente heranzuziehen wie unter 5).

Bis zur scharfen Beantwortung der Fragen unter 5) bis 7) möchte Vortragender eine Gesamtbelastung von 4- bis 6 fachem Eigengewicht von unten nach oben und von 1 fachem Eigengewicht von oben nach unten als vorläufig betriebssicher vorschlagen.

8) Den Landungsstoß durch eine Belastung des ganzen Systems von oben nach unten mit einem Vielfachen des Eigengewichts, das abhängt von dem Federweg des Fahrgestells und dem Auftreffwinkel. Überschlägliche Rechnungen zusammen mit konstruktiven Erfahrungen ergeben bei einem Federweg von etwa 10 cm etwa 4 faches Eigengewicht.]

Der statische Aufbau und die statische Berechnung.

Die statischen Gebilde, auf welche die oben abgeschätzten Belastungen wirken, sind die Tragflächenträger, der Rumpf und das Fahr- oder Landungsgestell des Flugzeugs. Es ist hier natürlich nicht der Ort, etwa ein vollständiges statisches Berechnungsschema eines Flugzeuggerippes zu geben. Nur auf einige wichtige Punkte möge aufmerksam gemacht werden.

Für die Tragflächenträger sind bekanntlich zwei Aufbauarten entwickelt worden, und zwar für Mehrdecker hauptsächlich der Brückenträger mit Druckvertikalen und gezogenen Gegendiagonalen und für Eindecker die doppelten Hängewerke über und unter den Tragflächen mit auf Druck und Biegung beanspruchten Flügelholmen. Man findet allerdings auch bei einigen Eindeckern das System des Brückenträgers unter dem Flügel mit einer Hängewerkverspannung vereinigt.

Die Brückenträger sind, ohne daß es für den statischen Aufbau notwendig wäre, noch einmal in jedem Felde parallel zur Fahrtrichtung durch Drahtkreuze verbunden, eine Verstärkung, die trotz des zusätzlichen Luftwiderstandes sich als wünschenswert für die Steifigkeit des Tragflächenfachwerks in der Praxis herausgestellt hat. Die Hängewerke der Eindecker dagegen enthalten wenn man von der Biegungsfestigkeit der über die Angriffspunkte der Verspannungen durchlaufenden Flügelholme absieht, nur die für den statischen Aufbau notwendigen Glieder.

Ein fernerer Unterschied der beiden Tragwerke besteht darin, daß die Zahl der Tragwerkglieder und die Winkel, in denen sie aneinanderstoßen, bei Eindeckern geringer, infolgedessen die Spannkräfte in ihnen erheblich größer sind als bei Mehrdeckern. Man glaubt aus diesem Grunde den Eindeckertragwerken eine geringere Sicherheit zusprechen zu müssen und verlangt Festigkeitsnachrechnungen mit hohen Sicherheitsgraden und Belastungsproben hauptsächlich von diesen. An sich sollte die geringere Anzahl und stärkere Beanspruchung von Konstruktionsteilen kein Grund für die geringere Sicherheit der Konstruktion sein. Wenigstens ist dies in anderen Gebieten der Technik durchaus nicht der Fall. Jedoch scheint es wirklich, als ob unsere heutige noch etwas primitive Ausbildung der Knotenpunkte in der Flugtechnik bei stärkeren Gliedern, insbesondere für den Anschluß von Drähten und Kabeln eher versagte.

Bei einer den Spannkräften entsprechenden Stärkebemessung und bei richtiger Ausbildung der Knotenpunkte liegt jedoch durchaus kein Grund vor, das Eindeckerhängewerk für weniger sicher zu halten als die Brückenträger der Mehrdecker.

Zur Spannungsbestimmung mögen noch zwei wichtige Punkte herausgehoben werden.

Die Beanspruchung der Tragflächenholme setzt sich bei allen Tragsystemen aus einer Längskraft und einer nahezu vertikalen Biegungsbelastung durch die Rippen oder Spieren und die Stoffbespannung zusammen.

Die auftretende Spannung ist an der schwächsten Stelle des Holmes durch Addition der beiden Wirkungen zu bilden. Dabei ist auch auf die seitliche (nahezu horizontale) Knicksicherheit des Holmes in jedem Felde zwischen den durch Drahtkreuze zu verbindenden Hauptflügelrippen zu achten.

Die Knicksicherheit in vertikaler Richtung ist gewöhnlich reichlich vorhanden. Will man den Einfluß der Knickbeanspruchung auf das Biegungsmoment der Vertikalebene berücksichtigen, so kann man es durch einen Zuschlag zum Biegungsmoment oder zur Biegungsspannung tun, indem man mit dem Faktor $1 + \frac{1}{3}n$ multipliziert, wo n der Sicherheitsgrad gegen Ausknicken in vertikaler Richtung ist[1]).

---

[1]) Ist M_f das Biegungsmoment durch Biegungsbelastung allein, P der Längsdruck, l die freie Länge, J das Trägheitsmoment des Holmquerschnittes in Bezug auf die Biegungsachse des Querschnitts und E der Elastizitätsmodul des Holmmaterials, so folgt aus der Theorie der elastischen Linie:

$$M_{max} = M_0 \frac{1}{\cos \frac{l}{4} \sqrt{\frac{P}{E\,J}}}$$

Andererseits gilt die Eulersche Knickformel für den Druck P allein in der Form

$$l \sqrt{\frac{P}{E\,J}} = \frac{\pi}{\sqrt{n}}$$

wo n der Sicherheitsgrad, und damit wird, wenn man näherungsweise

$$\cos \frac{\pi}{4\,\sqrt{n}} = 1 - \frac{\pi^2}{32\,n}$$

setzt,

$$M_{max} = M_0 \left(1 + \frac{\pi^2}{32\,n}\right) = \sim M_0 \left(1 + \frac{1}{3\,n}\right)$$

Für den sehr geringen Wert n = 3 z. B. ergibt sich danach, daß die Biegungsspannung infolge des zusätzlichen Biegungsmoment der Knickung vom Betrage Längskraft mal Durchbiegung, nur um $^1/_9$ ihres Wertes zu erhöhen wäre.

Zu beachten ist ferner die Aufnahme der erheblichen Druckkräfte in den Holmen an ihren Befestigungsstellen am Rumpf. Hier ist eine starke Druckverbindung von einer Tragfläche zur andern für die einander im Gleichgewicht haltenden Holmkräfte nötig; aber auch für den Fall, daß bei ungleicher Belastung der Tragflächen in der Kurve oder bei der Verwindung die einander gegenüberliegenden Holme ungleiche Druckkräfte erfahren, muß der Anschluß am Rumpf genügende seitliche Absteifung erhalten.

Gewisse konstruktive Schwierigkeiten bei der Erfüllung dieser Forderungen treten oft dadurch ein, daß die Führersitze an der betreffenden Stelle des Rumpfes Platz beanspruchen.

Die zulässigen Spannungen und die Stärkebemessungen.

Wir müssen nun an die Frage herantreten, welche Materialien im Flugzeugbau zu empfehlen sind, und wie stark die verschiedenen im Flugzeugbau verwendeten Baustoffe unter Berücksichtigung aller in ihnen auftretenden Spannkräfte beansprucht werden dürfen. Für das Flugzeug, von dessen Festigkeit das Leben seines Führers abhängt, und dessen Güte trotz aller Fortschritte im Motoren- und Propellerbau und in der Flügelausbildung immer von seiner Leichtigkeit bestimmt sein wird, ist ja sicher der beste Baustoff gerade gut genug; andererseits lebt der Flugzeugbau, der mit seinen geringen Lieferungsmengen auch nur geringe Ansprüche an besondere Bedingungen stellen kann, heute noch von der Gnade des Automobilbaues, ohne den es unsere heutigen Qualitätsstahle wohl noch gar nicht gäbe. So muß man oft auf vorteilhafte Walz- und Ziehprofile, auf Preßstücke u. dgl. verzichten und dafür gegossene oder geschweißte Arbeit ungern einsetzen.

Daher kommt es auch, daß ein Baustoff, das Holz, das aus andern Gebieten wegen seiner wechselnden Beschaffenheit, seiner Wetterempfindlichkeit und seiner unbequemen Zugverbindungen verdrängt worden ist, im Flugzeugbau noch eine große Rolle spielt. Infolge der sorgfältigen Auswahl, die in den geringen Stärken hier möglich ist, darf man im allgemeinen mit den Spannungen erheblich höher gehen als sonst. Ich selbst habe gute Erfahrungen gemacht bei zulässigen Zug- und Druckspannungen von 250 kg/qcm bei Hartholz wie Esche, Nußbaum, Hickory und von 150 kg/qcm bei Weichholz wie Kiefer und Fichte, wenn wirklich alle Spannungen berücksichtigt werden, wenn man geradfasriges, trocknes Splintholz aussucht, die Form so wählt, daß keine Fasern durchschnitten sind, und es vor Feuchtigkeit schützt.

[In bzw. auf den Verlauf der Fasern muß die heutige Konstruktionsweise unserer Holzpropeller als nicht einwandfrei bezeichnet werden. Denn die Befestigung an der Welle erfolgt mit Hilfe einer Bohrung im Holz von mindestens 70 mm, so daß grade an der Stelle der größten Beanspruchung die Holzfasern durchschnitten sind.

Die Konstruktionsweise rührt wohl daher, daß die Motorenfabriken sich die Herstellung der Welle bequem machen. Sie lassen nämlich die Welle in einen Konus endigen und schieben auf diesen Konus einen Rohrkonus mit Flansch auf, so daß die Bohrung im Holzpropeller, der auf diesem Rohr sitzt, erheblich größer als sonst nötig ist. Besser wäre es, den Propellerflansch mit der Welle aus einem Stück herzustellen, so daß nur die dünne Motorwelle selbst den Propeller durchbohrte.]

Für die Knickfestigkeit des im Flugzeugaufbau verwendeten Holzes darf man mit einem Elastizitätsmodul von 130 000 für bestes Hartholz bzw. 90 000 kg/qcm für bestes Weichholz rechnen und kommt durchaus mit einem Sicherheitsgrad $n = 3$ aus, wenn man aber auch wirklich alle Knickkräfte, nicht nur die in ruhigem horizontalen Fluge (siehe Kap. 1) berücksichtigt.

Für die Baustoffe von genauer definierbarer Beschaffenheit kann man die zulässigen Spannungen umso höher wählen, je höher Bruch- und Kerbschlagfestigkeit, Elastizitätsgrenze und Bruchdehnung liegen. Auf jeden Fall muß die zulässige Beanspruchung unterhalb der Elastizitätsgrenze bleiben, wenn das Material bei wiederholter Beanspruchung nicht allmählich spröder und unzuverlässiger werden soll; denn man weiß, daß mit einer Überbeanspruchung zwar die Elastizitätsgrenze immer bis zur Überbeanspruchung heraufrückt, aber gleichzeitig die Bruchdehnung sich jedesmal um den Betrag der bleibenden Dehnung verkleinert.

Man weiß ferner aus der Erfahrung, daß man mit der zulässigen Spannung umso näher an die Elastizitätsgrenze herangehen darf, je höher die Festigkeit über dieser Grenze liegt, und je größer die Bruchdehnung ist. Jedoch ist ein formelmäßiger und theoretisch faßbarer Zusammenhang hierfür noch nicht gefunden.

Es wird manchmal als Grund für die Bevorzugung von Materialien mit großer Bruchdehnung angegeben, daß eine große Bruchdehnung und ein großer Bereich oberhalb der Elastizitätsgrenze bei Überschreitungen der Elastizitätsgrenze eine große unelastische Formänderungsarbeit und damit eine große Widerstandsfähigkeit gegen stoßweise Belastungen gewährleiste. Dies sollte eigentlich kein Beweggrund sein, denn die Spannungen sollen doch unterhalb der Elastizitätsgrenze bleiben, um das Bauwerk nicht allmählich zu zerstören, wie es in andern Gebieten der Technik durchaus erreicht ist.

Der Zusammenhang, den wir durch den unbestimmten Begriff Zähigkeit zu verstehen suchen, muß also noch aufgeklärt werden, wenn wir planmäßig die guten Eigenschaften neuer Stahlsorten durch die Wahl einer höheren zulässigen Spannung ausnutzen wollen.

Das Qualitätsmaterial, das wir am häufigsten im Flugzeugbau benutzen, ist Stahldraht, und gerade für ihn hat die Erfahrung gezeigt, daß es nicht nur auf eine hohe Festigkeit ankommt.

Es gibt Stahldrähte von 250 kg/qmm Bruchfestigkeit, 1 % Bruchdehnung und einer Elastizitätsgrenze ganz nahe der Bruchfestigkeit. Trotzdem zieht man mit Recht Stahldrähte von 140 kg/qmm 5—7 % Dehnung und 100 kg/qmm Elastizitätsgrenze vor, weil sie „zäher" sind.

Auch wenn man von der Befestigungsösenausbildung, die ja nur in dem „weicheren" Draht möglich ist, absähe, da sie ja zu vermeiden wäre, würde man den weicheren Draht vorziehen müssen.

Es ist schwer, den eigentlichen Grund dieser Maßnahme anzugeben. Wahrscheinlich rechnet man doch wohl mit dem Auftreten von Belastungen über der Elastizitätsgrenze und hält das weichere Material, das weniger Kaltziehen erfahren hat, für homogener.

Es müßte aber ein physikalisch begründeter, etwa aus Elastizitätsgrenze, Bruchdehnung und Kerbschlagprobe zusammengesetzter Ausdruck, der uns heute noch fehlt, für die zulässige Spannung gefunden werden, ganz besonders in der Flugtechnik, wo es sich viel mehr als anderwärts lohnt, die Verbesserung unserer Baustoffe durch die entsprechende Erleichterung der Konstruktionen bei gleicher Sicherheit durch die Zulassung richtig abgestufter Spannungen auszudrücken.

Eine solche Abstufung der zulässigen Spannungen wird praktisch dazu führen, alle beanspruchten wichtigen Konstruktionsteile möglichst aus gewalztem, gezogenem, geschmiedetem oder gepreßtem Material von der günstigsten Temperaturbehandlung beim Herstellungsprozeß vorzuschreiben und durch Nieten oder Schrauben zu verbinden; dagegen gegossene, geschweißte, gelötete und kalt gebogene Teile nur an unwichtigen Stellen zu erlauben. Diesem Ideal werden wir uns umsomehr nähern können, je mehr wachsende Lieferungsmengen und einheitlichere Bauweisen eine Massenherstellung erlauben.

Es gibt allerdings auch einen häufigen Beanspruchungsfall, bei dem härteres Material vorzuziehen ist und die Höhe der Elastizitätsgrenze für sich eine besondere Bedeutung hat; das ist der Fall der Knickung. Nur bis zur Elastizitätsgrenze hat der Elastizitätsmodul seinen Anfangswert und nur bis zu dieser gilt die Eulersche Knickgrenze. Man wird also für Stäbe, die Knickkräften ausgesetzt sind, besonders auf eine hohe Elastizitätsgrenze sehen und wird sich z. B. bei gezogenen Stahlröhren vorsehen müssen, durch Warmbiegen oder Hartlöten das Material weich zu machen, wie das auch jeder Praktiker weiß. Wie der Sicherheitsgrad der Knickung mit den Werten des Elastizitätsmoduls und der Elastizitätsgrenze zusammenhängt, ist übrigens bekannt und von verschiedenen Forschern wie Tetmayer, Engesser und Karman in zuverlässige Formeln gefaßt worden.

Wenn ich über die Wahl der zulässigen Spannungen etwas vorschlagen sollte, so wäre es das Folgende.

Unter Berücksichtigung aller denkbaren Beanspruchungen des Flugzeugverbandes (siehe Kap. 1) soll die zulässige Spannung $\frac{2}{3}$ derjenigen sein, bei der der Baustoff bleibende Änderungen erfährt (Elastizitätsgrenze). Neben hoher Elastizitätsgrenze ist aber auch auf Zähigkeit des Materials zu achten.

Konstruktionseinzelheiten.

Die Sicherheit der Konstruktionsglieder hängt bei dem augenblicklichen Stande der Flugtechnik jedoch nicht nur von der Güte der verwendeten Materialien, sondern auch von der Ausbildung der Anschlußverbindungen oder Knotenpunkte, wenigstens bei gezogenen Gliedern wie Drähten, Kabeln ab. Es ist nämlich schwierig, die kleinen dort in Betracht kommenden Querschnitte ohne Querschnittsschwächung oder Materialverschlechterung auszubilden. Nun gilt nicht nur der Grundsatz: eine Konstruktion ist nur so stark wie ihr schwächster Teil, sondern die schwache Ausbildung von Knotenpunkten hat auch den großen Nachteil, daß die gefährlichen Spannungen an der schwachen Stelle schon dann auftreten, wenn der Hauptteil des betreffenden Drahtes oder Kabels noch wenig Formänderung erfahren hat, so daß die Bruchdehnung bzw. Brucharbeit sehr verkleinert wird.

Diese Betrachtung trifft ganz besonders für die beliebte Ösenverbindung von Drähten zu. Durch die Kaltbiegung der Öse verliert das Drahtmaterial an dieser Stelle seine Zähigkeit — Warmbiegen wäre natürlich auch falsch —; ferner treten durch die Form der Öse selbst zusätzliche Biegungsspannungen durch die Zugkraft im Drahte ein, so daß die Festigkeit der Verbindung vermindert wird. Was aber bedenklicher erscheint, ist, daß das Zerreißen eintritt, bevor eine merkliche Dehnung der ganzen Drahtlänge hat zustande kommen können.

So hat sich bei Versuchen, die ich durch die Freundlichkeit von Herrn Rötscher in dessen technologischem Institut anstellen konnte, ergeben, daß die Festigkeit von 2-mm-Drähten durch die üblichen sorgfältig hergestellten Endösen um höchstens 30 % verringert war, daß dagegen eine Bruchdehnung, die bei dem ungeschwächten Material zu mindestens 5 % auf 20 cm Meßlänge festgestellt worden war, bei der Befestigung mit Ösen überhaupt nicht mehr gemessen werden konnte. Eine solche Verbindung muß bei stoßartigen Kräften aus den schon oben angeführten Gründen sehr bedenklich sein.

Ähnliche Einwände lassen sich auch erheben gegen die Befestigung von Stahlbändern mit Hilfe von Nieten, die den Querschnitt an der Nietstelle erheblich schwächen.

Eine einwandfreiere Bauweise ist indessen durchaus möglich und aus anderen Zweigen der Technik bekannt.

Ich erinnere an die Dickendspeichen der Fahrräder, an die dicker gestauchten Enden von Ankerrundeisen des Brückenbaus und an die Augenstäbe des amerikanischen Brückenbaus. Man findet das Prinzip des Dickendgewindes auch neuerdings bei der Ausbildung der Drahtspannschlösser befolgt und findet auch Anerbietungen von Lieferungsfirmen der Flugtechnik für Dickenddrähte zum Gewindeeinschneiden im verdickten Teil, wobei freilich das Vorrätighalten der verschiedenen Drahtlängen eines Flugzeugs und der hohe Preis stören. Ein gutes Vorbild ist ferner die Kabelbefestigung des Hebezeugbaus, die das Kabel im ungeschwächten und geradlinigen Teil durch Klemmen festhält. Auch solche Klemmen sind von mir im technologischen Institut des Herrn Rötscher zahlreich hergestellt und geprüft worden und haben bei richtiger Anordnung volle Zugfestigkeit und volle Bruchdehnung ergeben. Es war freilich nicht möglich, eine zuverlässige Klemmung ganz ohne Drahtbiegung zu erreichen, doch ließ sich diese so einrichten, daß sie erst hinter der eigentlichen Klemmung, also schon außerhalb der durch die aufzunehmende Zugkraft gespannten Länge nötig war und nur dazu diente, einen Keil zuverlässig in eine Hülse hineinzuziehen, eine Bauart, die sich nach vielen Versuchen mit anderen Keilklemmen aus einem Vorschlage des Herrn Dümmler entwickelte.

Einer ähnlichen Ausführung von Esn.-Pelterie gegenüber zeichnet sich diese durch das exzentrisch zum Keil, aber zentrisch zur Zugkraft liegende Bolzenloch aus. Siehe Fig. 8.

Allerdings ist jede Biegung an so hochwertigem Material wie Stahldraht auch deswegen gefährlich, weil nicht jede Verbindungsstelle in der Herstellung überwacht werden kann, und immer die Gefahr vorliegt, daß ein erstes Versehen in der Ablängung oder Stärke der Biegung durch Auf- und Wiederzubiegen vertuscht wird. Die Festigkeit einer so gepfuschten Öse ist natürlich ganz unberechenbar. Für die fabrikmäßige Herstellung ist demnach eine Verbindung, bei der gar nichts gebogen wird, die allerzuverlässigste.

Dieselben Versuche mit Ösen und Klemmen habe ich auch an Kabeln gemacht und gesehen, daß die Festigkeit bei Kabeln durch Ösen weniger leidet als bei Drähten, sofern man das Rutschen durch die Öse und ihre Klemmen durch genügende Zahl der Ösenklemmen vermeiden und die Materialbeschädigung durch die Klemmschrauben verhindern kann. Den Einfluß auf die Bruchdehnung konnte ich bisher nicht feststellen. Wendet man überhaupt Ösen an, so ist das Kabel als Verspannung vorzuziehen. Gebraucht man aber einen einwandfreien Anschluß ohne Schwächung, d. h. durch Dickend oder Klemme, so möchte ich dem Stahldraht

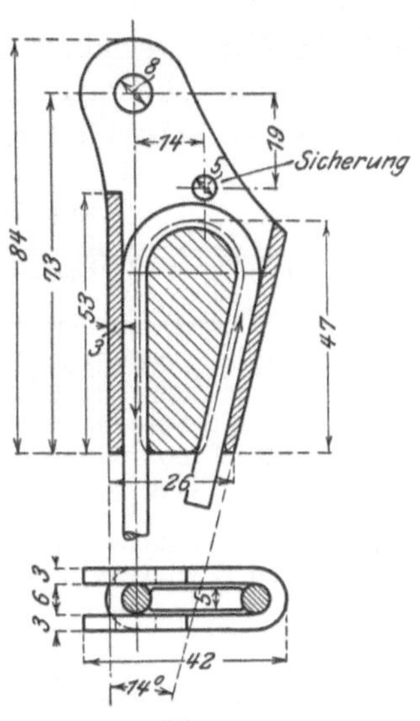

Fig. 8.

den Vorzug geben, der besser zu überwachen und gegen Rost zu schützen ist und weniger leicht durch äußere Einflüsse beschädigt wird.

Die Forderung des Vibrierens der Spanndrähte ohne Biegung an den Anschlußstellen kann man durch gelenkigen Anschluß unschwer erfüllen.

[Ich habe seitdem noch weitere Vergleichsversuche mit Drähten, die durch Ösen und durch Klemmen angeschlossen waren, gemacht. Dabei hat sich für die Ösen gezeigt, daß sie umso besser halten, je kürzer sie gemacht werden können, natürlich ohne Hin- und Herbiegen bei der Herstellung. Das Reißen aller Ösen erfolgte ausnahmslos auf folgende Weise: Durch die Belastung verkürzt sich die Öse in der Weise, daß sich der gebogene Draht durch das Loch und durch das Ösenröhrchen hindurchzieht und dabei sich wieder gerade biegt, die Öse sich verkürzt und das Röhrchen ganz dicht an das Ösenblech heraufrutscht. Durch das so eintretende Aufbiegen des vorher zugebogenen Ösenteils wird das Material geschädigt und es tritt das Reißen in dem nunmehr geraden Teil des Drahtes der aber vorher gebogen war, ein.

Gelingt es die Öse so kurz zu machen, etwa mit Hilfe von Spezialwerkzeugen, daß ein Herumrutschen des Drahtes nicht eintreten kann, dann hat, was bei einer der unten angebenen Proben der Fall war, die Öse eine viel höhere Festigkeit.

Läßt man Ösen zu, dann sollte man auch Spezialösenbiegezangen vorschreiben, die mit einmaliger Biegung eine ganz kurze Öse herstellen.

Im Gegensatz zu den Proben mit Ösen, zeigten die Zerreißversuche mit den Klemmen der Fig. 8 ohne Ausnahme eine volle Ausnutzung der Festigkeit des Drahtmaterials und auch der Dehnbarkeit.

Bei den 5 mm starken Drähten war ja wohl der Unterschied zwischen Öse und Klemme besonders groß, weil die Herstellung der Öse in so starkem Draht schwieriger ist und das Material mehr schädigt.

Es zeigte sich, daß bis auf einen Versuch, bei dem die Öse besonders kurz geglückt war, Festigkeit sowohl als auch Formänderungsarbeit der Öse noch nicht die Hälfte des Betrages bei Anwendung von Klemmen erreichten. In der nebenstehenden Tabelle sind einige der Ergebnisse mitgeteilt.

Fertigkeitsversuche an Spanndrahtösen und Klemmen.

	Nr.	l_1 cm	d mm	Höchstl. kg	Spannung kg/cm²	Streckung cm	Diagr.-Fl. cm²	Arb.vermögen kgcm	Bruch	Bemerkungen
Öse	486	41	5,00	1300	6 640	3,73	13,0	4120	innerh. der Öse	l_1 Länge von außen zu außen Öse
	487	41	5,02	1240	6 330	2,39	26,9	2185		
	488	41,5	5,00	1880	9 590	5,34	22,6	7165		
	489	40	5,02	1290	6 580	3,73	11,9	3770		
	490	40	5,00	1320	6 730	3,47	11,2	3550		
Klemme	491	48,5	5,00	2700	13 800	4,00	26,6	8430	gesund an Ende	l_1 Länge Mitte bis Mitte Bolzenloch
	492	49	5,00	2700	13 800	3,66	27,7	8775	gesund in Mitte	

Die Unzuverlässigkeit der Ösenausbildung an Drähten, die mangelnde Durchbildung der Steuerzüge in bezug auf Abnutzung und Überschreitung der Elastizitätsgrenze an zu kleinen Rollen und dergl. haben dazu geführt, das Heil in einer Vervielfachung der Glieder zu suchen, die sich bei Versagen des einen von ihnen gegenseitig ablösen sollen.

Meiner Meinung nach entspricht dies einem primitiven Zustande der Technik, und das Ziel muß sein: Ausschaltung unzuverlässiger Verbindungen und sich abnutzender Teile und Erhöhung des Sicherheitsgrades durch Verstärkung der Verbindung, nicht durch Vervielfachung!

Für die Prüfung einer Konstruktion auf ihre Einzelheiten möge ferner noch erinnert werden an die Begrenzung der Lochwandungsdrucke von Bolzen in Holz und die Lochwandknickung dünnwandiger Rohre, an die Forderung der dauernden Überwachbarkeit der Einzelheiten während des Betriebes, an die Sicherung gegen Materialfehler bei leinwandbeklebten Holmen und Propellern und dergl.

Eine genauere Betrachtung fordert auch die immer weitere Beliebtheit, deren sich die autogene Schweißung für die Herstellung schwieriger Verbindungsteile an Knotenpunkten erfreut, wo eine Herstellung aus dem Vollen oder durch Pressen wegen zu geringer Stückzahl zu teuer oder zu langwierig scheint. Bemerkenswert ist gerade diese Einführung in die Flugtechnik im Gegensatz zum Automobilbau. Sie scheint wohl nur dort gute Ergebnisse zu liefern, wo eine Auflösung der Konstruktion in sehr viele schwache Einzelteile die Gefahr einer Fehlschweißung vermindert. Als endgültige Bauart für Teile, die wichtige Spannungen aufzunehmen haben, möchte ich die autogene Schweißung nicht gelten lassen, da das Material an der Schweißstelle den Charakter von Guß hat und plötzliche Übergänge in den

Materialeigenschaften vorhanden sind, wie die bisher veröffentlichten Laboratoriumsuntersuchungen gezeigt haben.

Dagegen scheint die Schweißung für reine Befestigungsteile und Heftnähte, wie z. B. Schuhe für Druckstreben, wegen ihrer Bequemlichkeit auch fernerhin eine Zukunft zu haben.

Referent selbst hat bei seinen Konstruktionen bisher ohne jede Schwierigkeit Schweißstellen vermeiden können und sieht z. B. den Vorteil, Stahlrohrgeripppe durch Schweißung herzustellen, durchaus nicht ein, wo es eine Fülle von bequemen Ausbildungen von Knotenpunkten ohne dieses von der Güte des Arbeiters so sehr abhängige Mittel gibt.

Auf jeden Fall sollte eine Einigung darüber versucht werden, wo Schweißung empfohlen werden darf und in welcher Weise die Zuverlässigkeit der Herstellung vom Verbraucher, z. B. der Heeresverwaltung, überwacht werden kann.

Ähnliche Überlegungen sind für den Anwendungsbereich von Gußteilen, Hart- und Weichlötung anzustellen.

Die Prüfung durch Belastungsproben.

Daß die bedingungsgemäße Beschaffenheit der verwendeten Materialien wie Draht, Kabel, Stahlrohr, Holz, Stoff usw. mit ihren Anschlußverbindungen durch Stichproben auf der Festigkeitsmaschine nachgeprüft werden sollte, daß der Zusammenbau der Teile in den einzelnen Baustadien überwacht werden sollte, bedarf wohl keiner Erläuterung, da es nur der Übung in andern Gebieten entnommen werden braucht. Freilich ist dazu nötig, daß die Abnahmekommissionen der Käufer flugtechnisch geschulte Ingenieure dazu beauftragen.

Eine Frage ist nun aber des öfteren aufgeworfen worden, und zwar die, welchen Wert Belastungsproben des ganzen Flugzeugs haben, wie diese verlangt werden können, ohne dem Fabrikanten zu starke Unkosten aufzuerlegen, in welcher Weise und bis zu welchem Grade sie durchgeführt werden sollten und ob ein so geprüftes Flugzeug nachher noch benutzt werden darf.

Das gegebene Verfahren für eine solche Probe ist ja bekanntlich die Aufhängung des Apparats in umgekehrter Lage und die Belastung der Flügel mit Sand. Man hat nun je nach der Überbelastung mit Sand im Verhältnis zum Eigengewicht gewisse Sicherheitsgrade eingeführt.

[Man darf z. B. von einer zehnfachen Sicherheit gegenüber der statischen Last dann sprechen, wenn der Bruch des Systems erst bei einer Sandbelastung aller Flügel gleich dem zehnfachen Eigengewicht eintritt. Es entspricht nicht dem technischen Sprachgebrauch bei zehnfacher Sicherheit ein Halten der Konstruktion unter zehnfacher Last zu verstehen, was ja auch ein sehr unbestimmter Begriff wäre.

Die Bemessung des Sicherheitsgrades nach dem Eigengewicht ist zwar bequem, jedoch nicht ganz logisch. Zur Beurteilung des Sicherheitsgrades im technischen Sinne sind offenbar alle denkbaren Belastungen (Kap. 1) heranzuziehen. Dann natürlich darf man nicht mehr eine zehnfache Sicherheit verlangen, sondern erfahrungsgemäß genügt bei diesem Ansatz eine dreifache Sicherheit im obigen Sinne, bei der die Konstruktionen nicht zu schwer werden und die Spannungen den Baustoff auch nicht allmählich schädigen.]

Die erstrebenswerte Sicherheit ist, wie oben auseinandergesetzt, diejenige, bei der alle Spannungen unter der Elastizitätsgrenze bleiben, d. h. keine bleibenden Formänderungen nach der Entlastung zurückbleiben.

Diese Forderung ist im Augenblick bei keiner Flugzeugkonstruktion erfüllt, da überall Verbindungsteile verwendet werden, die sich allmählich strecken, wie z. B. die Drahtösen, die Bolzenlöcher in Holz, die Stahlkabel und die Stoffbespannung.

Eine Belastungsprobe mit der wirklichen Betriebslast zu dem Zweck die Größe der bleibenden Formänderungen als Maßstab der Güte zu nehmen, wie sie im Brückenbau üblich ist, ist hier also nicht angängig.

Eine Belastungsprobe mit einem Vielfachen der größten Betriebslast bleibt demnach nur übrig. Diese kann entweder bis zum Bruch erfolgen oder früher aufhören. In dem letzteren Fall hat man dann keine Sicherheit dafür, daß das System nicht geschädigt und gerade durch die Belastungsprobe gefährlich für den Betrieb geworden ist. Ein so geprüftes Fahrzeug sollte also nicht wieder verwendet werden.

Mit dieser Bedingung wird aber die Belastungsprobe auch eine starke Belastung des Geldbeutels desjenigen, der dafür aufzukommen hat, und wirtschaftlich nur denkbar bei einer Verteilung der Belastungsprobe eines Typs auf viele in Gebrauch genommene Exemplare. Sie ist dann aber am zweckmäßigsten bis zum vollständigen Bruch fortzusetzen, und man hat durch sie einen gewissen Anhalt dafür, wie groß etwa die Betriebsbelastung werden darf, wenn man eine große Lebensdauer des Apparats verlangt.

Sollten wir zu vollkommen elastischen Konstruktionen ohne bleibende Durchbiegung kommen, so würde die Belastungsprobe an zahlreicheren Exemplaren und ohne Schädigung derselben vorgenommen werden können.

Ein Rückblick auf die obigen Darlegungen zeigt:
daß wir die Betriebsbelastungen eines Flugzeugs der Größenordnung nach schätzen können, daß aber weitere Messungen der auftretenden Belastungen nötig sind; daß wir die Spannkräfte und Spannungen für den verschiedenen Aufbau der Flugzeuggerippe ohne Schwierigkeit erledigen können, wobei einige Punkte als besonders lebenswichtig zu betonen waren.

Eine Zusammenstellung von Berechnungsbeispielen der verschiedenen Flugzeugtypen vom Belastungsschema bis zum Knotenpunktsdetail wäre eine nützliche Aufgabe.

Wir haben ferner gesehen, daß verschiedene übliche Konstruktionseinzelheiten sich aus dem jungen Stande der Technik und den geringen Lieferungsmengen erklären, aber durchaus verbesserungsfähig sind.

In dieser Hinsicht möchte ich vorschlagen, daß die verschiedenen, in unserer Gesellschaft vertretenen Materialprüfungslaboratorien planmäßige Versuchsreihen über die Festigkeitseigenschaften von Flugzeugbaustoffen und deren Verbindungsteilen vornehmen und der Gesellschaft hierüber berichten.[1])

Die Auswahl hervorragender Materialsorten für den Flugzeugbau wird umso größeren Nutzen bringen, je mehr wir die zulässige Spannung nach den verschiedenen Festigkeitseigenschaften derselben abzustufen in der Lage sind. Hier fehlt noch eine planmäßige Verknüpfung von Elastizitätsmodul, Elastizitätsgrenze, Bruchgrenze, Brucharbeit und Kerbschlagprobe einerseits und zulässiger Spannung andererseits.

Belastungsproben ganzer Apparate im augenblicklichen Stande der Technik haben nur Wert, wenn sie bis zum Bruch fortgesetzt werden. Eine so kostspielige Forderung kann nur bei Abnahme vieler Apparate gestellt werden.

Ein Fortschreiten der Technik zu einem Aufbau ohne bleibende Durchbiegung unter Betriebslast wird eine wirtschaftlichere Durchführung der Belastungsprobe ermöglichen.

Diskussion.

Geh. Reg.-Rat Prof. Dr.-Ing. **Barkhausen-Hannover**:

Unter den äußeren, die Steuerung beeinflussenden Wirkungen ist auch die der Schraube als Kreisel aufzuführen. Ist die Schraube von hinten gesehen rechtsläufig, und geht das Flugzeug aus dem Gleitfluge in die Wagerechte über, so beschreibt das Flugzeug einen mit dem Seitensteuer abzusteuernden Bogen nach rechts; wird das Flugzeug bei derselben Drehrichtung der Schraube nach rechts gesteuert, so kippt es vorn nach unten, was ein Aufrichten mit dem Höhensteuer bedingt. Allgemein entsteht also durch die Schraube eine gegenseitige Beeinflussung von Seiten- und Höhensteuer, die den Flugzeugführer überrascht, wenn er seine Aufmerksamkeit nicht darauf richtet.

Fabrikbesitzer **Aug. Euler-Frankfurt-Main**:

Der große Wert der Ausführungen des Herrn Prof. Reissner liegt für mich als Praktiker darin, daß er sich die Aufgabe gestellt hat, eine Basis zu finden, auf welcher man rechnerisch an die einzelnen Konstruktionsmomente herantreten kann. Darin sehe ich ein außerordentliches Verdienst. Die in dieser Richtung vorhandenen Werte und Richtungen sind bis heute noch sehr gering bzw. unzuverlässig. Auf die einzelnen Ausführungen möchte ich erwidern:

Wenn Herr Prof. Reissner sagt, daß das Abfangen einer Flugmaschine in 40 m geschehen müsse, so ergibt sich daraus, daß der Ermittlung dieser Zahl eine verhältnismäßig sehr schwere Flugmaschine zugrunde gelegen hat. Das Abfangen überhaupt setzt für mich schon eine schwere Flugmaschine voraus. Wenn Herr Prof. Reissner die Gleitfluggeschwindigkeit einer solchen Flugmaschine auf 140 km Stundengeschwindigkeit festsetzt oder eine solche vermutet, so glaube ich auch, daß hier nur eine schwere Flugmaschine gemeint sein kann. Ebenso läßt mich der von Herrn Prof. Reissner angenommene Winkel von 45⁰ vermuten, daß er bei Er-

---

[1]) Anfänge hierzu sind in den systematischen Arbeiten der Herren R. Baumann und Weber über Holz, Aluminium und Schweißproben bezw. über Ballonstoffe vorhanden.

mittlung dieses Winkels eine sehr schwere Flugmaschine im Auge hatte. Die Flugzeuge haben heute eine Eigengeschwindigkeit von 70—120 km/St.; wenigstens sollte man nur diese Eigengeschwindigkeiten bei der Beurteilung solcher Fragen zurzeit ins Auge fassen. Die Gewichte dieser Flugmaschinen schwanken zwischen 250 kg bis 5—600 kg Eigengewicht ohne Betriebsstoffe. Nach meinen Erfahrungen hat eine Flugmaschine von einem Eigengewicht von 250—300 kg einen Abfang selbst mit Passagier und mit größeren Mengen Betriebsstoff nicht nötig. Ein verhältnismäßig flacher Gleitflug geht bis ganz dicht an die Erde heran, und in der Höhe von 4—6 m allmählich durch geschickte Betätigung der Höhensteuerung in die Horizontale über. Eine solche leichte Flugmaschine hat auch bei einer Eigengeschwindigkeit von 100 km/St. ordentlich im Gleitfluge zur Erde gesteuert höchstens eine Gleitfluggeschwindigkeit von 40—50 km/St. Die mit einer solchen Gleitfluggeschwindigkeit zur Erde gebrachte Maschine wird die ungefähre Richtigkeit der von mir gesagten Zahlen beweisen durch einen verhältnismäßig sehr kurzen Auslauf, den sie dann auf der Erde noch hat.

Bezüglich der Frage der Querschnitte, welche Herr Prof. Reissner in so dankenswerter, eingehender Weise berührt hat, möchte ich darauf hinweisen dürfen, daß zurzeit notwendigerweise gewisse Anforderungen an die Flugmaschine gestellt werden müssen, welche bezüglich der Größenverhältnisse der Maschinen bestimmte Maße unüberschreitbar machen, auch die Gewichte begrenzen. Insbesondere werden Bedingungen gestellt an die Kürze des Anlaufs, des Auslaufs und der Steigfähigkeit.

Und so wünschenswert es wäre, mit ganz außerordentlich hohen Sicherheitskoeffizienten zu rechnen, so muß doch zurzeit, ich möchte sagen leider, den gesagten Anforderungen, welche an solche Maschinen gestellt werden, deshalb Rechnung getragen werden, weil die Landesverteidigung gewissermaßen notwendigerweise solche Bedingungen stellen muß.

Professor **Baumann-Stuttgart**:

Die Berechnungen, die Herr Reissner betreffs Mehrbeanspruchung durch die Zentrifugalkraft angestellt hat, sind offenkundig primitiver Natur. Es ist mit konstanter Geschwindigkeit, mit Bewegung auf einer Kreisbahn usw. gerechnet, was sicher den wirklichen Verhältnissen nicht entspricht, wo vielmehr immer die Frage sein wird, ob die Tragflächen nach Maßgabe ihrer Profilierung usw. in der Lage sein werden, die errechneten Auftriebe herzugeben; ist das nicht der Fall, so sackt die Maschine durch, die Flugbahn wird eine andere. Es ist nun immer eine ziemlich komplizierte Sache, in einem solchen Fall eine genauere Rechnung anzustellen, in den wenigsten Fällen wird dabei zahlenmäßig die Wirkung der Tragflächen bei verschiedenem Anstellwinkel, Geschwindigkeit usw. bekannt sein. Um diese Schwierigkeiten zu umgehen, habe ich versucht, die auftretenden Massenkräfte experimentell zu bestimmen. Ich möchte an dieser Stelle noch keine näheren Angaben machen oder mich bezüglich der Resultate verbindlich äußern. Nur soviel sei gesagt, daß eine kleine Masse, deren Massendrücke registriert werden, mit dem Flugzeug verbunden ist. Ich bin dann so steil, als ich es für zulässig hielt, bei laufendem Motor nach unten gegangen und habe dicht über dem Boden das Flugzeug abgefangen, um so steil, als es mir zulässig erschien, wieder aufzusteigen. Dabei habe ich Kräfte bis jetzt vom 2½ fachen des Gewichts konstatiert. Wie man aber sieht, ist der Vorgang durchaus individuell und abhängig von der Art der Steuerung.

Was die Belastung der Tragdecken von oben anlangt, so möchte ich mich doch nicht den Ausführungen von Herrn Reissner anschließen. Ich kann mir nicht denken, daß eine Steuerung in der von ihm angegebenen Art im allgemeinen vorgenommen wird, und zwar wird der Flugzeugführer ein solches Steuern schon in Rücksicht auf seine Person vermeiden. Die errechnete Zentripetalkraft wird zwar auf das Flugzeug, aber nicht auf den Körper des Piloten ausgeübt, er würde also, wenn er sich nicht festhält, aus dem Sitz fallen. Ehe es wirklich soweit kommt, wird er deshalb zweckmäßig anders steuern. Tritt eine Beanspruchung des oberen Hängewerks bei Eindeckern ein, so rührt das meines Erachtens daher, daß die Druckverteilung über einen Flügel auch bei kleinem Anstellwinkel so sein kann, daß die Vorderkante Druck von oben bekommt, während die hinteren Partien Druck von unten haben. (Soll ein Schweben dabei möglich sein, so muß der Druck auf die Hinterseite um den Druck auf die Vorderkante größer als das Gewicht sein.) Da die Torsionsfestigkeit des Flügels nur durch die getrennten Hängewerke des vorderen und hinteren Holms bedingt ist, der Flügel aber im allgemeinen in dieser Richtung nachgiebig ist, so wird der vordere Holm, wenn er in der Vorderkante oder nahe bei ihr liegt, für sich herabgedrückt, also das obere Hängewerk auf Zug beansprucht.

Was die Kreiselwirkung anlangt, so kommt sie für die Festigkeitsrechnung in diesem Zusammenhang kaum in Betracht, und zwar deshalb, weil, soweit meine Kenntnis reicht, stets die von den Steuern ausgeübten Momente ausreichen, um die Kreiselwirkung auszuschalten. Die Festigkeit der Maschine muß aber ohne Rücksicht auf Kreiselwirkung so bemessen sein, daß sie die Steuermomente aufzunehmen vermag.

Die Forderung, schließlich mit einer über die Flügel gleichmäßig verteilten Last zu rechnen, kann nur für Rechtecksflächen mit konstantem Anstellwinkel gelten, während eine sinngemäße Rechnung für Flächen mit veränderlichem Anstellwinkel oder Veränderlichkeit der Flügelbreite usw. natürlich anders durchzuführen ist.

Professor **Schütte**-Danzig-Langfuhr:

Der Erfolg eines Verkehrsmittel hängt in der Hauptsache von zwei Dingen ab, von seiner technischen Vollkommenheit und von der Geschicklichkeit und Zuverlässigkeit des Bedienungspersonals. — Die Zeiten, wo sich viele berufen fühlten, Flugzeuge und Luftschiffe zu konstruieren, sind vorüber. Mancher Unfall mit Todesfolge muß auf mangelhafte Ausführung der Apparate zurückgeführt werden. Erfreulicherweise haben Flugzeug- und Luftschiffbau in den letzten Jahren große Fortschritte gemacht, hierfür dürften Ila und Ala die besten Beweise liefern. Die soliden und zuverlässigen Ausführungen sind zum Teil durch eingehende Materialprüfungen gewonnen worden. Wenn auch Herr Kollege Reissner meint, daß solche Prüfungen wegen ihrer großen Kosten nur von größeren Betrieben ausgeführt werden können, so sollten doch auch kleinere Betriebe dieser Frage nähertreten, und ich bin überzeugt, daß es in vielen Fällen geschieht, um die wünschenswerte Sicherheit garantieren zu können.

Bei der Vornahme von Materialprüfungen genügt es bekanntlich nicht, das betreffende Material einmal bis zum Bruch zu belasten und hierbei seine Änderungen zu beobachten; es muß vielmehr möglichst denjenigen Bedingungen unterworfen werden, denen es im späteren Betriebe tatsächlich ausgesetzt ist. Ganz besondere Sorgfalt ist auf die Montage zu legen. Ich habe wiederholt beobachten können, daß z. B. in einem System von Spanndrähten der eine oder andere Draht bis zum Klingen steif gesetzt war. Dies ist unzulässig; denn solche Drähte werden zunächst reißen und dadurch unter Umständen den Zusammenbruch des ganzen Systems herbeiführen. Ein großer Feind unserer Konstruktionen sind die Erschütterungen, Schwingungen und ihre Resonanzen. Bei Propellerproben an betriebsfertigen Aggregaten sollte man daher die Versuche über viele Stunden ausdehnen.

Dr.-Ing. **Bendemann**-Adlershof.

Die Berechnung der größten Flügelbeanspruchungen, welche beim Abfangen der im Gleitflug erlangten Geschwindigkeit auftreten können, sollte meines Erachtens davon ausgehen, daß der Flugführer durch unvorhergesehene Störungen manchmal zu unvernünftig plötzlichen Steuerbewegungen veranlaßt wird. Man sollte also das Maximum der Kraft zugrunde legen, die bei plötzlichem Aufdrehen in die Horizontallage auftreten kann. Das scheint mir auf erheblich höhere Sicherheitsfaktoren zu führen als der Reissnersche Ansatz, der voraussetzt, daß der Übergang allmählich auf einen Bogen von angenommener Höhe stattfindet.

Dipl.-Ing. **Grulich**-Johannisthal:

Herr Prof. Reissner kommt rechnerisch zu dem Ergebnis: „Es scheint aber, als ob schnelle Apparate eine geringere Überbeanspruchung durch Wind zu erfahren hätten als langsame" und fügt hinzu: „Dies entspricht nicht immer der Empfindung des Piloten." Ich möchte sagen: „Das entspricht nicht der Wirklichkeit." Ich habe wiederholt schnelle Apparate bei ziemlich böigem Winde geflogen und gespürt, daß sie sehr starke Stöße bekamen. Diese Stöße waren manchmal so hart, daß man hätte denken können, es schlüge jemand mit Knüppeln gegen die Tragflächen. Die durch Böen hervorgerufenen Überbeanspruchungen sind sicher bei schnellen Apparaten höher als bei langsamen. Ich erkläre mir diese Tatsache so: Bei langsamen Apparaten wirkt die Böe längere Zeit auf die Tragfläche als bei schnellen Apparaten. Bei ersteren hat also die Böe Zeit, die stark elastische Tragfläche elastisch durchzubiegen. Bei letzteren dagegen ist die Zeit, innerhalb der die Böe wirkt, viel kürzer, die Tragfläche hat daher keine Zeit, sich elastisch zu biegen. Dadurch entsteht der harte Stoß.

Ein weiterer Grund, warum die schnellen Apparate stärkere Überbeanspruchungen durch Stöße erfahren, die durch Böen hervorgerufen werden, ist der, daß der schnelle Apparat größere Trägheit besitzt. Sowohl infolge seiner größeren Geschwindigkeit als auch seiner größeren Masse — denn die größere Geschwindigkeit wird meistens durch stärkere und schwerere Motoren hervorgerufen — wird der schnelle Apparat weniger durch eine Böe aus seiner Lage gebracht als ein langsamer. Also auch aus diesem Grunde wirkt die Böe bei schnellen Apparaten mit viel härterem Stoß auf die elastischen Tragflächen als bei langsamen Apparaten.

Bei schnellen Apparaten wird man daher die Überbeanspruchungen der Tragflächen durch Böen sehr stark vermindern, wenn man sie stark elastisch herstellt.

Dipl.-Ing. **Kober**-Friedrichshafen i. B.:

Herr Reissner bedauert, Angaben über das gegenseitige Belastungsverhältnis der oberen und unteren Tragfläche eines Doppeldeckers nur bei Eiffel gefunden

Tabelle

Zwei Tragflächen senkrecht übereinander in verschiedenen Abständen h, bezogen auf die Tragflächentiefe l.

Gegenseitiger Höhenabstand h vergl. mit der Flächentiefe l	Vertikaldruck auf die obere Fläche in/g	Vertikaldruck auf die untere Fläche in g und in Proz. des Druckes auf die obere Fläche	$^1/_2$ Vertikaldruck beider Flächen zusammen in g und verglichen mit einer einzigen (Eindecker-)Fläche (3000 g)	Prozentuale Druckänderung gegenüber h = l (zu 100 % angenommen)
h = 0,85 l	2572	2298 = 89,4 %	2435 = 81,2 %	97,2 %
l	2636	2371 = 90,0 %	2504 = 83,3 %	100 %
1,2 l	2665	2458 = 92,3 %	2562 = 85,4 %	102,3 %
1,3 l	2687	2497 = 92,9 %	2592 = 86,4 %	103,5 %
1,5 l	2723	2560 = 94,0 %	2642 = 88 %	105,6 %
1,7 l	2750	2590 = 94,6 %	2671 = 89 %	106,7 %
2 l	2773	2652 = 95,7 %	2712 = 90,2 %	108,3 %

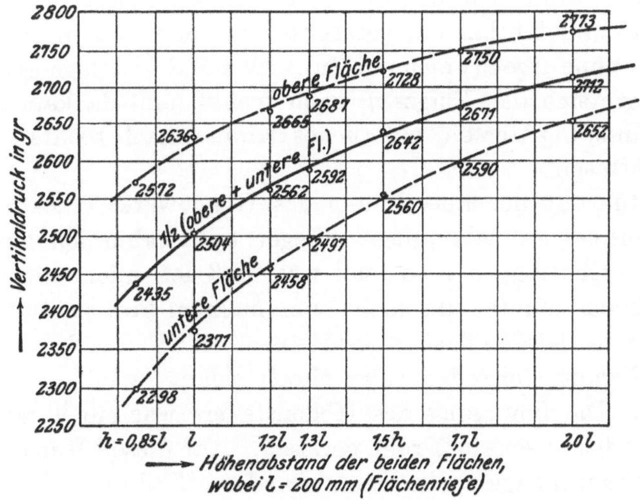

Fig. 9.

zu haben. Nach Eiffel beträgt die Mehrbelastung der oberen gegenüber der unteren Tragfläche 20 %.

Ich habe im Jahre 1910/11 für Graf Zeppelin in der 133 m langen Manzeller Halle Modellwagenversuche über das gegenseitige Verhalten übereinanderliegender aus 1 mm starkem, vorn und hinten zugespitztem Aluminiumblech hergestellter Tragflächen (Modelle von 600 mm Breite, 200 mm Tiefe, $^1/_{17}$ Wölbung und unter einem Neigungswinkel von $+ 10^0$ zum Horizont bei 20 m/sec Modellwagengeschwindigkeit) angestellt und gefunden, daß bei einem Tragflächenabstand = der Tragflächentiefe der halbe Auftrieb beider Doppeldeckerflächen 83½ % des Auftriebes einer einzigen (Eindecker-) Fläche beträgt, d. h. der Tragflächenwirkungsgrad des Zweideckers beträgt im vorliegenden Falle 83½ % gegenüber dem des Eindeckers.

Das gegenseitige Verhalten der Drücke auf beide Tragflächen gibt vorstehende Tabelle (s. S. 27):

Der Verlauf der Kurven der Vertikaldrücke ist ein sehr guter.

Nach diesen Versuchen beträgt bei $+ 10^0$ Einstellungswinkel zum Horizont und bei $^1/_{17}$ Tragflächenwölbung bei dem üblichen Höhenabstand h = l die Mehrbelastung der oberen gegenüber der unteren Tragfläche nur 10,1 $^0/_0$ gegenüber 20 % bei Eiffel.

Da meine Messungen gute Übereinstimmung und Gesetzmäßigkeit ergaben — es wurden stets mindestens 10 Messungen für die gleiche Versuchsanordnung gemacht und dann der Durchschnitt bestimmt; die Maximal- und Minimalwerte weichen von den Durchschnittswerten bei den Versuchen mit zwei Tragflächen 1,5—2 % ab — muß Eiffel jedenfalls andere Verhältnisse seinen Versuchen zugrunde gelegt haben.

Oberingenieur **Hirth,** Techn. Direktor der Albatros-Werke:

Die Kreiselwirkung eines rotierenden Flugzeugmotors macht sich nur in der Rechtskurve unangenehm bemerkbar, wenn der Motor so angeordnet ist, daß er sich vom Führersitz aus gesehen nach rechts dreht.

Ich flog eine Rumplertaube mit 70-PS-Gnôme-Motor; gewarnt durch Gerüchte, die aus Frankreich kamen, versuchte ich vorsichtig in großer Höhe zuerst Linkskurven, die ohne irgendwelche Störung bis 55⁰ Schräglage ausgeführt wurden. Weniger gern legte sich das Flugzeug nach rechts, und da kam es nun vor, daß einmal früher, einmal später ein plötzliches Kippen nach rechts eintrat, das mich unangenehm überraschte.

Zu der Ausführung der Berechnung des Hängewerks eines Flugzeuges führe ich folgendes Beispiel an: Als junger Flieger unternahm ich aus Sensationslust einen sehr steilen Gleitflug, der so steil war, daß ich mich mit der linken Hand nach vorn abstützen mußte, um nicht von meinem Sitz zu rutschen. In 80 m Höhe wollte ich den Gleitflug flacher gestalten, doch nur mit der ganzen Aufbietung der mir zur Verfügung stehenden Körperkraft gelang es mir, das Höhensteuer an mich zu ziehen. Die Bewegung des Höhensteuers war ein kurzer starker Ruck, so daß ich fürchtete, es sei ein Draht gerissen. Auf diesen Ruck richtete sich das Fahrzeug zur Horizontallage auf, setzte aber seinen Fall fort, bis auf ca. 20 m vom Boden, um mit einem glatten, flachen Gleitfluge zu landen.

Ich möchte hier anführen, daß ein Flugzeug, dessen Masse weit vom Druckmittelpunkt entfernt liegt, durch die Massenbeschleunigung die einmal angenommene Richtung beibehält, bis seine erhöhte Geschwindigkeit abgebremst ist. Aus guter französischer Quelle habe ich erfahren, daß Versuche, bei denen Dynamometer zwischen die Aufhängekabel eines Eindeckers gehängt wurden, bei sehr starken Böen die neunfache Überlastung ergeben haben. Eine zehnfache Sicherheit der Flügel sowie deren Aufhängung bei Eindeckern erscheint mir deshalb nicht genügend.

Professor **M. Weber**-Hannover:

Ich sehe den Wert der Ausführungen des Herrn Vortragenden weniger im Zahlenmäßigen als im Methodischen und fasse die von ihm der Berechnung zugrunde gelegten kreisförmigen Bahnen bei einem Abwärtsflug in lotrechter Ebene mehr als beispielsweise gewählte, noch nicht endgültige auf. Es kommt dann vor allem darauf an, daß diejenigen noch als zulässig geltenden Bahnformen für den Abwärtsflug ermittelt werden, die in ungünstigen Fällen die größten Werte für die von unten wirkenden Belastungskräfte und also auch die größten lotrechten Beschleunigungen — das sind hier Verzögerungen — ergeben. Herr Professor Baumann hat vorgeschlagen, zur Ermittelung dieser größten Belastungskräfte — z. B. beim Abfangen eines Flugzeugs kurz vor dem Landen — einen Beschleunigungsmesser zu benutzen. Anstatt die Beschleunigung durch einen Apparat zu bestimmen, könnte man sie auch auf kinematischem Wege in folgender Weise ermitteln: Man legt durch kinematographische Aufnahme die Bahn des Flugzeugs fest und gewinnt damit zugleich — wegen der gleichen zeitlichen Abstände der Einzelbilder — die Zeitteilung auf der Bahn in so dichter Folge, daß die Geschwindigkeiten und Beschleunigungen sich leicht auf graphischem Wege herleiten lassen. Dieses Verfahren hat schon durch den wissenschaftlichen Begründer der Kinematographie, durch Marey, Bürgerrecht in der Flugwissenschaft erworben, der mittels desselben die Auftriebs- und Vortriebskräfte eines fliegenden Vogels analysierte.

Was die Berechnung der Holme der Tragflächen betrifft, so weise ich darauf hin, daß sich die Berechnung anders gestaltet, je nachdem bei dem Flugzeuge

    a) Vorder- und Hinterholm fest eingespannt und starr sind, oder ob

    b) Vorderholm fest eingespannt und starr, Hinterholm fest eingespannt und elastisch, oder ob

    c) Vorderholm fest eingespannt und starr, Hinterholm gelenkig befestigt, oder ob

    d) nur ein fester Vorderholm vorhanden ist und der Hinterholm fehlt, wie bei den Bréguet-Tragflächen und den Vogelflügeln.

Dieser unterschiedlichen Stützung der Tragflächen entsprechend muß sich auch die Berechnung der beiden Holme anpassen. Bei nachgiebigem, bei gelenkig gelagertem und bei fehlendem Hinterholm wird im allgemeinen der Vorderholm auf Biegung und Verdrehung in Anspruch genommen.

Soll die Öse an den Spanndrähten beibehalten werden, so muß sie unbedingt dieselbe Sicherheit erhalten, wie sie für die übrigen Teile der Tragfläche als notwendig erkannt wird. Andernfalls verstößt man gegen folgenden, allgemein bewährten Grundsatz des Konstruierens: Die Sicherheit einer Anordnung darf nicht nach der Güte, sondern nach der Schwäche der einzelnen Teile beurteilt werden. Denn jede Konstruktion ist so stark wie ihr schwächster Punkt; das ist beim heutigen Flugzeug noch immer die Öse.

Professor v. **Parseval**-Charlottenburg:

Der Aufstellung des Vortragenden, wonach die Festigkeit eines Flugzeuges so hoch bemessen sein muß, daß eine Tragflächenbelastung gleich dem $5\frac{1}{2}$ fachen des Gewichtes noch zulässig ist, scheint etwas weit zu gehen. Es wird nicht leicht vorkommen, daß die angenommenen ungünstigen Faktoren gleichzeitig mit ihrem höchsten Betrage zusammenkommen.

Für solche extremen Fälle kann man ein Flugzeug nicht konstruieren.

Die Höchstbelastung der Tragflächen im Fluge ergiebt sich aus der Formel
$$B = 0{,}075 \cdot v^2,$$
wobei v die möglicherweise auftretende größte Fluggeschwindigkeit ist.

Professor **Romberg**-Charlottenburg:

M. H. Ich möchte mit wenigen Worten Ihre Aufmerksamkeit auf eine Beanspruchung des Flugzeugs lenken, die mir nicht unwesentlich zu sein scheint. Sie tritt z. B. auf bei folgendem Vorgang im Betriebe des Fahrzeugs. Der Fahrer geht zum Gleitflug über, wobei er den Motor abstellt. Kurz vor dem Landen etwa läßt er den Motor wieder voll angehen. Dabei treten dann, infolge der Eigenart des Motors, scharf anzuspringen, unter Umständen sehr plötzlich starke Antriebskräfte auf und hierdurch, in Verbindung mit der Massenträgheit des Flugzeuges Formänderungsarbeiten, denen nicht unerhebliche Beanspruchungen entsprechen werden. Ich möchte hier an die Analogie mit dem Wasserfahrzeuge erinnern. Es ist bekannt, daß leicht gebaute Rennbote durch die erwähnten Kräfte so stark beansprucht werden, daß Verbände und Außenhaut Schaden leiden.

Prof. **Friedländer**-Hohe Mark:

Ich möchte, obwohl seine Anfrage nur in losem Zusammenhange mit dem Thema steht, angeregt durch die Ausführungen des Herrn Hirth, die Praktiker um eine Auskunft bitten bezüglich einer Frage, über welche ich schon häufig nachdachte.

Ein schmaler Steig, an dessen rechter Seite sich ein Abgrund, an dessen linker Seite sich eine Felswand befindet, ist für die meisten leichter zu überwinden, als wenn die örtliche Anordnung umgekehrt ist.

Ein Ruderer, der nicht sehr gut ausgebildet ist, wird mit dem rechten Ruder meist tiefer eintauchen als mit dem linken, wenn er Rechtshänder ist.

Diese und andere Tatsachen hängen nicht nur mit der stärker entwickelten Muskulatur der rechten Seite zusammen, sondern auch mit der dominierenden Stellung der einen Gehirnhälfte (der linken bei Rechtshändern). Neben dem Momente der physischen Kraft spielen auch die der Erfahrung, Übung, Hemmung usw. — also psychische — eine große Rolle. Die Anfrage an die Praktiker geht nun dahin, ob sie auch bei den Luftfahrten die Beobachtung machten, daß die rechte Körperhälfte (beim Geradeausfliegen und besonders beim Nehmen von Kurven) überwiegt.

Grulich-Johannisthal:

Bei Flügen, die ich selbst ausgeführt habe, habe ich bei mir nie bemerkt, daß Rechtskurven leichter zu fliegen waren als Linkskurven. Auch von Flugschülern

habe ich davon nicht gehört. Wenn man hört, daß die erste Rechtskurve dem Flug-
schüler etwas unbequem ist, so hat das seinen Grund nicht darin, daß die linke
Körperhälfte besser für das Fliegen veranlagt ist, sondern darin, daß wegen der
Flugplatzordnung meistens auf den Flugplätzen links herum geflogen wird und
der Schüler daher zuerst Linkskurven fliegen lernt. Meiner Erfahrung nach arbeitet
an und für sich aber die rechte Körperhälfte beim Fliegen ebensogut wie die linke.
Das hindert nicht, daß die meisten Flieger lieber Linkskurven fliegen als Rechtskurven, weil sie Linkskurven wegen der Flugplatzordnung häufiger fliegen, darin
also mehr Übung haben.

Obering. **Hirth-Johannisthal**:

Ich möchte über Rechts- und Linkskurven ausführen, daß es für den Flieger
ganz gleichgültig ist, wenn er mit einem stehenden Motor Rechts- oder Linkskurven
fliegt. Es wird beim Lernen auf den Flugplätzen fast ausschließlich links herum
geflogen, daher mag manchem die Rechtskurve ungewohnter und deshalb schwieriger
erscheinen.

Prof. **Reissner-Aachen**:

In bezug auf die Frage nach dem Unterschiede zwischen Rechts- und Links-
kurvennehmen bei rotierenden Zylindern habe ich auf einem Farmanapparat mit
Gnôme-Motor Erfahrungen sammeln können.

Ich hatte immer das Gefühl, daß man in der Rechtskurve stärker das Höhensteuer herunterdrücken mußte, als man in der Linkskurve heraufzog. Mechanisch
konnte ich mir das nie recht erklären. Ob vielleicht die Vermutung, daß der Wirbel
des Propellerstromes auf die in der Kurve schrägliegenden Seitensteuer hebend
bzw. drückend wirkt, sich rechtfertigen läßt, habe ich nicht weiter verfolgen
können.

Geh. Rat **Barckhausen-Hannover**.

Wegen der unvermeidlich zahlreichen Spann- und Hänge-Drähte der Flugzeuge entsteht große Unsicherheit bezüglich der Bestimmung der Spannkräfte,
wenn die Anordnungen statisch unbestimmt gemacht werden; das trifft namentlich
bei der Aufhängung der Tragflächen eines Eindeckers mit vielen Drähten nach
einem Punkte zu; die Verhältnisse der Fachwerkträger eines Zweideckers sind in
dieser Hinsicht günstiger. Hieraus läßt sich die größere Empfindlichkeit der Eindecker erklären, bei denen leicht Entlastungen einzelner und Überlastungen anderer
Drähte vorkommen können. Bei rechnungsgemäßem Zustande beider Arten von
Flugzeugen sind die größten Spannkräfte beider annähernd gleich. Wahrscheinlich
würden die Eindecker widerstandsfähiger werden, wenn man die Mittel zur Minderung
des Grades der statischen Unbestimmtheit verwendete, die beispielsweise bei der
Verspannung der hohen Funkentürme in Frage gekommen sind. Bei Hängebrücken
hat man die statisch unbestimmte Verspannung wegen der Unklarheit der Kräfte-
verteilung aufgegeben.

Die Öse hat sich auch in anderen Zweigen der Technik als wenig leistungs-
fähiges Verbindungsmittel erwiesen, ihre vorläufig noch nicht überwundene Verwendung in der Zugvorrichtung der Eisenbahnwagen ist der Grund, weshalb man
dieser nicht den erwünschten Grad von Leistungsfähigkeit geben kann, ohne sie
zu schwer zu machen.

Bei der Ausbildung der Knotenpunkte in Holz wird vielfach nicht genügendes Gewicht auf die Vermeidung zu großer Scherspannungen entlang der Holzfaser gelegt.

Bei schwachen Holzholmen bilden durchgehende Bolzen eine beträchtliche Gefahr wegen erheblicher Minderung des Querschnittes; sie werden besser durch Klemm- oder Schrumpf-Schellen ersetzt.

Prof. **Baumann**-Stuttgart:

Zum statischen Aufbau und der statischen Berechnung möchte ich bemerken, daß das teilweise Mißtrauen gegen die Hängewerke bei Eindeckern nur in Rücksicht auf folgendes zum Teil gerechtfertigt erscheint:

Die Winkel, unter denen die Spanndrähte angreifen, sind im allgemeinen klein. Tritt nun eine Längung der Spanndrähte infolge Nachziehens der Befestigung, Ösen usw. ein, so bewirkt eine solche Längung gleich eine sehr beträchtliche Verkleinerung des an sich schon kleinen Winkels und damit eine Erhöhung der Beanspruchung in den Zugorganen, die unter Umständen ein Vielfaches der ursprünglichen Beanspruchung darstellen kann.

Es kommt hinzu, was ich zuvor über die Torsionsfestigkeit der Tragflächen bei Hängewerkskonstruktionen sagte.

Zu den Ausführungen von Herrn Weber möchte ich berichtigend bemerken, daß ich falsch verstanden wurde. Ich bezweifle natürlich nicht, daß, wenn man eine einwandfreie Berechnung für das Abfangen eines Gleitflugs aufstellt und aufstellen kann, eine Übereinstimmung zwischen Versuch und Rechnung erreicht wird. Ich ziehe aber hier zunächst den Versuch einer unsicheren Rechnung vor.

Ltn. **Förster**, Berlin-Schöneberg:

1. Die von Herrn Prof. Reissner uns in der Diskussion gebrachten Sätze beziehen sich nur auf Flugzeuge mit feststehenden Flügeldecken und mit zwei Holmen.

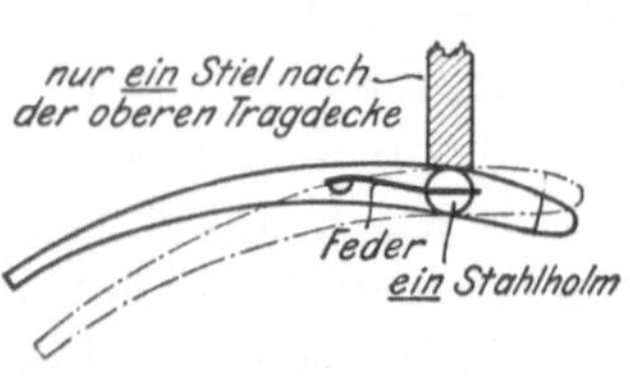

Fig. 10.

Es ist sicherlich von Interesse, darauf hinzuweisen, daß die Franzosen im Bréguet-Doppeldecker ein in dieser Beziehung abweichendes Flugzeug besitzen. Beim Bréguet sind die Flügeldecken um den im ersten Drittel liegenden Holm automatisch drehbar. (Siehe Skizze.)

Die Flügel stellen sich selbständig — je nach der Geschwindigkeit des Flugzeuges, d. h. je nach der Größe des Luftdrucks — flacher oder steiler ein. Es wird hierdurch ein außerordentlich flacher Gleitflug (1:10, d. h. 12,00 km Gleitlänge aus 1200 m Höhe) ermöglicht, widerspricht also der Ansicht des Herrn Euler, daß nur leichte Flugzeuge flach zu gleiten vermögen, da der Bréguet ohne Besatzung und Betriebsstoffe 830 kg wiegt, also zu den schweren Flugzeugen gehört.

2. In der Kurve wird der innere Flügel — da er sich langsamer fortbewegt — nach unten gedreht, während der schneller herumkommende äußere Flügel sich streckt; der verschiedenartigen Beanspruchung trägt also die Konstruktion Rechnung. Ein Aufrichten in der Kurve ist also, wie Herr Professor v. Parseval meint, nicht nötig; im übrigen auch nicht bei Flugzeugen mit starren Flügeldecken, solange die notwendige Geschwindigkeit des Flugzeuges vorhanden ist;

bei starken Kurven muß man im Gegenteil das Flugzeug mittels der Verwindung hineinlegen.

3. Die vielfach angefeindete Drahtöse hat sich bei der Fliegertruppe gut bewährt.

4. Das Fliegen einer Linkskurve ist beliebter als das der Rechtskurve, weil erstere von Anfang an gelehrt wird; die Veranlagung des Menschen ist meiner Ansicht nach für beide Richtungen gleich.

Geheimrat Prof. **Scheit**-Dresden:

Man darf nicht so weit gehen, die Öse als grundsätzlich unzulässiges Konstruktionsglied zu bezeichnen. Dieselbe erscheint vielmehr sehr wohl brauchbar, ja sie ist, wie meine Versuche gezeigt haben, sogar gewissen Spannschlössern überlegen. Vorbedingung ist naturgemäß, daß bei der Formgebung Überanstrengungen des Materials vermieden werden und von vornherein geeignetes Material vorausgesetzt wird. Als solches kann aber das vorhin erwähnte Material mit sehr hoher Zugfestigkeit, aber verschwindend kleiner Dehnung nicht bezeichnet werden.

Dipl.-Ing. **Grulich**-Johannisthal:

Wenn es auch im allgemeinen zweifellos richtig ist, wenn Herr Prof. Reissner vorschlägt, die Erhöhung des Sicherheitsgrades durch Verstärkung der Verbindung, nicht durch Vervielfachung derselben anzustreben, so möchte ich doch davor warnen, darin zu weit zu gehen. Z. B. sollte man bei der sehr gebräuchlichen Art der Aufhängung der Tragflächen von Eindeckern durch je 4 oder 6 Drähte oder Stahlkabel unbedingt eine Verdoppelung derselben vornehmen. Wenn man auch bei Verwendung von z. B. je 4 Drähten jeden Draht mit sehr hoher Sicherheit berechnet, so wird das doch nicht verhindern können, daß der Apparat abstürzt, wenn infolge eines Materialfehlers, der auch beim besten Material und der besten Auswahl einmal vorkommen kann, einer dieser an und für sich sehr festen 4 Drähte reißt. Denn die zwei Hauptträger der Flügel sind bis heute noch nicht so fest, daß sie nicht zerbrächen, wenn einer der vier Drähte plötzlich fehlte. Aus diesem Grunde sollte man unbedingt diese vier oder sechs Drähte oder Stahlkabel doppelt nebeneinander ausführen, wenn auch der Luftwiderstand dadurch etwas größer wird. Natürlich muß man auch die Knotenpunkte, an denen sie angreifen, entsprechend doppelt ausführen. Bei Personenaufzügen verwendet man ja auch 2 Drahtseile von je 10 facher Sicherheit als Förderseile.

Dipl.-Ing. **Kober**-Friedrichshafen:

Bezüglich Herrn Grulichs Vorschlag, bei Eindeckern statt eines Seiles deren zwei zu verwenden, wie dies bei Aufzügen auch geschehe, bin ich der Ansicht, daß die Verhältnisse bei Flugzeugen doch andere sind als bei den Fahrstühlen. Die Verwendung zweier Tragseile bei Eindeckern aus Sicherheitsrücksichten an Stelle eines einzigen halte ich schon wegen des großen Luftwiderstandes nicht für gut. Will man größere Festigkeit haben, so empfiehlt es sich vor allem, die Kauschendurchmesser bei den Ösen zu vergrößern, damit die Seilfestigkeit durch das scharfe Biegen nicht so stark geschwächt wird, und nötigenfalls den Drahtseildurchmesser noch etwas zu verstärken. Es ist viel zuwenig bekannt, daß die Ösen die schwachen Stellen bei den Draht- und Seilzügen sind. Die Festigkeit der üblichen Drahtösen ohne Kauscheneinlage beträgt nur rund 30—40 % der Festigkeit gerader Drähte oder Seile. Durch einfaches Unterlegen passender Kauschen von durchschnittlich

1—2 mm starkem Stahlblech kann man die Festigkeit der Ösen auf 70—90 % der Drahtfestigkeit bringen.

Ich war früher auch der Ansicht des Herrn Reißner, daß die Eschenhölzer mit feinen Jahresringen größere Festigkeit haben als solche mit groben. Meine Materialversuche haben mich jedoch belehrt, daß im Gegenteil Hölzer mit groben Jahresringen verhältnismäßig größere Festigkeit aufweisen als solche mit feinen. Flugzeugerbauer bestätigen mir auch, daß sie die Holmstege von Eindeckern tangential aus den Jahresringen herausschneiden und nicht senkrecht dazu, um ihren Holmen größtmögliche Festigkeit zu geben.

Major **Groß**-Charlottenburg:

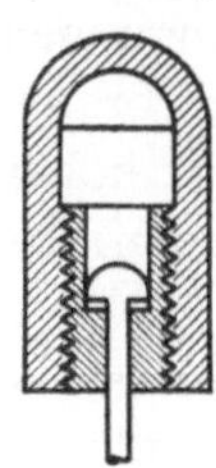

Auch im Luftschiffbau spielt diese ominöse Öse zur Verbindung zwischen Drähten und sonstigen Teilen eine bedeutsame Rolle. Auch bei uns lag das Bedürfnis vor, diese Öse zu vermeiden. Zahlreiche Versuche führten zu einer völlig anderen Verbindung. An den Draht wird in kaltem Zustande ein Kopf angestaucht und dieser Draht durch eine Hülse geführt. Diese Hülse hat außen ein Gewinde, über welches eine zweite Hülse geschraubt ist, die dann zur Befestigung weiter ausgebildet ist. Diese Art der Befestigung hat sich vortrefflich bewährt und wird gleichzeitig als Spannvorrichtung benutzt.

Fig. 11.

Prof. **Baumann**-Stuttgart:

Die Erfahrungen mit Ösen, wie sie Herr Reissner angab, kann ich nur durchaus bestätigen. An der Materialprüfungsanstalt der Technischen Hochschule in Stuttgart wurden auf meine Veranlassung die verschiedensten Ösen und Ösenausbildungen untersucht. Es zeigte sich, daß in allen Fällen, wo überhaupt ein Bruch eintrat, der Bruch in der Öse selbst vor sich ging. Es zeigte sich ferner, daß weicherer Draht besser als ganz harter war, und daß die Anbringung einer Kausche die Verhältnisse verbesserte. Andererseits war ganz weicher Draht wiederum schlecht, weil er sich ohne jeden Bruch durch die Ösen hindurchzog. Ferner zeigte sich, daß harter Draht die übergeschobenen Kupferröhrchen aufschlitzte, wenn sie nicht genügend dick waren. Am sichersten gegen Aufschlitzen erwiesen sich die käuflichen Drahtröllchen, jedoch zog sich bei ihnen der Draht besonders leicht hindurch.

Es wurden dann auch Versuche mit auf die Drahtenden aufgestauchten runden Köpfen gemacht, jedoch waren die Erfahrungen bei uns nicht so gut, wie Herr Major Groß angab, wohl in erster Linie deshalb, weil die Versuche nicht mit 7 bis 8 mm starken Drähten, sondern mit Drähten von 1 bis 4 mm gemacht wurden. Es zeigte sich, daß, wenn ein Kopf hielt, zwei Köpfe absprangen oder sich durchzogen. Auch Befestigung mit keilförmiger Verdickung der Drahtenden wurde probiert, die Herstellung erwies sich aber als schwierig und ohne Spezialwerkzeuge kaum durchführbar.

Sodann wurden auch Verbindungen wohl in der Art, die Herr Reissner angibt, geprüft. Die Verbindung befriedigte aber nur bei sehr exakter Herstellung und ziemlichem Gewicht des Ganzen. Am meisten befriedigte eine Verbindung, die Ähnlichkeit mit den Beißbacken der Zerreißmaschinen hat. In eine runde konische Hülse wird feines Gewinde geschnitten, diese Hülse hierauf dreiseitig aufgeschnitten und in ein konisches Mutterteil gesteckt. Die Verbindung versagt bei guter Herstellung und Härtung nicht, und der Draht zerreißt außerhalb der Befestigungsstelle.

Schließlich wurden von der Materialprüfungsanstalt in Stuttgart Versuche betreffs der Zuverlässigkeit geschweißter Rohrverbindungen gemacht; ich erwähne das, weil sich Herr Reissner ziemlich skeptisch hierzu äußert. Es wurden geschweißte, hart- und weichgelötete Gitterträger gleicher Größe und Ausbildung geprüft. Es zeigte sich, daß der geschweißte Gitterträger ebensoviel hielt wie der hart gelötete, und zwar, daß jeder Stab die ihm an sich zukommende Festigkeit ohne Rücksicht auf die Befestigungsart besaß; der weich gelötete hielt nur etwa die Hälfte. Dabei muß aber betont werden, daß die geschweißten Stellen zweckentsprechend und unter Berücksichtigung der durch das Schweißen auftretenden Schwächung ausgebildet sein müssen, daß man also z. B. bei gezogenen Verbindungen die Rohre nicht einfach stumpf zusammenschweißen darf.

Obering. **Hirth-Johannisthal:**

Betreffs Kabel oder Doppeldrähte stimme ich für Kabel, da dieselben selten plötzlich reißen, sondern im Verbrauch sich fast immer durch Struppligwerden, d. h. Loslösen verschiedener Drähtchen bemerkbar machen. Ein Draht kann einen Walz- oder Ziehfehler haben, der von außen nicht bemerkt wird. Ich ziehe ein entsprechend starkes Kabel 2 Drähten vor.

Über die Streitfrage der Ösen stimme ich, wenn Drähte verwendet werden, für einen etwas stärkeren Draht und Ösen, der Einfachheit bei der Montage halber sowie des geringen Gewichtes wegen.

Aug. Euler-Frankfurt:

Bezüglich der von vielen Seiten heute bemängelten und kritisch betrachteten Öse, welche fast an allen Flugmaschinen gefunden wird, möchte ich sagen, daß ich wohl auch der Ansicht bin, daß vom konstruktiven Standpunkte aus gesehen die Öse gewissermaßen ein Teil ist, welches man allgemein mit dem in technischen Betrieben gebräuchlichen Ausdrucke „Murks" bezeichnen könnte. Ich muß aber doch Partei für sie ergreifen und vorläufig, solange uns bessere Mittel zur Verspannung der Tragflächen nicht zur Verfügung stehen, die Öse verteidigen und möchte die Vorzüge dieser gebogenen Öse gegenüber anderen Konstruktionen darlegen dürfen: Jeder Spanndraht enthält vier solcher Ösen, nämlich an den beiden Enden und an den beiden Stellen, wo das Spannschloß in den Spanndraht eingefügt ist. Diese Öse besteht eigentlich nur aus einem einzelnen besonderen Teile, nämlich dem Kupferröhrchen, da die doppelte Biegung mit dem Spanndraht ja aus einem Stücke besteht. Hat das Röhrchen die richtige lichte Weite (hier wird am meisten gesündigt), so ist das Röhrchen sehr betriebssicher. Würde man nun an Stelle dieser Anordnung eine andere Befestigung benutzen, so würden bei all den hier erläuterten Konstruktionen auch sehr viele Teile entstehen, wie Schrauben, Muttern, Gewinde, möglicherweise werden auch Sicherungssplinte oder Doppelmuttern erforderlich werden, welche eine große Zahl von Defektmöglichkeiten brächten, da in einem solchen Spanndraht dann nicht vier Teile wären, sondern vielleicht 30—40 und noch mehr Teile, die Defektmöglichkeiten in sich tragen. Besonders aber, wenn bei nicht aufmerksamer Behandlung und Montage hier unvermeidliche Fehler eintreten, beispielsweise auf dem Felde nach schlechter Landung und schneller Reparatur außerhalb der Werkstätte. Bei der viel bemängelten Öse sind die Defektmöglichkeiten auf das denkbar geringste Maß beschränkt.

9*

Diese Öse hat außerdem den Vorteil, daß, nachdem in jedem Draht vier solcher Ösen vorhanden sind, diese mit ihrer Rundung gewissermaßen dem gespannten Draht trotzdem eine Elastizität verleihen, da in der Nähe der Öse der Draht doch nicht immer ganz gerade geht. Zieht man in Betracht, daß diese Öse in der Tragfläche eines Aeroplans und vom Anfahrgestell zu der Tragfläche angeordnet sich einige tausendmal angewendet befindet, so entsteht bei Stößen in der Luft und anderen Beanspruchungen eigentlich eine weiche Arbeit der Fläche, die bei festen, straffen Verspannungen durch die hier erwähnten Befestigungsmittel an Stelle von Ösen wohl verloren gehen würden.

Ich möchte auch die Herren Flieger, besonders diejenigen von der Heeresverwaltung, die Herren Offiziere, bitten, alle ihre Erfahrungen über die Öse hier bekannt zu geben. Die Herren von der Heeresverwaltung haben wohl den meisten Bruchschaden gesehen, da sie ja am meisten geflogen haben, und ich glaube, eine zerbrochene Öse wird wohl in einer ganz zerstörten Flugmaschine selten gefunden worden sein. Ich habe diese Öse in den vier Jahren des Bestehens meiner Aeroplanfabrik viele hunderttausendmal angewendet und kann ihr nur das beste Zeugnis in bezug auf Zuverlässigkeit und Betriebssicherheit ausstellen. Ich nehme das häßliche Aussehen, welches wohl das Gefühl eines geschulten Auges eines Konstrukteurs stört, gerne in den Kauf gegenüber den vielen Vorteilen, die die Öse dem Aeroplanbau bietet.

Prof. **Baumann**-Stuttgart:

Wenn die Meinungen über die erforderliche Sicherheit für die Berechnung so sehr weit auseinandergehen, so möchte ich nur betonen, daß eine Diskussion über die Frage natürlich nur möglich ist, wenn eine Übereinstimmung über die Berechnungsart und über die Grundlagen der Berechnung besteht. Besteht sie nicht, so redet man aneinander vorbei. Es ist z. B. ein Unterschied, ob ich gleichmäßige Verteilung der Kräfte über die Tragflächenverrippung annehme oder eine Verteilung, wie sie Herr Reissner vorschlug. Im ersten Fall muß man dann mit weit größerer Sicherheit rechnen usw. Manche Meinungsdifferenz wird darauf zurückzuführen sein.

Herr Reissner schlägt eine 10 fache Sicherheit vor. Ich möchte dem nicht uneingeschränkt zustimmen. Ich halte es vielmehr für nötig, daß man zwischen schnellen und langsamen Maschinen, zwischen solchen mit kleinen und solchen mit großem Anstellwinkel unterscheidet. Schnelle Maschinen und solche mit kleinem Anstellwinkel ergeben beim Aufrichten eine größere Zunahme der Kräfte als andere, sind also dementsprechend mit größerer Sicherheit zu berechnen. Ich würde deshalb sagen 8- bis 12 fache Sicherheit!

Sodann betreffs des Kreisels bin ich falsch verstanden worden. Wohl sind die Kreiselreaktionen äußere Kräfte, sie brauchen aber nicht gesondert in die Rechnung eingeführt zu werden, weil die entgegenwirkenden Steuermomente schon berücksichtigt sein müssen.

Schließlich gebe ich Herrn Euler zu, daß es sich betreffs der Ösen um eine in gewissem Sinne akademische Frage handelt. Natürlich kann man mit den gewöhnlichen Ösen befriedigende Resultate erhalten, wenn man von vornherein mit ihrer geringeren Festigkeit im Vergleich zum Drahtquerschnitt rechnet. Man nimmt dann eben ein größeres Drahtgewicht in Kauf.

Übrigens steht Herr Euler dem Gewinde bei der angegebenen Befestigung des Drahtes zweifelnd gegenüber. Dieses Gewinde braucht nicht in den Draht geschnitten zu werden, es preßt sich vielmehr ganz von selbst ein.

Geh. Rat **Barkhausen**-Hannover:

Belastungsproben bis zum Bruche haben bei Bauwerken trotz großer Aufwendungen nur wenig Aufschluß über das Wesen der Bauwerke gebracht, weil die Zerstörung an der schwächsten Stelle erfolgt, die man in vielen Fällen von vornherein hätte erkennen können, und deren Schwäche die Beobachtung der Wirkung der übrigen Teile verdeckt.

Einblick in das Wesen eines Bauwerkes gewinnt man nur durch Spannungs-Feinmessungen an möglichst vielen Gliedern gleichzeitig, die namentlich erkennen lassen, ob die tatsächliche Wirkung des Bauwerkes mit der bei der Berechnung vorausgesetzten übereinstimmt; daraus ergibt sich ein sicheres Urteil über die Sicherheit. Durch Nachgiebigkeit etwa mangelhaft gebildeter Verbindungen wird diese Art der Beobachtung nur bei statisch unbestimmten Anordnungen beeinflußt, die aber wegen der starken Verbiegbarkeit der zarten Gerüste von Flugzeugen bei diesen überhaupt tunlich zu vermeiden sind.

Prof. Dr. **Reissner**-Aachen:

Die Zeit ist durch die erfreulicherweise so ausführliche Diskussion so weit vorgeschritten, daß ich Ihre Geduld zu sehr auf die Probe stellen würde, wenn ich so ausführlich, als ich es möchte, auf die Anregungen und Kritiken meiner Ausführung eingehen würde.

In aller Kürze möchte ich deswegen nur erstens Herrn Euler antworten, daß mir aus meiner Flugpraxis natürlich sehr wohl bekannt ist, daß leichte Maschinen weniger Abfangen aus dem Gleitflug nötig haben als schwere, sowie auch, daß man Gleitflüge unter 45^0 nicht auszuführen braucht, wenn man nicht will. Ich gebe auch gern zu, daß leichte Maschinen in vielen Beziehungen geringere Belastungen in der Luft und auf der Erde erfahren. Aber ich weiß auch, daß in Wirklichkeit und auch mit leichten Maschinen außerordentlich steile und schnelle Gleitflüge und sehr kurze Aufrichtungsmanöver gemacht werden, und damit mußte ich rechnen, um die Überbelastung wenigstens der Größenordnung nach abzuschätzen.

Zur Frage der Drahtöse möchte ich bemerken, daß bei vielen dünndrähtigen Verbindungen mir die Öse ebenfalls unentbehrlich zu sein scheint, daß aber meiner Meinung nach die technische Entwicklung darauf hinarbeitet, Systeme mit wenigen, starken und unbedingt sicheren Konstruktionsgliedern zu schaffen.

Die von Herrn Baumann angegebene Klemmenkonstruktion mit dreiteiliger konischer Hülse habe ich ebenfalls längere Zeit versucht und allerdings nur an unwichtigen Stellen benutzt. Die Konstruktion war von Herrn Scheller in Aachen angegeben und funktionierte gut, solange das Hülsengewinde sehr scharf und hart war. Bei Abnutzung und Verschmierung etwa durch die Verzinkung des Drahtes konnte man sich nicht auf sie verlassen. Ich ging deshalb später zu der im Vortrag beschriebenen Konstruktion über.

Den an sich einleuchtenden Gedanken der Herren Bendemann und Parseval, für die Überbelastung beim Aufrichten den Höchstauftrieb bei höchster Geschwindigkeit zu setzen, habe ich bisher nicht verfolgt, weil dabei zu viel herauskommt, und weil doch wohl beim Aufrichten soviel Zeit verfließt, daß die Maschine sich abbremst und also zur Flügelstellung des Höchstauftriebes bei weitem nicht die Höchstgeschwindigkeit gehört.

Herrn Baumann gegenüber gebe ich zu, daß meine Berechnung des Abfangens nur eine primitive Abschätzung der Größenordnung ist, und daß es andererseits mathematisch schwierig ist, genauer zu rechnen. Solche Beschleunigungs- und Verzögerungsexperimente wie die von Herrn Baumann angedeuteten sind zur Lösung der Frage der Überbelastungen sicher sehr freudig zu begrüßen; immerhin genügen sie nicht, da es hierbei sehr auf die Tollkühnheit des Experimentators ankommt, von dem man ja nicht weiß, ob er bis zur Grenze gegangen ist.

Übrigens ist in meiner Rechnung nicht konstante Geschwindigkeit, sondern nur konstante Bahnkrümmung angenommen, und diese Annahme scheint mir keine sehr große Einschränkung zu bedeuten.

[Wenn schließlich Herr Baumann die oft behauptete Belastung der Tragflächenaufhängung von Eindeckern von oben nicht auf starke Beschleunigungen zurückführen will, sondern auf die Torsion der Flügel, da bei kleinen Flugwinkeln ein Unterdruck am Vorderholm und ein verstärkter Überdruck am Hinterholm auftritt, so möchte ich diese Erklärungsmethode nicht zugeben.

Es kommt meiner Meinung nach auf die lokalen Drucke an der Tragfläche nur bei der Berechnung der Stoffbespannung und der Spieren an, aber nicht bei der Berechnung der Gewichtsverteilung auf die Flügelholme. Wenn auch die Hängewerke des Vorder- und Hinterholms im allgemeinen voneinander unabhängig sind, so sind doch die beiden Holme immer durch die Spieren miteinander verbunden, und deswegen kommt es hier nur auf die Luftdruckresultierende des zugehörigen Tragflächenquerstreifens und ihre Lage an. Eine Durchrechnung aller bisherigen Versuche zeigt aber, daß auf diese Weise niemals eine Belastung des Vorderholms von oben eintreten kann.

Gerade dies Ergebnis hatte mich veranlaßt, eine andere Erklärung für die von Blériot und anderen behauptete Erscheinung der Belastung von oben zu versuchen. Ich möchte die gegebene Erklärung auch nur als einen Erklärungsversuch betrachtet sehen, gegen den aber ein Herausheben des Piloten aus seinem Sitz, das tatsächlich öfters eintritt, nicht zu sprechen braucht.

Schließlich möchte ich noch gegen die Klage des Herrn Euler, daß die militärischen Anforderungen den Festigkeitsanforderungen, insbesondere der Festigkeitsberechnung widersprechen, Stellung nehmen. Ich sehe zwischen beiden Anforderungen keinen Gegensatz. Im Gegenteil werden wir leichter konstruieren können, wenn wir überall nahezu gleiche Sicherheit durchführen. Und bei diesem Ziel kann eine vernünftige Festigkeitsberechnung sehr gut mithelfen.

Ich möchte auch nicht glauben, daß der Militärverwaltung nicht die Betriebssicherheit ihrer Apparate wichtiger ist als die Nutzlast, und bin sicher, daß auf die Dauer keine militärischen Anforderungen gestellt werden, die sich nicht mit ausreichender Festigkeit verbinden lassen.

Es scheint mir auch, daß Herr Euler dabei seine eigenen Flugzeuge unterschätzt, die einer genaueren Festigkeitsberechnung sicher viel besser entsprechen, als er es selbst glaubt.]

Versuche an Doppeldeckern zur Bestimmung ihrer Eigengeschwindigkeit und Flugwinkel[1].

Vorgetragen von

Dipl.-Ing. **Hoff**-Aachen.

Durch die Professoren der Aachener Technischen Hochschule, Herrn Prof. Dr. Ing. H. Reissner und Prof. Dr. J. Stark in weitgehender Weise gefördert, von Mitteln der Rheinischen Gesellschaft für wissenschaftliche Forschung, welche Herrn Prof. Dr. Stark für diesen Zweck zugewiesen worden waren, unterstützt, wurde es möglich, den im Frühjahr 1911 gefaßten Plan, die Vornahme wissenschaftlicher Messungen am fliegenden Flugzeug durchzuführen.

Die Versuchsflüge fanden im Frühsommer 1912 statt und wurden an Flugzeugen der Albatroswerke, G. m. b. H., Berlin-Johannisthal, welche sich in dankenswerter Bereitwilligkeit in den Dienst der Sache gestellt hatten, vorgenommen.

Die Messungen selbst wurden unter Zuhifenahme eines Registrierinstrumentes gewonnen, und zwar wurden aufgezeichnet:

1. die relative Luftgeschwindigkeit, gemessen durch den Winddruck auf eine Kreisscheibe, zu deren Widerstandskoeffizienten Angaben von den Laboratorien von Eiffel und Göttingen vorlagen, und welcher in dem aerodynamischen Laboratorium der Aachener Hochschule und durch einen Fahrversuch auf einem Kraftwagen in Verbindung mit den gesamten Meßvorrichtungen nachgeprüft wurde;

2. die Aufkippung der Flugzeuglängsachse zur Horizontalen. Hierzu diente eine stark gedämpfte Pendelscheibe. Ihre Angaben mußten unter Berücksichtigung der gemessenen Geschwindigkeitsänderungen korrigiert werden;

3. der Winkel zwischen Luftstrom und Flugzeuglängsachse. Eine horizontale Windfahne gab durch ihre Ausschläge die Richtung des relativen Luftstroms gegenüber dem Flugzeuge an.

Die Meßstelle befand sich jedesmal zwischen den Flugzeugtragdecken an einer Stelle, wo der Luftstrom nicht durch ein vorgebautes Höhensteuer oder durch den Propellerstrom abgelenkt war. Die Abweichung des Luftstromes durch die Tragflächen selbst konnten im Mittel festgestellt werden und wurden dann zur Korrektur der Windfahnenangaben herangezogen.

---

[1] Es wird hier nur ein Auszug des Vortrages gebracht, da die besprochenen Versuche in einem Einzelheft gleichen Titels in der Sammlung: „Luftfahrt und Wissenschaft", herausgegeben von J. Sticker, Verlag von Julius Springer, Berlin, geschildert werden, welche Arbeit als Sonderheft und III. Teil dieses Jahrbuches den Mitgliedsexemplaren beigegeben wird.

Der Herausgeber.

Die Ergebnisse der Versuche waren folgende:

1. Im Fluge wurde ein Beharrungszustand, d. i. ein Flug mit gleichbleibender Geschwindigkeit niemals erreicht. Die Flugzeuge waren in stetem Fallen oder Steigen begriffen. Diese Flugzeugschwankungen in der Höhenlage waren mit verschiedenen Flugwinkeln verbunden. Es ließ sich keine Gesetzmäßigkeit derselben herauslesen, sie sind auf die Steuerbewegungen des Flugzeugführers zurückzuführen.

2. Die Einwirkung verschiedener Böen auf das Flugzeug wurde festgestellt. Unter anderen Werten wurde ein Wechsel von einer Beschleunigung von $+ 5 \, \mathrm{msec^{-2}}$ auf eine Verzögerung von $- 3 \, \mathrm{msec^{-2}}$ innerhalb einer Sekunde gemessen. Es waren diese Ergebnisse einem Zufall zu verdanken, da besondere Sturmflüge nicht vorgenommen wurden.

3. Bei Kenntnis des Flugzeuggesamtgewichtes ließen sich aus den Anstellwinkeln und zugehörigen Fluggeschwindigkeiten die Auftriebskoeffizienten der Tragflächen für den in Betracht kommenden Flugbereich ermitteln. Es zeigte sich, daß dieselben entsprechend dem Wölbungsgrad der Tragflächen der verschiedenen Flugzeuge untereinander lagen, und daß die Übereinstimmung mit den an Modellen gefundenen Werten gut war.

4. Unter Abschätzung des Propellerwirkungsgrades und der Motorleistung wurde der Propellerzug und mit diesem in ähnlicher Weise wie unter 3. die Widerstandskoeffizienten für das Flugzeug als Ganzes festgelegt. Dieselben liegen in etwa doppelter Höhe der Modellwerte, was als Hinweis dafür gelten kann, daß der schädliche Widerstand dem aerodynamischen Widerstand bei den untersuchten Flugzeugen gleichzusetzen war.

Die Ergebnisse der Versuche zeigten, daß es mit einem einfach gehaltenen Meßinstrument möglich ist, die Flugeigenschaften eines Flugzeugs festzustellen und Aufschluß über den Wert seiner Tragflächen zu erhalten.

Die Auftriebskoeffizienten sind bei Kenntnis des Gesamtgewichtes leicht zu ermitteln. Umständlicher werden die Widerstandskoeffizienten gefunden, weil hierzu ein ständiges Messen des Propellerschubs gehört, was wohl ohne besondere Vorbereitung der Motorlagerung kaum zu erreichen sein wird.

Über einen neuen Kreiselkompaß.

Vorgetragen von
Dr. Th. Bruger-Frankfurt a. M.

Seit einigen Jahren ist dem altehrwürdigen Magnetkompaß ein bemerkenswerter Konkurrent in dem Kreiselkompaß entstanden, dessen Konstruktion an die etwa 60 Jahre alten Foucaultschen Versuche anknüpft. Während die theoretische Behandlung des Kreiselproblems seit Foucault wiederholt in Angriff genommen ist und allerdings auch erst in neuerer Zeit zu einem gewissen Abschluß gebracht wurde, datieren die erfolgreichen praktischen Arbeiten, welche eine technische Verwertung der Kreiseleigenschaften anstreben, wesentlich erst aus dem 20. Jahrhundert. Sie sind, soweit der Kreisel als Richtungsanzeiger bzw. als Kompaßersatz in Frage kommt, in Deutschland zuerst von Herrn Dr. Anschütz-Kaempfe durchgeführt und beziehen sich auf zwei verschiedene Anwendungsmöglichkeiten, die den der Schwerkraftwirkung entzogenen Azimut haltenden Kreisel und den sogenannten Meridiankreisel betreffen. Der erstere ist dadurch gekennzeichnet, daß er, unbeeinflußt durch die Schwerkraft, infolge seiner 3 Freiheitsgrade und seines großen scheinbaren Trägheitsmoments lediglich eine einmal eingenommene Richtung seiner Rotationsachse im Raum beibehält, während der Meridiankreisel mit nur 2 vollen Freiheitsgraden unter dem Einfluß der Schwerkraft und der Erdrotation sich mit seiner Rotationsachse so in die Meridianebene einzustellen strebt, daß seine Rotation gleichsinnig mit der der Erde erfolgt.

Bevor ich nun einen neuen, von der Firma Hartmann & Braun A.-G. hergestellten Kreiselkompaß näher beschreibe, erscheint es zumal heute an dieser Stelle angebracht, ein kurzes Wort über die Brauchbarkeit des Kreisels als Richtungszeiger im Luftschiff zu sagen.

Man wird, wie die Verhältnisse augenblicklich liegen, noch nicht von einer allgemeinen Verwendbarkeit des Kreiselkompasses in der Luftschiffahrt sprechen können. Von Bedeutung scheint allerdings auch hier ein nicht magnetischer Richtungsanzeiger zu sein, insbesondere wohl deshalb, weil gerade bei atmosphärischen Störungen, die zumeist unsichtiges Wetter im Gefolge haben, also eine direkte Orientierung nach der Erdoberfläche erschweren oder ganz ausschließen, oft auch der Magnetkompaß gestört wird und keine genügende Sicherheit seiner Angaben bietet. Hinderlich für die Benutzung des Kreiselkompasses ist vor allem sein relativ großes Gewicht, das z. B. bei dem hier ausgestellten Modell schon ca. 30 kg beträgt, wozu dann noch das der Betriebsmaschine kommt. Es würde sich also darum handeln, für Luftschiffzwecke zunächst möglichst kleine und leichte Spezialmodelle zu konstruieren, was allerdings im Bereich der Möglichkeit liegt. Auch darauf mag hier hingewiesen werden, daß der Wechselstrom-Antrieb, wie er bei Kreiselkompassen üblich ist, die Verwendung wesentlich funkenfreier Maschinen und Motoren ermöglicht, und daß bei dem neuen, hier nachher zu demonstrierenden Kreisel auch alle Hilfseinrichtungen und Nebenapparate, soweit sie elektrischer Natur sind, auf dem Prinzip der Induktionswirkung beruhen, also ebenfalls durchaus funkenfrei arbeiten. Endlich ist bei dieser neuen Konstruktion noch eine Gewichtsersparnis dadurch erzielt, daß die Beseitigung störender Reibungseinflüsse nicht durch einen in Quecksilber tauchenden Schwimmer, sondern auf mechanischem Wege erreicht wird. Das nicht unbedeutende Quecksilbergewicht kommt also hier in Fortfall.

Ich gehe nun zur Erläuterung des ausgestellten Kreiselkompasses über und bemerke, daß dieser Apparat hervorgegangen ist aus Versuchen, die vor Jahren von der Firma Hartmann & Braun auf Veranlassung von Herrn Professor Ach aufgenommen wurden, der insbesondere auch die Ausarbeitung einer Einrichtung zur Beseitigung der Achsenreibung durch automatisches Nachdrehen der zugehörigen Lager anstrebte. Es war damals in erster Linie die Herstellung eines Azimutkreisels ins Auge gefaßt, und als die Versuchsresultate mit diesem nicht voll befriedigten, lagen doch eine Reihe von Konstruktionen vor, die auch für den später in Angriff genommenen Meridiankreisel nutzbar gemacht werden konnten. Dazu gehörte u. a. die erwähnte Nachdreheinrichtung der Kreisellager, bei deren konstruktiver Ausbildung ich es mir angelegen sein ließ, durch Benutzung von Druckluft- und Induktionswirkungen Anlaß zur Funkenbildung gebende und Störungen unterworfene Kontaktvorrichtungen ganz zu vermeiden.

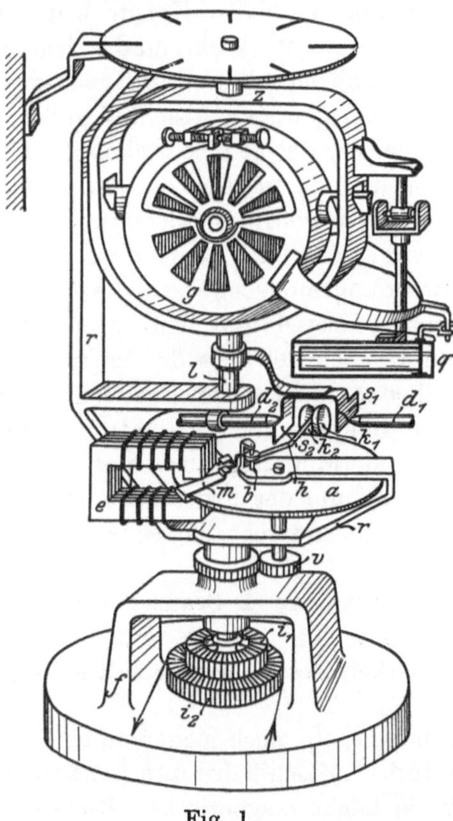

Fig. 1.

Fig. 1. zeigt schematisch die wichtigsten Teile des neuen Meridiankreisels Die durch Mehrphasenstrom angetriebene, schnell rotierende Massenscheibe befindet sich in der Kapsel g, die mit regelbaren Kühllöchern nebst einem Windschirm ausgerüstet ist und etwas oberhalb des System-Schwerpunktes mit Stahlschneiden in horizontalen Edelsteinpfannen hängt, die am Rahmen z befestigt sind. Dieser letztere ist selbst wieder um die vertikale Achse l ebenfalls in Edelsteinlagern drehbar, und der diese Lager tragende weitere Rahmen r wird, wie erwähnt, durch eine besondere Vorrichtung nachgedreht, sobald er seine relative Lage gegen die vertikale Kreiselachse ändert. Zu diesem Zweck habe ich zunächst eine Art pneumatisches Relais vorgesehen, von dem nur die zwei Druckluftleitungen d_1 und d_2 gezeichnet sind, während ein kleiner mit r fest verbundener Ventilator, der die Druckluft liefert, im Interesse der Deutlichkeit in der Zeichnung fortgelassen ist. Den aus den Leitungen d_1 bzw. d_2 austretenden entgegengesetzt gerichteten Windstrahlen stehen zwei Blechschirme s_1 und s_2, die mit der Achse bzw. dem Rahmen z fest verbunden sind, bei normaler Kreiselstellung so gegenüber, daß sie diese Windstrahlen je etwa gerade abschirmen und die Fangschalen k_1 und k_2 nicht getroffen werden. Der mit den Schalen k_1 und k_2 verbundene Hebel h bleibt also unter diesen Umständen in Ruhe. Bewegt sich aber, z. B. infolge von Schiffsdrehungen, der Kreiselrahmen z relativ zu r und den mit r fest verbundenen Windleitungen nach der einen oder anderen Seite, so tritt entweder k_1 oder k_2 aus den Windschatten heraus und wird nebst dem Hebel h um die Achse b gedreht. Gleichzeitig mit der Drehung von h wird nun eine im Feld des Wechselstrommagneten e befindliche Kupferplatte m aus ihrer bisher symmetrischen Stellung verschoben, so daß sie infolge der durch die Induktionsströme verursachten Schirmwirkung das Wechselfeld des Elektromagneten e einseitig unsymmetrisch macht und dabei die von diesem Felde beeinflußte leicht drehbar gelagerte Aluminiumscheibe a nach der einen oder anderen Seite in Rotation versetzt. Mit der Aluminiumscheibe zugleich dreht sich durch Vermittlung eines Zahngetriebes, von dem in der Fig. nur die Räder v angedeutet sind, auch der Rahmen r mit den Lagern für l gegen die Grundplatte um eine in f gelagerte Achse, und diese Drehung dauert solange, bis der auf eine der Fangschalen drückende Luftstrom infolge der Drehung von r mit den Windleitungen d wieder durch die Platten s abgeschirmt wird, d. h. bis die relative Lage vom Kreiselrahmen z zum Lagerrahmen r wieder die normale ist. In Wirklichkeit spielt sich dieser ganze Vorgang außerordentlich rasch ab, und bei exakt arbeitenden Einzelteilen wirkt diese Nachdreheinrichtung so präzise, daß schon relative Lagenänderungen von kleinen Bruchteilen eines Bogengrades sofort rückgängig gemacht werden.

Außer dieser Nachdreheinrichtung der Achsenlager ist zum richtigen Funktionieren des Kreisels noch eine Dämpfungseinrichtung für etwa auftretende Schwingungen erforderlich. Störend sind eigentlich nur Schwingungen um die Vertikalachse, doch hängen mit diesen um 90° in der Phase verschobene kleinere Schwingungen um die Horizontalachse derartig zusammen, daß neben der direkten Dämpfung der ersteren auch die indirekte Methode durch Dämpfung der letzteren zum Ziele führt. Indem ich hier den letztgenannten indirekten Weg einschlug, konnte ich gewisse kleine als „Breitenfehler" auftretende Störungen vermeiden, die die direkte Dämpfung der Horizontalschwingungen bei der z. Z. bekannten Anordnung mit sich bringt, und gleichzeitig ließ sich die Einrichtung so treffen, daß mit der Dämpfung eine Verkürzung der Schwingungsdauer und eine Verkleinerung der ballistischen Störungsausschläge erreicht wurde. Als wirksames Prinzip liegt der neuen Dämpfungseinrichtung das der sogenannten Flüssigkeitsdämpfung zugrunde, und es wird die kleine Bewegung der horizontalen Kreiselachse unter Einschaltung einer entsprechenden Übersetzung dazu benutzt, einen Flügel in einem Quecksilbergefäß hin und her zu bewegen. Das unterhalb des Kreisels angeordnete schwere Quecksilbergefäß q ist in einem Lager aufgehängt, das mit der horizontalen Kreiselachse — der Elevationsachse — in gleicher Höhe und Richtung liegt, während sich der in das Quecksilber tauchende Flügel um eine vertikal im Gefäß gelagerte Achse dreht und durch einen am Kreiselgehäuse befestigten Mitnehmer in Bewegung ge-

setzt wird, sobald sich der Kreisel nach der einen oder der anderen Seite etwas neigt.
Mit der so erzielten dämpfenden Wirkung, die durch den angenähert der Schwingungsgeschwindigkeit proportionalen Gegendruck auf den Dämpfungsflügel zustande
kommt, geht nun noch eine zweite Hand in Hand, die aus dem Druck des Quecksilbergefäßes selbst auf den Mitnehmer resultiert, wesentlich dem Elevationswinkel
proportional ist und diesen sowie die Schwingungsdauer zu verkleinern strebt
d. h. die Elevationsachse stabilisiert. Die ganze Einrichtung ermöglicht es somit,
ohne Änderung der wesentlichen Konstanten des Kreisels selbst auf dessen
Schwingungsdauer und Elevation einzuwirken und dabei von Fall zu Fall den
verschiedenen Forderungen der Praxis Rechnung zu tragen.

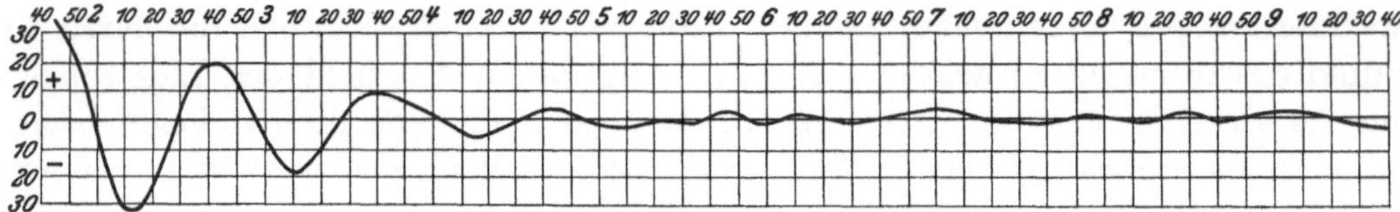

Fig. 2.

Figur 2 gibt als Beispiel für die so erzielte, inzwischen aber noch verbesserte
Wirkung eine Schwingungskurve wieder, die einem im Oktober 1912 an Bord S. M. S.
„Lothringen" gemachten Versuch entspricht, bei welchem die Kreiselachse aus der
N-S-Richtung abgelenkt wurde und nun mit abnehmender Amplitude in ihre Normalstellung wieder einschwingt. Der weitere Verlauf der Kurve zeigt dann das Verhalten des Kreisels während verschiedener Richtungs- und Geschwindigkeitsänderungen des Schiffes, wie Drehen, Stoppen, Anfahren, Rückwärtsfahren, und man
erkennt, daß die auftretenden Abweichungen der Kreiselachse von der Meridianstellung gering sind und sich auf beide Seiten der Normalstellung verteilen. Die
Verkürzung der Dauer der gedämpften Schwingung gegen die der ungedämpften
beträgt hier etwa 40 %.

Die schon seit lange bezüglich des Magnetkompasses gestellte Forderung, das
Normalinstrument an verschiedenen Stellen des Schiffes gleichzeitig ablesen zu
können, war für den Kreiselkompaß seines hohen Preises wegen von besonderer
Bedeutung und veranlaßte auch hier die Konstruktion von Fernübertragungseinrichtungen. Durch diese soll die Anzeige eines mit Kreisel ausgerüsteten Mutterkompasses auf einfacher konstruierte Tochterkompasse übertragen werden. Da
zum Betrieb des Kreisels und der Nachdreheinrichtung Wechselstrom vorgesehen
ist, habe ich auch für diese Fernübertragung Wechselstrom benutzt und ihr das
Prinzip der Phasenverschiebung zugrunde gelegt, das eine Übertragung ohne Kontakte
ermöglicht. Der am Mutterkompaß vorgesehene Geber i ist nicht mit dem
Kreisel selbst, sondern mit dem ihm immer gleichgerichteten Nachdrehrahmen r verbunden und besteht aus einem als Transformator ausgebildeten Phasenregler, dem
ein von der Stellung dieses Rahmens zum Schiffsboden in seiner Phase abhängiger
Wechselstrom entnommen und dem Tochterkompaß zugeführt wird. Dieser selbst
ist dann als Phasenmesser gebaut, und eine mit seinem beweglichen Spulensystem
verbundene Rose dreht sich um einen entsprechenden räumlichen Winkel, wenn der

Phasenwinkel des zugeführten Fernleitungsstromes sich ändert. Da der letztere nun durch die Lage der Kreiselachse zur Schiffsachse bestimmt ist, zeigt auch der Tochterkompaß jede Richtungsänderung des Schiffes genau dem Mutterkompaß entsprechend an, und zwar stetig, nicht sprungweise. Die Anzeige des hier verwendeten Phasenmessers wird durch Strom- und Spannungsschwankungen nicht beeinflußt und gibt eindeutig die Einstellung des Mutterkompasses wieder, ohne daß vor der Inbetriebsetzung eine Einregulierung beider Apparate auf gleiche Anfangslage erforderlich ist.

Der neue Kreiselkompaß, zu dessen Besichtigung im Betrieb ich mir nunmehr einzuladen gestatte, zeigt also die Beseitigung der Lagerreibung ohne Quecksilberschwimmer durch eine Nachdreheinrichtung der Achsenlager, eine Flüssigkeitsdämpfung der Elevationsbewegung, verbunden mit Reduktion der Schwingungsdauer und des Elevationsausschlages, und eine Wechselstrom-Fernübertragung, der das Prinzip der Phasenverschiebung zugrunde liegt.

Erfahrungen auf dem Flugplatz Johannisthal bei Berlin.

Vorgetragen von
Ingenieur **E. Schnetzler**, Frankfurt a. M.

Während eines vierzehntägigen Aufenthaltes auf dem Flugplatz Johannisthal bei Berlin hatte ich Gelegenheit, die meisten der dort stationierten Flugzeugtypen genauer auf ihre technische und Erbauer wie Piloten auf ihre wissenschaftliche Durchbildung hin zu untersuchen. Da fand ich nun eine Reihe derart horrender Fehler und Absurditäten, daß ich es für der Mühe wert halte, die augenfälligsten[1] hier vorzutragen. Aus begreiflichen Gründen muß ich mich natürlich jeder Namensnennung enthalten.

Ich will die einzelnen Teile eines Flugzeuges der Reihe nach besprechen. So fand ich an einem Apparat, daß im Stand die unteren Spanndrähte schlaff waren. Auf Befragen antwortete der Erbauer: „Ja, die spannen sich doch von selbst, wenn der Apparat in der Luft auf den Flügeln liegt!" — „Aber dann sind ja die oberen Drähte schlaff." — „Das macht doch nichts, die haben doch auch beim Fluge nicht zu tragen!" — „Wenn nun aber bei böigem Winde die Flügel einmal abwechselnd Ober- und Unterdruck bekommen, dann bekommen Sie große Schlagbeanspruchungen in die Drähte." — „Die bekomme ich doch auch, wenn die Drähte gespannt sind." — — — Und in der weiteren Diskussion wurde mir klar, daß der Erbauer des Apparates keinen Schimmer von dem hatte, was man mit kinetischer Energie bezeichnet. — — Aber er baut Flugzeuge!

Nur bei ganz vereinzelten Apparaten fand ich doppelte Spanndrähte, diese aber beide an einem Spannschloß hängend, an einer Schlaufe oder Schraube am Holm befestigt, was natürlich den Vorzug der Doppelführung zum großen Teile wieder illusorisch macht. „Doppelte Spanndrähte haben überhaupt keinen Zweck, ich nehme doch lieber einen doppelt so dicken," wurde mir in einer Auseinandersetzung gesagt. Daß das beste Material Fehler haben kann, daß es ermüdet, d. h. durch Erschütterung, manchmal durch Schwingungen schlechter wird, ist zwar eine den Flug-Ingenieuren bekannte, aber von ihnen gänzlich vernachlässigte Tatsache. Daß die Drähte nach einer ganz bestimmten Gebrauchszeit der Inanspruchnahme ohne weiteres durch neue ersetzt werden, scheint mir nur bei einer Gesellschaft in Johannisthal konsequent durchgeführt zu werden.

Bei einer Maschine fiel mir auf, daß die Drähte im Vergleich zu dem schrägen Angriffswinkel an den Tragholmen sehr schwach waren. Auf Befragen bekam ich die Antwort: Mit dem fliegen wir seit drei Jahren und es ist noch keiner gebrochen. Im weiteren Gespräch stellte sich heraus, daß früher die Anlaufgestelle viel höher

---

[1] Ich erwähne nur solche Punkte, deren Fehlerhaftigkeit außerhalb jeder Diskussion steht.

waren, wodurch auch der Angriffswinkel größer war. Der Umstand war nicht berücksichtigt worden. An einem anderen Apparate waren alle Seile des vorderen Holmes eines Flügels in einer einzigen Klaue befestigt. Nirgends fand ich eine elastische Befestigung der unteren Spanndrähte. Besonders interessant sind die Methoden der Befestigungen der Drähte an den Holmen. Bei einem bewährten Zweidecker gehen die Drähte durch kleine Ösenplättchen, die mit zwei Holzschrauben an dem Holzholm befestigt sind, der Zug erfolgt bei 45⁰ gegen den Holm, die Plättchen sind mit zwei ca. 20 mm langen Holzschrauben befestigt; die normale Beanspruchung mag 20 bis 30 kg betragen, kann aber weit höher steigen, das Brechen der Verspannung kann eine Katastrophe herbeiführen. Aber nicht genug! Ich hatte Gelegenheit, zuzusehen, wie diese 20 mm langen Schräubchen eingedreht werden: das Loch wurde mit einer Ahle vorgerieben (statt gebohrt), die Schraube mit dem Hammer fast ganz eingetrieben, und nur die letzten zwei oder drei Drehungen eingedreht. Ich machte einen Piloten darauf aufmerksam: „Das hat nichts zu sagen, der Draht hat ja kaum was zu tragen.“ — „Warum ist er dann so dick, daß er 600 kg tragen kann?“ — —

Ich sah Spanndrähte an Stahlholmen in der Weise befestigt, daß die Rohre von oben nach unten statt durch die neutrale Zone durchbohrt waren, und zwar bei einem ca. 40 mm starken Rohr mit 1,5 mm Wandstärke ein ca. 3 mm weites Loch, durch das eine Öhrschraube mit Mutter ging; die Mutter war so fest angezogen, daß das Rohr an der Bohrstelle eingedallt war. Ein anderer Konstrukteur wollte vorsichtiger sein. Da, wo die Rohre angebohrt werden mußten, füllte er sie mit einem Stück Hartholz aus. Das ist auf den ersten Blick einleuchtend, aber doch ein Fehler, ein Fehler, der auch bei Anwendung von Rohrschellen, d. s. Bänder, die die Rohre umklammern, zur Spanndrahtbefestigung gemacht wird. Es ist eine aus dem Fahrradbau schon seit vielen Jahren bekannte Tatsache, daß an stark beanspruchten Teilen scharfe Querschnittsübergänge vermieden werden müssen. Man verwendet da die aufgespaltenen Scheiden zur Rohrverbindung (insbesondere an den Vorderradgabelköpfen), die eine ganz allmähliche Querschnittsänderung bedingen.

Betrachten wir nun die Motoren und was dazu gehört. Zunächst fiel mir auf, daß, wenn zehnmal ein Flug angesetzt war, er fünfmal wegen nicht richtig arbeitenden Motors verschoben, dreimal vorzeitig abgebrochen werden mußte. Die Ursachen konnte ich leider nicht immer feststellen. Die Piloten hatten in den meisten Fällen überhaupt keine Ahnung von der Arbeitsweise eines Motors, und die Monteure hatten jenes bekannte Halbwissen, das oft noch schlimmer ist als gänzliches Unwissen. Ich habe zugesehen, wie Motoren montiert wurden. Einmal sind die meisten — und die bewährtesten Fabrikate mit eingeschlossen — so gebaut, als ob sie überhaupt nie demontiert werden müßten. Bei einem Motor mit einzelstehenden Zylindern sind diese je mit 10 oder 12 Schrauben an dem Kurbelgehäuse befestigt; die äußeren Schrauben sind sehr leicht zugänglich, die zwischen den Zylindern liegenden aber sehr schwer. Der Monteur klagte, daß die Pleuellager an diesem Motor immer nach ganz kurzer Zeit schief ausgeschlagen wären. Eine nähere Betrachtung ergab, daß infolge der Schraubenanordnung durch ungleichmäßig festes Anziehen die Zylinder schief saßen, gegen die Längsachse des Motors geneigt; dazu trug auch noch die Verwendung eines ca. 2 mm dicken zu weichen Zwischenlagematerials bei.

Ein anderer Motor wurde immer heiß. Der Raum zwischen Zylinder und Wassermantel war viel zu eng, so daß ungenügende Wasserzirkulation die Folge war. Die Tropfölung wird jetzt erst langsam durch die weit zuverlässigere Ölpumpe ersetzt.

Endlich sind Wasserleitung, Ölleitung, Zündleitungen so unordentlich und ungeschützt verlegt, daß man nicht glaubt, daß der Flugmotor aus der guten Schule des Automobilmotors hervorgegangen ist.

Zum Schlusse möchte ich noch einiges über die sehr mangelhaften theoretischen Kenntnisse von Piloten wie von Flugzeugerbauern sagen. Sehr viele der Flugmaschinenerbauer sind Laien, die von technischen Dingen sehr eigenartige Vorstellungen haben, die meinen, mit dem „Gefühl‘‘ ließe sich alles machen, und mit denen eine ernste Auseinandersetzung in technischen Fragen überhaupt nicht zu führen ist, weil sie über die elementarsten Vorkenntnisse nicht verfügen. Ich traf einen Flugmaschinenerbauer, der nicht wußte, was man unter kinetischer Energie versteht, ein anderer wußte nicht, was Schwingungen, Resonanz und Schwebungen sind. Dies nur zum Beispiel, ich könnte derlei noch mehr aufzählen.

Daß die Piloten zum weitaus größten Teil keine technischen Kenntnisse haben, ist weiter nicht verwunderlich; immerhin sollte man denken, daß sie wenigstens das Interesse hätten an den Gesetzen des Elementes, in dem sie sich bewegen.

Solange hier in den genannten und noch manchen anderen Punkten Wandel nicht geschaffen wird, so lange sich nicht tüchtige, ernste Männer der Wissenschaft praktisch und theoretisch mit dem Flugzeugbau und dem Fliegen befassen, solange wird auch die große Zahl der Unglücksfälle sich nicht vermindern. Hier sind die Punkte, wo wir einsetzen müssen, wenn wir dem deutschen Flugwesen nützen wollen.

———————

Eine Ausstellung von Meßapparaten.

Von

Prof. Dr. R. Wachsmuth.

In den Räumen des Physikalischen Instituts zu Frankfurt a. M. veranstaltete der Unterausschuß für Meßwesen im Anschluß an die Versammlung der Wissenschaftlichen Gesellschaft für Flugtechnik eine kleine Ausstellung von Apparaten, welche bezwecken, die Kenntnise von den Zuständen und Vorgängen in der Luft zu erweitern und für die Luftfahrt, insbesondere die Flugtechnik, nutzbar zu machen. Ausgeschlossen wurde für diesmal die Luftelektrizität. Was zusammen kam, gibt dank dem Entgegenkommen einer Anzahl von Gelehrten und von Firmen ein ziemlich vollständiges Bild über die Richtung, in welcher sich gegenwärtig Untersuchungen und Konstruktionen bewegen. Im Vordergrund des Interesses steht ganz offenbar das Studium der Luftbewegung in ihren Momentanwerten und das Bestreben, diese augenblicklichen Schwankungen registrieren zu können. Im einzelnen wird man am besten einen Überblick gewinnen durch eine Einteilung der Ausstellung nach folgenden Gesichtspunkten:

1. maschinelle Einrichtungen zur Erzeugung von Luftströmen im Experimentiersaal,
2. Apparate zur Messung des statischen Druckes (Barographen usw.),
3. Apparate zur Messung des dynamischen Druckes der Luft, d. h. des Windes und seiner Geschwindigkeit,
4. Temperaturmessungen,
5. magnetische und astronomische Apparate,
6. Zeichnungen und Modell-Konstruktionen.

Von Vorrichtungen im kleinen zur Erzeugung eines gleichmäßigen Windstromes, wie sie im großen etwa die Prandtlsche Modellstudienanstalt in Göttingen entwickelt hat, waren die beiden einzigen bisher für Demonstrations- und Meßzwecke käuflichen Ventilatoren und Gleichrichter auf der Ausstellung vorhanden. Die eine Apparatur, nach Professor König. wird von der Firma Pfeiffer in Wetzlar in den Handel gebracht, die andere nach Dr. Zickendraht von der Firma Klingelfuß in Basel. Die Königschen Meßinstrumente für Beobachtung des Luftwiderstandes von Platten, des Neigungswinkels usw. sind bereits mehrfach auf Ausstellungen gewesen (vgl. z. B. Ila-Denkschrift Bd. 2, S. 399, 1911). Der Zickendrahtsche Apparat war dagegen den meisten Besuchern wohl noch nicht vor Augen gekommen. Veröffentlicht sind die Apparaturen von Dr. Zickendraht in den Annalen der Physik Bd. 35, S. 47, 1911. Bei der Konstruktion von Pfeiffer

(Fig. 1) ist der Ventilator des Luftstrom-Gleichrichters durch eine bewegliche Welle
mit einem seitwärts, also nicht in der Luftzufuhrrichtung stehenden Motor verbunden.
Eine innere Gleichrichtung ist nicht vorhanden, der Querschnitt des Rohres ver-
jüngt sich, das Feld ist recht gleichmäßig. Der Klingelfußsche Apparat (Fig. 2)

Fig. 1.

zeichnet sich durch einen wesentlich geräuschloseren Gang aus, vielleicht wegen des
stärkeren Materials für das Rohr. Es besitzt innere Unterteilung, der Ventilator
sitzt direkt im Rohr, hat nur zwei Flügel und ist für große Tourenzahlen gut brauchbar.

Für die Widerstandsmessungen an Platten
benutzt Prof. König eine Kompensation
durch Gewichte (Fig. 3). Diese werden auf
Schalen gesetzt und greifen durch über Rollen
geführte Fäden an einem beweglichen Rahmen
an. Dabei wird die horizontale und vertikale
Druckkomponente getrennt ausbalanciert.
Zickendraht dagegen überträgt den Druck
auf einen in Cardanischem Gehänge beweg-

Fig. 2.

Fig. 3.

lichen Hebel, welcher durch Federspannung, und zwar in horizontaler und
vertikaler Richtung getrennt, ausgeglichen wird (Fig. 4). Besonders hübsch
und elegant ist dabei eine Vorrichtung zur Federeichung, das sogenannte Friktions-
rad (Fig. 5). Die von Herrn Dr. Zickendraht durchgeführte Messung der Druck-

Fig. 4.

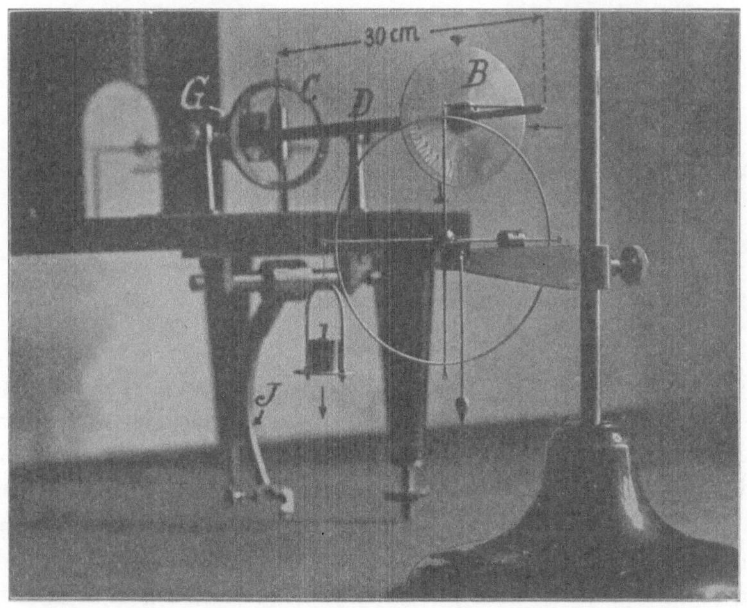

Fig. 5.

10*

verteilung um eine senkrecht zum Wind aufgestellte Platte (Fig. 6) gehört zu dem Elegantesten, was auf diesem Gebiete je geleistet wurde.

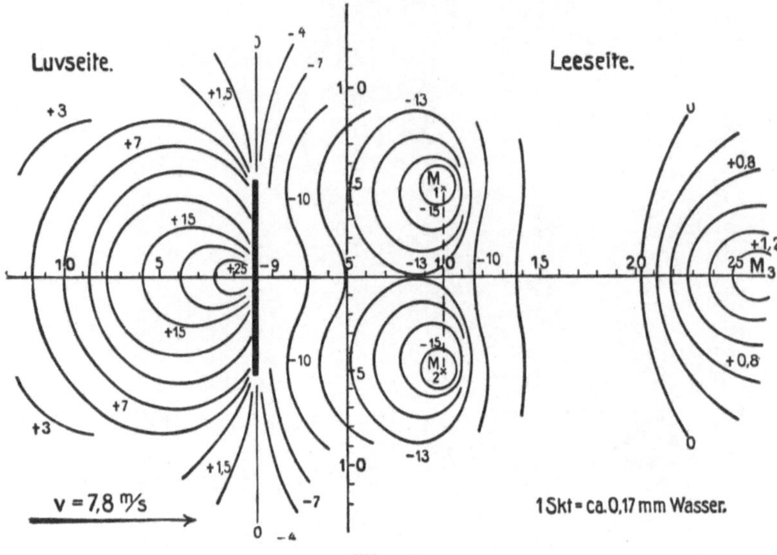

Fig. 6.

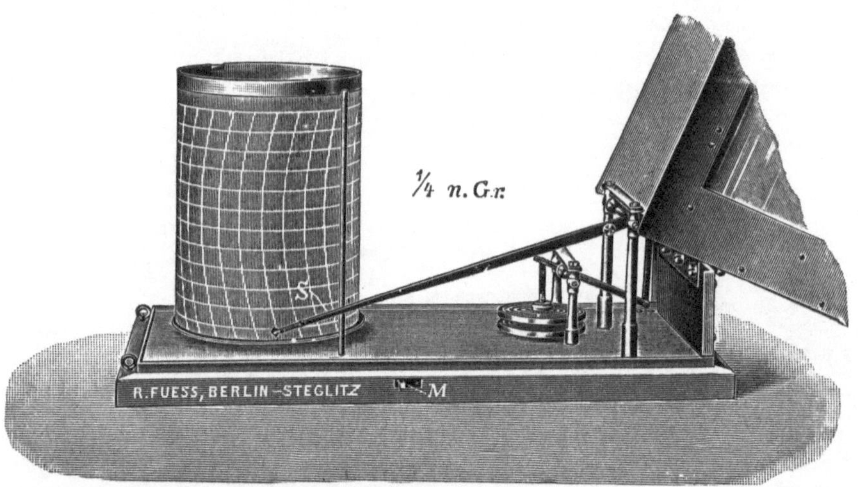

Fig. 7.

Die Messung des statischen Druckes der Luft erfolgt im allgemeinen mit Hilfe von Barographen. Die üblichen Registrierapparate mit Aneroiddosen sind namentlich nach Richtung der Leichtigkeit vervollkommnet worden, so daß auch die Flieger sie bequem auf dem Flugzeug mitnehmen können (Fig. 7). Von ausgestellten Apparaten sei ein solcher von der Firma J. u. A. Bosch in Straßburg erwähnt, bei welchem zwei Trommeln für die Abwickelung längerer Streifen sowie für schnelle Vorwärtsbewegung des Papiers (5 mm pro Minute) Verwendung finden (Fig. 8). Lebhaftes Interesse erregte auch der von der Firma Fueß ausgestellte Barograph des verunglückten Luftschiffers Gericke, dessen Barogramm (Fig. 9) bei 7000 Meter Höhe abbricht.

Besonders leicht müssen die Apparate sein, welche zur Erforschung höherer Luftschichten an einen Gummiballon gehängt werden. Das Meteorologische Observatorium in Lindenberg hatte für die gleichzeitige Messung von Druck und Tempe-

Fig. 8.

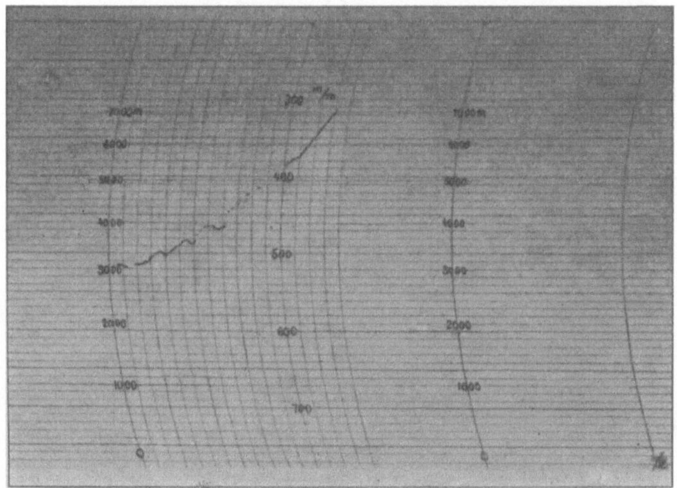

Fig. 9.

ratur zwei derartige Apparate ausgestellt, von denen der eine 223 g, der andere sogar nur 97 g wog. Der erstere (Fig. 10), von Geheimrat Aßmann konstruiert, ist ohne weiteres aus der beigegebenen Figur verständlich. Der zweite leichtere (Fig. 11) ist von dem Institutsmechaniker Kirchner erdacht, er ist uhrlos und benutzt in äußerst sinnreicher Weise die durch Ausdehnung der Aneroidkapseln hervorgerufene, also gewissermaßen barographische Verschiebung eines Hebelarms an Stelle der Zeitmessung. Ein zugleich mit dem Apparat verbundenes Bourdon-Thermometer schreibt also auf einer berußten Platte immer die zu den angegebenen Höhen zugehörigen Werte. Als besondere Feinheiten sind dabei noch zu erwähnen einmal eine automatische Ausschaltung des ganzen Schreibsystems, sobald der Apparat nicht mehr hängt, und dann eine Vorrichtung zur Verwandlung der bogenförmigen Aufzeichnungen in geradlinige.

Fig. 10.

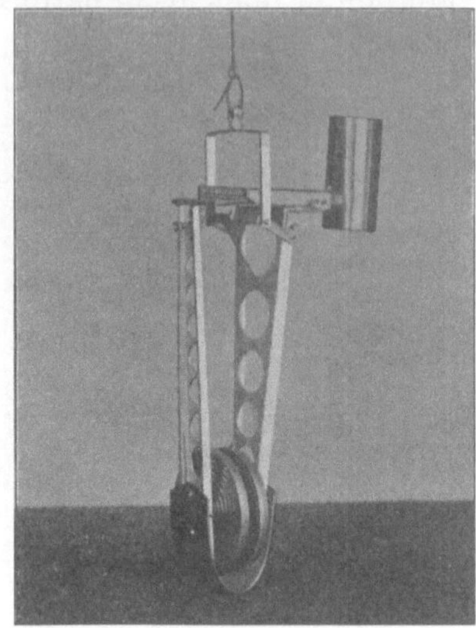

Fig. 11.

Fig. 12.

An dieser Stelle sei auch das allen Luftfahrern vertraute Ballonvariometer von Professor Bestelmeyer in der Ausführung der Firma Spindler & Hoyer, Göttingen, erwähnt, sowie ein neues Aneroidvariometer von Professor von dem Borne (Fig. 12). Dasselbe enthält zwei Aneroiddosen von je ca. 12 cm Durchmesser und

überträgt deren Schwankungen mit Hilfe eines Zahnrades auf einen Zeiger. Eine
nähere Beschreibung findet man in der Deutschen Luftfahrerzeitschrift Seite 538
Jahrgang 1912. Herr Professor von dem Borne hat sein Instrument auch für
Registrierungen eingerichtet (Fig. 13), indem er den größeren Zeigerhebel dadurch
von Gewicht freimacht, daß er ihn auf Quecksilber schwimmen läßt. Das gleiche
Verfahren benutzt er auch für seinen Winddruckschreiber (vgl. Zeitschr. f. Flug-

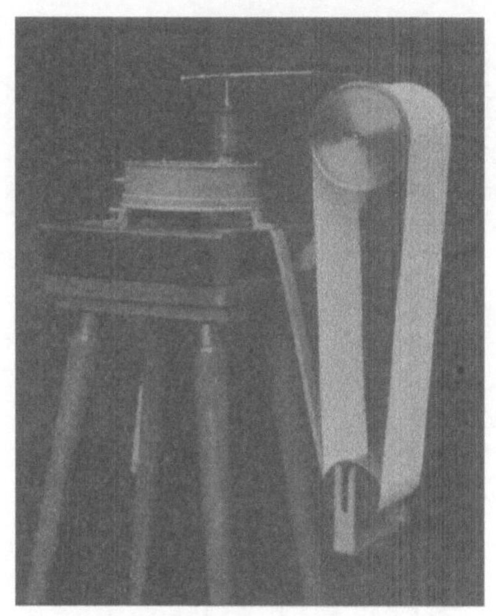

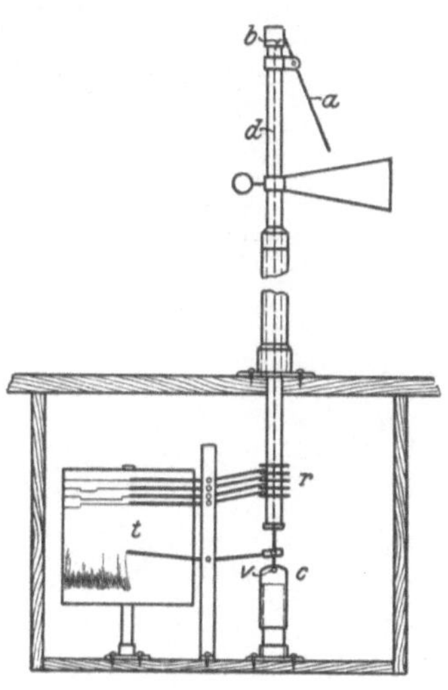

Fig. 13.   Fig. 14.

technik und Motorluftschiffahrt Bd. 3, S. 188, 1912) zur reibungslosen, luftdichten
Übertragung der von einer drehbaren und als Windfahne ausgebildeten Stauscheibe
übermittelten Druckschwankungen.

Zur Messung des dynamischen Winddruckes benutzt man im Berliner Meteoro-
logischen Institut eine sogen. Wildsche Tafel, eine quadratische Platte, welche
an einer Kante aufgehängt und durch eine Windfahne senkrecht gegen den
Wind gestellt wird. Der Wind versucht sie zu heben, und die Ablenkung ist ein
Maß seiner Stärke. Seit zwei Jahren wird die Bewegung dieser Tafel nach
Dr. Wussow durch eine Registriervorrichtung (Fig. 14) aufgezeichnet, indem von
der Platte ein Stahldraht durch ein längeres Rohr hinuntergeleitet wird und einem
Schreibstift die Bewegung mitteilt. Ein unten an dem Draht aufgehängter Zylinder
hat den Zweck, als Luftdämpfung für die Schwankungen der Tafel zu dienen. Die
vier oberen auf der Figur sichtbaren Federn geben die jeweilige Richtung des Windes
an und sind für den vorliegenden Zweck belanglos. In Fig. 15 ist eine mit diesem
Apparat aufgenommene Kurve wiedergegeben.

Eine Verfeinerung erhält die Messung des Winddruckes durch Benutzung so-
genannter manometrischer Sonden (Stauscheibe, Pitotsche Röhre). Die Ausstellung
zeigte die Entwicklung dieser gegen den Wind gerichteten Doppelröhre, deren einer
Zweig den statischen, der andere den dynamischen Druck zu messen hat, in verschiedenen Stufen: die Recknagelsche Stauscheibe, das Brabbée-Rohr der
Firma Fueß (Fig. 16), die Sonde von Zickendraht und schließlich das Rohr mit

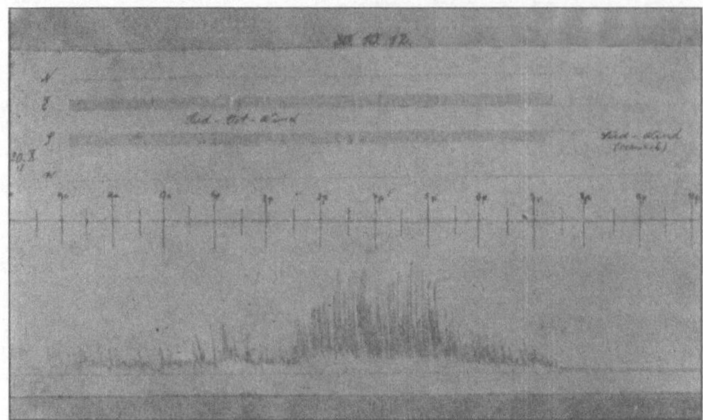

Fig. 15.

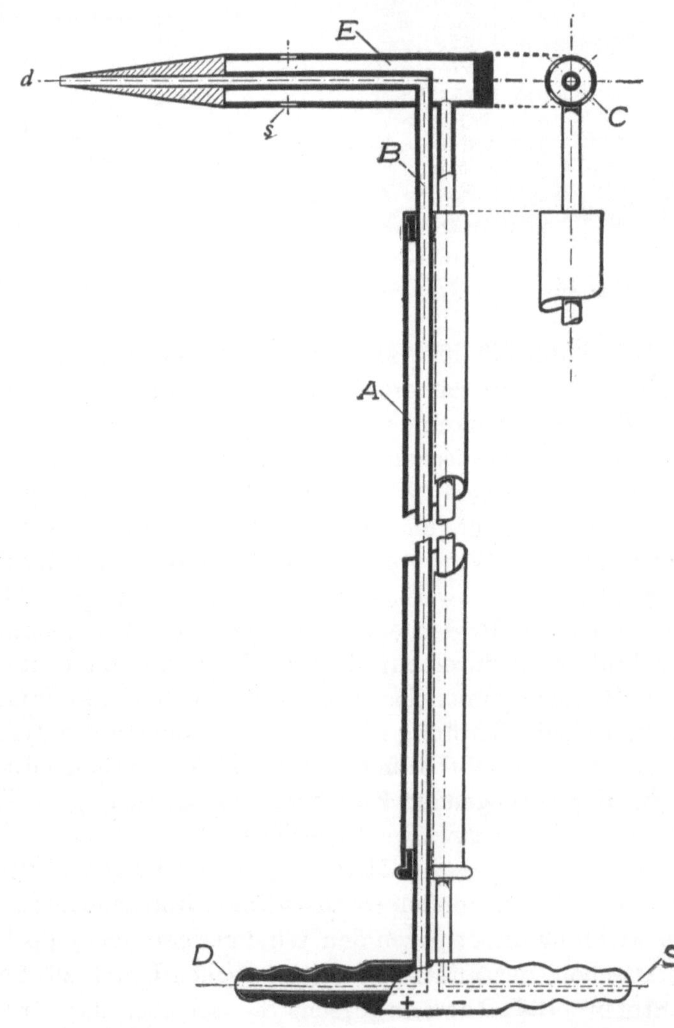

Fig. 16.

halbkugelförmigem Kopf (Fig. 17), eine Neukonstruktion von Professor Prandtl in Göttingen, welche die Richtigkeit der Angaben auch bei schräg gegen den Wind gestellter Röhre gewährleistet.

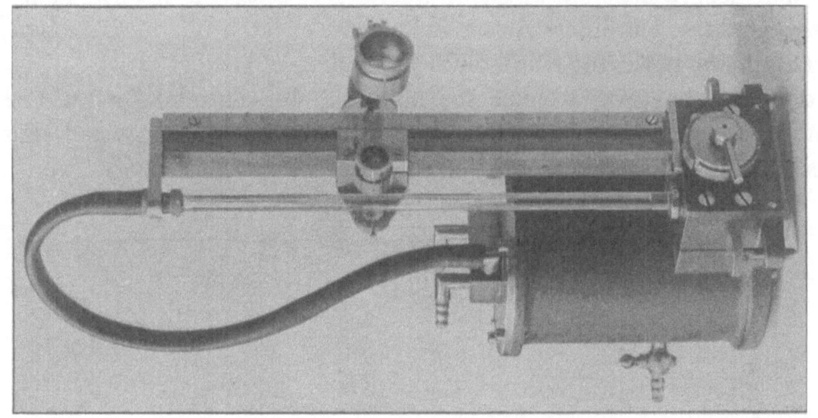

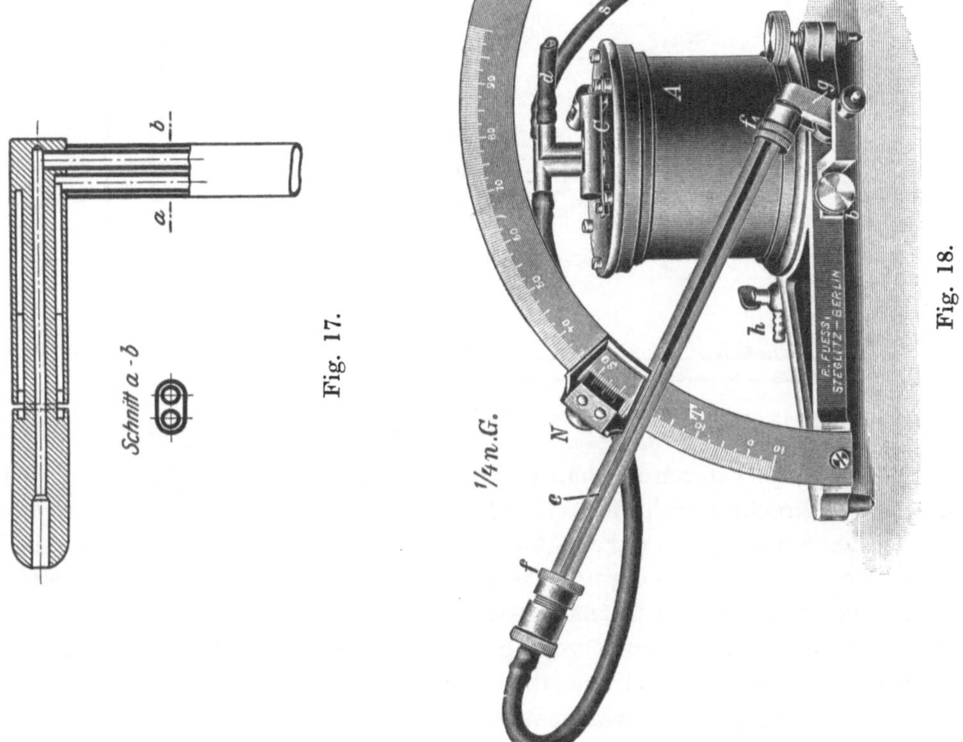

An diese Stauscheiben knüpfte sich in einer Sitzung des Unterausschusses eine Diskussion darüber an, ob die vom Instrument angegebenen Windgeschwindigkeiten absolut zuverlässig seien oder nicht, und es wurde von Freiherrn von Soden,

Ingenieur der Zeppelin-Gesellschaft, Friedrichshafen, direkt ein Antrag formuliert, dahingehend, daß man der Erörterung dieser Frage nähertreten möchte. Leider war diesmal hierfür die Zeit zu knapp. Falls wirklich eine solche Abweichung gegenüber den geographischen Kontrollmessungen dauernd nachweisbar ist, wäre sie nach Ansicht des Schreibers dieser Zeilen am ehesten darin zu suchen, daß der statische Druck im bewegten Luftschiff zu niedrig angezeigt wird.

Von den Manometern, welche zur Messung der Druckdifferenz Verwendung finden, sind insbesondere das allbekannte Mikromanometer von Fueß (Fig. 18) mit schräg gestelltem Flüssigkeitsfaden sowie eine Neukonstruktion von Professor

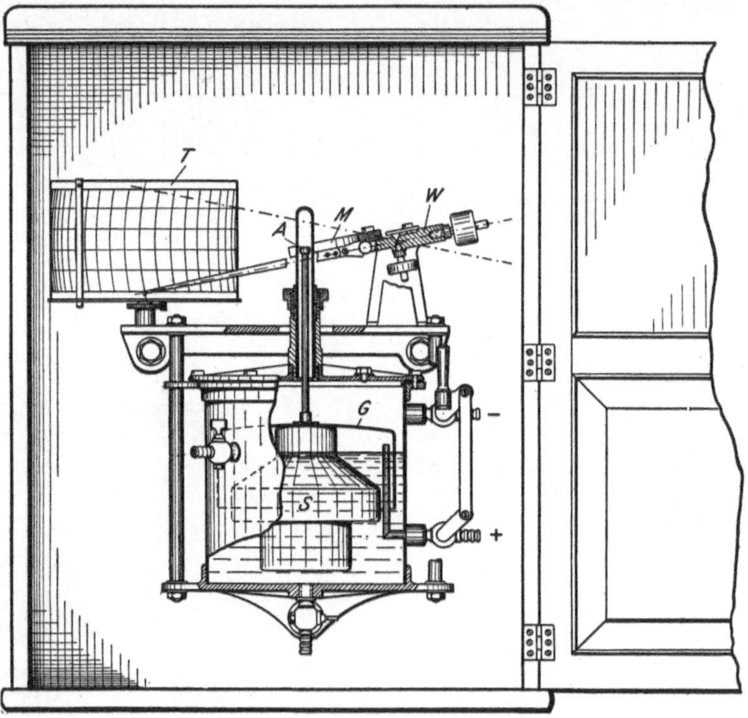

Fig. 20.

Prandtl, ausgeführt durch Mechaniker Bartels, zu erwähnen (Fig. 19). Prandtl benutzt bei senkrecht gestelltem weiten Rohr Alkoholfüllung und verfeinert die Bestimmung der Kuppenhöhe durch Ablesung mit Lupe und Einstellung auf die Berührung eines durch Spiegelung umgekehrten Bildes der Kuppe mit dieser selbst.

Auch hier hat der Wunsch nach Registrierung zu Neukonstruktionen geführt, von denen insbesondere diejenige von Dr. Linke zu erwähnen ist. Linke färbt den Flüssigkeitsfaden schwarz und baut die schräg geneigte Steigröhre so in den Deckel eines lichtdicht schließenden Kastens ein, daß das auffallende Licht nur durch den nicht ausgefüllten Rohrteil hindurchzudringen vermag, welcher dann als Zylinderlinse wirkt und auf einem vorbeibewegten photographischen Papier ein Lichtband wechselnder Breite erzeugt.

Eine andere Art der Druckmessung beruht auf dem Taucherglockenprinzip, welches von der Firma R. Fueß, Steglitz, sowie von dem Meteorologischen Institut

in Potsdam zur Ausstellung gelangte. Es handelt sich also um einen Luftgeschwindigkeitsmesser nach hydrostatischer Methode. Bei dem in Fig. 20 abgebildeten
Apparat ist mit S der Schwimmer bezeichnet, dessen kegelförmige Form Bedingung ist
für das Zustandekommen einer gleichmäßigen Teilung. G ist die mit dem Schwimmer
verbundene Tauchglocke. A ist ein kleines Eisenstückchen, welches an den Bewegungen des Schwimmers teilnimmt und einem Magneten M, der am Wagebalken W
sitzt, als Anker dient. Die Registriertrommel ist mit T bezeichnet. Von dem Stau-

Fig. 21.

gerät führen 2 Leitungen an den Doppelhahn ±, und zwar mündet die „+“-Seite
(dynamischer Druck) unter der Tauchglocke, während die „—“-Seite über der
Tauchglocke liegt. Während der von Fueß ausgestellte Apparat wesentlich für
Registrierung von Druckschwankungen im Bergbau Verwendung findet und dementsprechend nur von prinzipiellem Interesse ist, benutzt Professor Süring in Potsdam
einen solchen Apparat (Fig. 21) in Verbindung mit einem Staurohr (Fig. 22) zur
Registrierung des Winddruckes. Unter Wasserabschluß befinden sich zwei unten
offene, halb mit Luft gefüllte Kästen (Fig. 23). Der äußere Kasten ist unbeweglich;
die eingeschlossene Luft steht unter dem statischen Druck der Atmosphäre, der
innere hängt an dem einen Hebelarm einer Wage und erhält von unten durch eine
Rohrzuführung den dynamischen Druck. Entsprechend den Schwankungen der
Windstärke wird also der innere Kasten leichter oder schwerer und ruft so einen
Ausschlag des Hebels hervor. Der andere Hebelarm schreibt auf einer rotierenden
Trommel diese Schwankungen auf.

Ausschließlich für die Messung der Windgeschwindigkeit sind alle diejenigen
Apparate bestimmt, welche das Windrad benutzen, und zwar wurde von der Firma
R. Fueß ein kleines Kugelschalenanemometer (Fig. 24) mit einer Kontaktvorrichtung ausgestellt, die nach je hundert Umdrehungen des Schalenkreuzes
einen Stromschluß hervorruft und diesen auf einer Trommel (Fig. 25) registriert.
Besonders hübsch war ein von derselben Firma ausgestellter kleiner Apparat
für die Messung von Geschwindigkeiten von wenigen Zentimetern in der

Sekunde. Da bei so geringen Geschwindigkeiten die Trägheit der Flügel und die
Reibung in den Lagern die Messung zu beeinträchtigen pflegt, so war bei dem
Fueß schen Apparat (Fig. 26) ein besonderer kleiner, mit Uhrwerk angetriebener

Fig. 22.

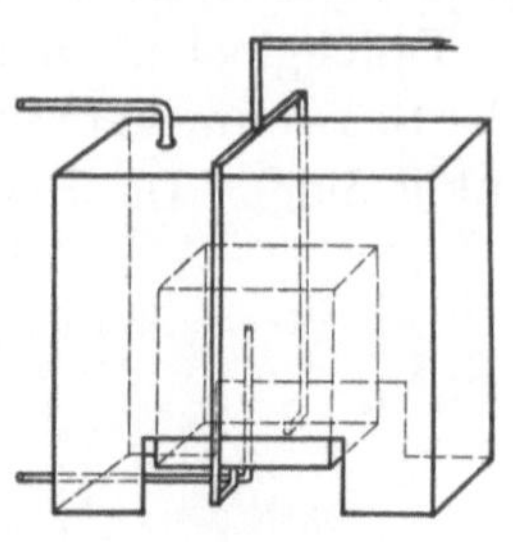

Fig. 23.

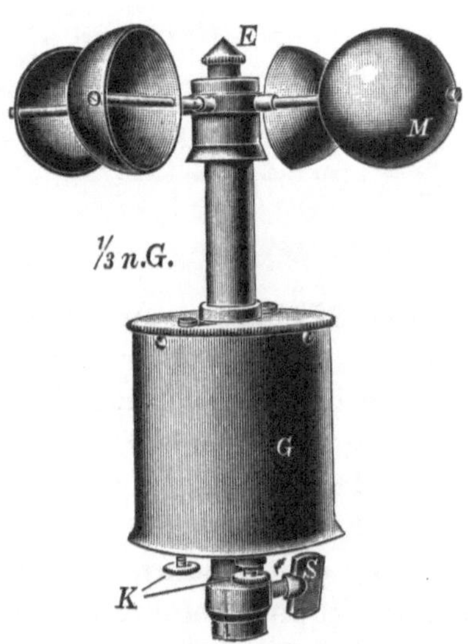

Fig. 24.

Ventilator eingebaut, welcher dem Windrad von vornherein eine gewisse Umlaufgeschwindigkeit erteilt. Jeder Windhauch vergrößert oder verkleinert diese Geschwindigkeit und kommt dadurch bei dem Zählwerk, welches auch auf Rücklauf eingerichtet ist, zum Ausdruck. Die sorgfältige Regulierung des Zusatzventilators auf
konstanten Umlauf besorgt eine Zentrifugalbremsung im Uhrwerk.

Auch die Firma Wilhelm Morell, Leipzig, hatte Apparate zur Angabe
der Windgeschwindigkeit ausgestellt, und zwar nach dem Tachometer-Prinzip.
Sie verfertigt einmal solche Geschwindigkeitsmesser, welche mit einem Zeiger auf
einer Scheibe direkt die Windgeschwindigkeit abzulesen gestatten. Derartige
Instrumente eignen sich in großer Ausführung besonders für Flugplätze.

Fig. 25.

Fig. 26.

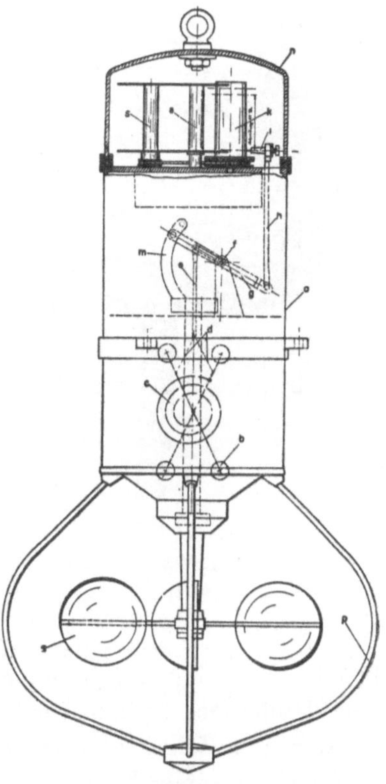

Fig. 27.

Dann aber sind bei kleineren Ausführungsformen auch Vorrichtungen angebracht, um eine graphische Registrierung vorzunehmen. Der innere Bau ergibt

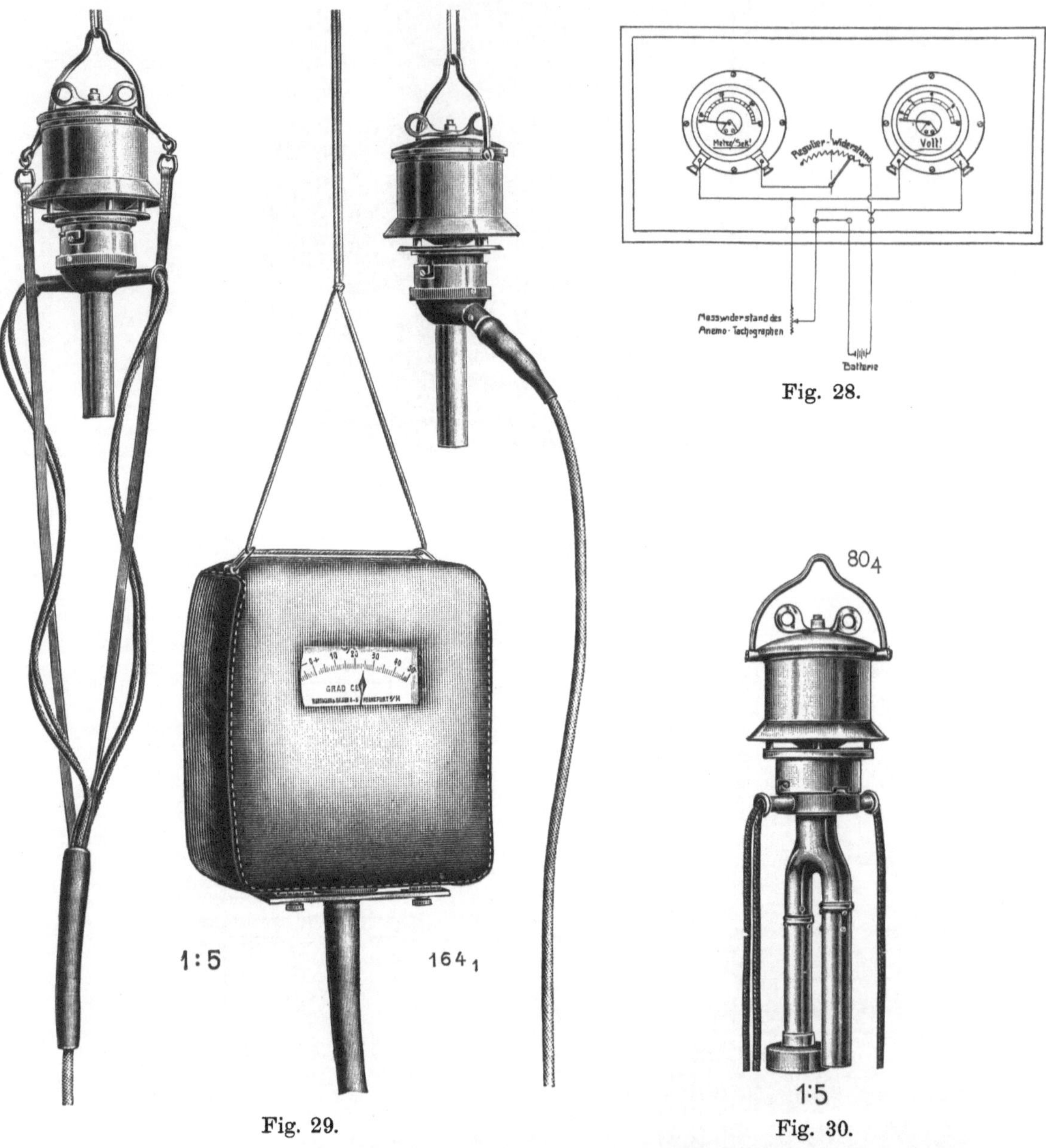

Fig. 28.

Fig. 29.

Fig. 30.

sich aus nebenstehender Figur 27. Es handelt sich darum, daß zwei Zentrifugal-
massen bei der Rotation auseinandergezogen werden und mit einer Hebelüber-
tragung die Umlaufgeschwindigkeit bzw. Windgeschwindigkeit entweder direkt
auf einer Skala mit Zeiger ablesen lassen, oder durch einen Schreibstift auf die
rotierende Trommel aufzeichnen. In einer zweiten Figur ist ein Schaltschema für
Fernmelder abgebildet (Fig. 28). In diesem Fall verschiebt der „Anemotacho-

graph" den Kontakt eines Widerstandes, und die veränderte Spannung wird an einem elektrischen Meßinstrument, und zwar gleich in Meter-Sekunden abgelesen.

Zum Schlusse verdient noch ein selbstregistrierendes Vertikalanemometer Erwähnung, welches Dr. Ludewig unter Mitwirkung des Frankfurter Vereins für Luftschiffahrt gebaut hat. Dasselbe gestattet, bei gleichzeitiger Beobachtung und Registrierung eines Bestelmeyerschen Variometers vom Ballon aus die kleinen vertikalen Windstöße gut aufzuzeichnen. Die Differenz gegen die Schwankungen des Variometers ergibt dann Größe und Richtung der Windstöße. Eine nähere Beschreibung der Apparatur befindet sich bereits in der Physikalischen Zeitschrift 1911, Seite 1162.

An einem Ballonkorb, den man in dem Ausstellungsraum aufgestellt hatte, war eine Reihe von Apparaten angebracht, wie sie im Freiballon vielfach Verwendung finden. Zunächst seien die Kompasse erwähnt, teils mit Vorrichtungen zum Anpeilen, teils mit durchsichtigem Boden, um die überfahrene Landschaft sehen zu können. Die Firma Hartmann & Braun hatte den Boden nach dem Vorschlag von Direktor Neumann in Form einer konkaven Linse ausgebildet, um weite Gebiete der Landschaft gleichzeitig zu umfassen. Auch die Firma Fueß hatte mehrere Neukonstruktionen ausgestellt. Wegen der Benutzung des Kompasses im Ballon sei auf einen Aufsatz von Professor Bestelmeyer im Heft 24 der Illustrierten

Aeronautischen Mitteilungen (Deutsche Luftfahrer - Zeitschrift), Jahrgang 1910, hingewiesen.

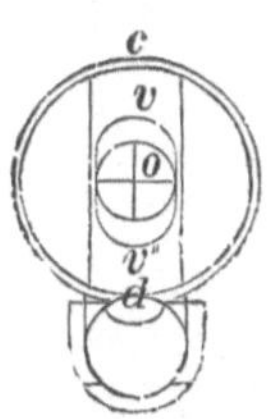

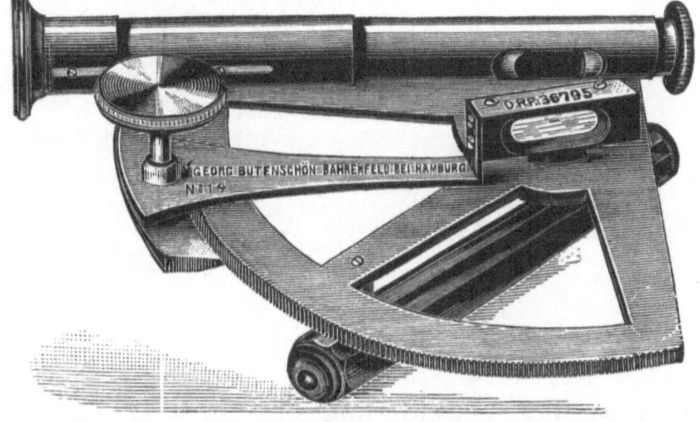

Fig. 31.

Um die Temperaturdifferenzen zwischen dem im Ballon enthaltenen Gas gegen die umgebende Luft zu messen, war von Dr. Linke ein Ballonthermometer, auf elektrischem Prinzip beruhend, erdacht und in einer Konstruktion des Herrn Dr. Bruger von der Firma Hartmann & Braun, Frankfurt, ausgestellt (Fig. 29). Es handelt sich um die Widerstandsänderung eines feinen Drahtes, welche durch Messung der sich ändernden Stromstärke an einem entsprechend geteilten Amperemeter abgelesen werden kann. Der Widerstand ist dabei in einen Aßmannschen Aspirator eingebaut. Auch ein für Feuchtigkeitsmessungen bestimmtes Psychrometer nach dem gleichen Prinzip gelangte zur Ausstellung (Fig. 30).

Eine besondere Besprechung verdienen die astronomischen Instrumente. Es handelt sich dabei zunächst um eine Ausstellung sämtlicher vier Libellenquadranten, welche bisher im Ballonkorb zur Benutzung gekommen sind, ferner des von Hartmann & Braun neu durchkonstruierten Instrumentes zur graphischen Auswertung astronomischer Ortsbestimmungen von Dr. Brill, und schließlich um ein kleines Instrument zur Umrechnung von Ortszeit in Sternzeit. Die Libellenquadranten sind sämtlich abgebildet. Der erste und einfachste, von Professor Marcuse, ausgeführt von der Firma Butenschön, Hamburg, (Fig. 31) ist sehr leicht handlich. Ob man ihm oder einem anderen den Vorzug gibt, wird wesentlich von den persönlichen Vorliebe des einzelnen und von dem Grade der erforderlichen Genauigkeit abhängen. Lindt hat den Apparat verbessert, indem er eine elektrische Beleuchtung für das Fadenkreuz und die Libelle hinzufügt. Die Elemente freilich müssen noch gesondert getragen werden. Ausgeführt ist dieser Apparat von der Firma Bunge, Berlin (Fig. 32).

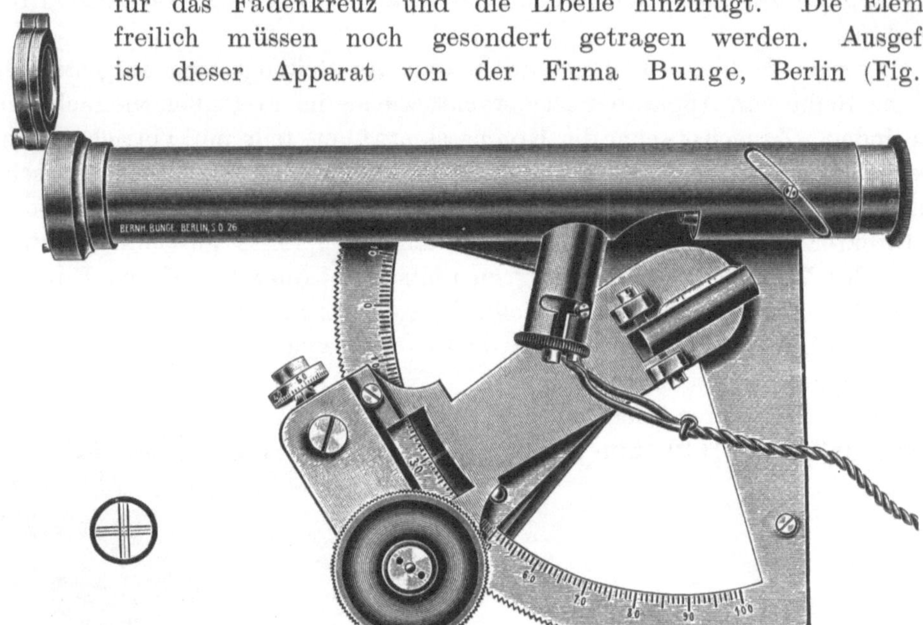

Fig. 32.

Eine weitere Veränderung stammt von Professor Schwarzschild her, dessen Libellenquadrant von der Firma Spindler u. Hoyer, Göttingen, ausgeführt wird (Fig. 33). Während man bei allen übrigen Libellenquadranten das Fernrohr auf den Stern richtet und dann erst durch Drehung der mit einer Libelle verbundenen Alhidade das Einspielen der Libelle hervorruft, ist bei Schwarzschilds Apparat die Libelle fest mit dem Fernrohr verbunden, dieses muß also horizontal gehalten werden, und der Stern wird erst durch eine Spiegelung in das Gesichtsfeld gebracht. (Über den Vorteil dieser Methode vgl. Ila-Denkschrift II, S. 107.) Dieses Instrument wurde 1909 auf der „Ila" preisgekrönt. Eine Neukonstruktion des letzten Jahres ist der Libellenquadrant von Professor Hartmann, ausgeführt von der Firma Hartmann & Braun (Fig. 34). Bei ihm steckt ein Trockenelement für die Beleuchtung im Handgriff, und die Ablesung des Teilkreises erfolgt nicht mehr weder mit noch ohne Nonius, sondern die Alhidade wird mit einer so sorgfältig ausgeführten Zahnung an dem Limbus herumgeführt, daß an dem unterteilten Schraubenkopf selbst die Ablesung in Minuten ermöglicht ist. — Das

Fig. 33.

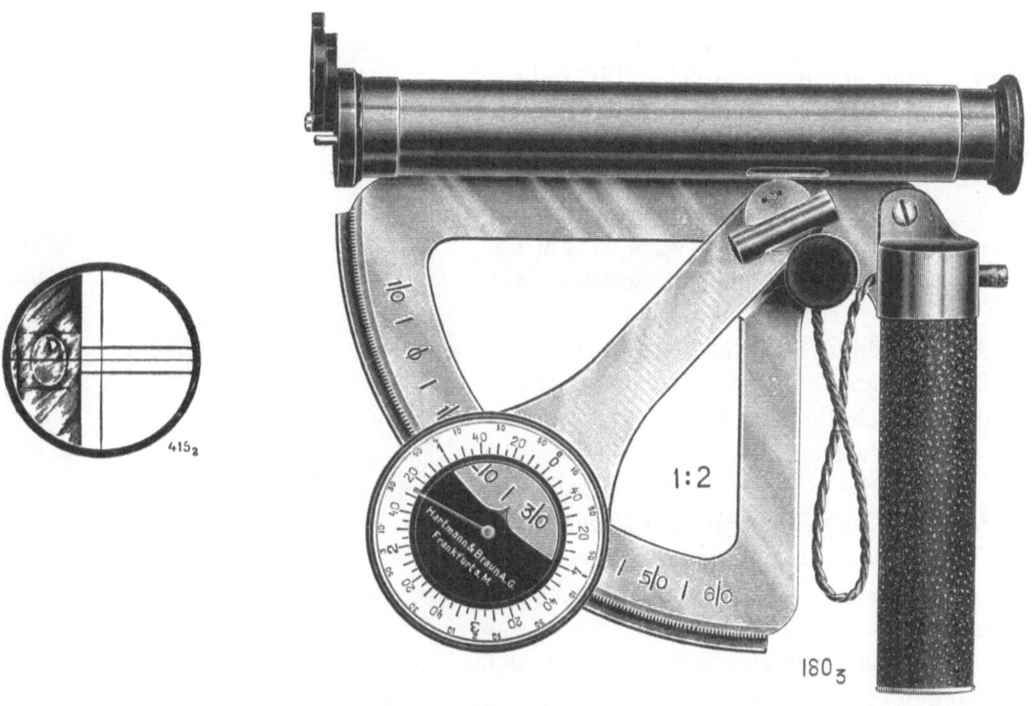

Fig. 34.

1:4

182₁

Fig. 35.

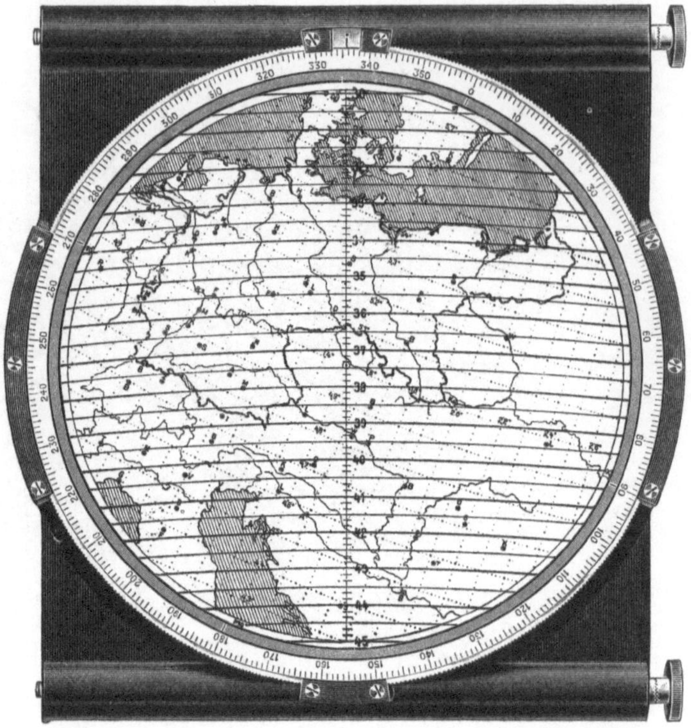

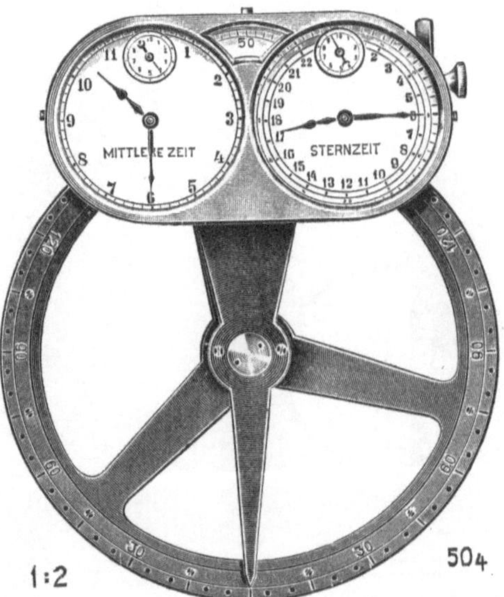

1:3

190₁

Fig. 36.

1:2

504

Fig. 37.

gleiche Prinzip hat für einen Theodoliten Verwendung gefunden, welcher für Ballonverfolgung dienen soll und daher schnelle Ablesungsmöglichkeit bieten muß (Fig. 35).

Das Brillsche Instrument ist zu bekannt, als daß an dieser Stelle noch ein beschreibendes Wort zu sagen wäre, es soll nur darauf aufmerksam gemacht werden, daß die Neukonstruktion von Hartmann & Braun dem Apparat einen sehr viel größeren Grad von Leichtigkeit und Handlichkeit verschafft hat (Fig. 36).

Für die astronomische Ortsbestimmung ist jeweilig die Kenntnis der Sternzeit erforderlich. Der Zeittransformator des Herrn Ingenieur Schütze, ausgeführt von der Firma Hartmann & Braun (Fig. 37), ermöglicht in einfachster Weise diese aus den Ablesungen der Taschenuhr zu ermitteln. Es handelt sich im Prinzip um zwei miteinander gekoppelte Zahnräder, deren eines 365, das andere 366 Zähne trägt. Die beiden Zahnräder sind mit Uhrzeigern verbunden, welche auf zwei Zifferblättern spielen. Vor der Abfahrt wird die zur Null-Uhr-Erdzeit an diesem Tage gehörende Sternzeit auf der zweiten Uhr eingestellt. Richtet man dann während der Fahrt die Erduhr auf die zu einer Sternhöhemessung gehörende Zeit, so geht zwangsläufig die Sternuhr mit und läßt die zugehörige astronomische Zeit sofort ablesen.

Außer diesen beschriebenen Apparaten befanden sich auf der Ausstellung noch eine Reihe von Zeichnungen, in welchen Professor Bendemann die neue Versuchsanlage in Adlershof für den Wettbewerb um den Kaiserpreis für den besten deutschen Flugmotor veranschaulichte. Die Bilder sind in der Zwischenzeit in der Zeitschrift für Flugtechnik und Motorluftschiffahrt Bd. 3, S. 281, 1912, veröffentlicht.

Ferner sind zu erwähnen ein Tachometer der Fa. Morell zur Messung der Umdrehungsgeschwindigkeit von Motoren nach demselben Prinzip wie oben beschrieben gebaut, ferner ein Stabilisatormodell von Ingenieur Schnetzler. Diesem liegt der Gedanke zugrunde, daß ein möglichst reibunsglos aufgehängtes Rad von großer Masse einer Neigung des Flugzeuges nicht folgen wird und daher den Flieger bei unsichtigem Wetter über eine plötzliche Veränderung seiner Stellung im Raum orientieren kann[1]). Schließlich sei noch auf einen Böenfühler hingewiesen, welchen Leutnant a. D. Raabe in einer Ausführung der Firma Albert - Frankfurt als Modell aufgestellt hatte. Es handelt sich dabei um eine zu Lehrzwecken erdachte Apparatur mit einer Reihe von elektrischen Kontakten, die von den Enden der Tragflächen zum Führersitz geführt sind und eine plötzlich außen angreifende Kraft durch Bewegungen eines Modells sowie durch Aufleuchten von Glühlampen dem Flieger zur Kenntnis bringen soll, ehe das Flugzeug selbst an der Bewegung teilnimmt.

Die vorstehende Beschreibung der ausgestellten Apparate ist nach Möglichkeit durch Figuren illustriert, welche dem liebenswürdigen Entgegenkommen der verschiedenen Firmen zu verdanken sind.

Frankfurt a. M., Dezember 1912.

---

[1]) Der Apparat wird jetzt von der Firma Hartmann & Braun ausgeführt.